Der Betrieb von Fernheizwerken

Von

Oberingenieur

Max Willner VDI

München

Mit 137 Bildern und 9 Tafeln

München und Berlin 1941

Verlag von R. Oldenbourg

Vorwort.

Unter Fernheizung versteht man allgemein die Beheizung mehrerer Gebäude von einer zentralen Stelle aus. Der Zweck einer Fernheizanlage ist der gleiche wie der einer Zentralheizungsanlage; es gilt, die vielen Einzelfeuerstellen zu einer zentralen Feuerstelle zu vereinigen. Durch die Zentralisierung der Feuerstellen ergeben sich bei sachgemäßer Ausführung nicht nur wirtschaftliche Vorteile, vor allem dadurch, daß statt des teuren Kokses ein billigerer Brennstoff verfeuert werden kann, sondern auch hygienische, da die einzelnen, mit Wärme zu versorgenden Gebäude von Schmutzanfall durch Brennmaterial und Asche befreit werden.

Man unterscheidet Niederdruck-, Hochdruck- und Kraftfernheizwerke.

Die Niederdruckfernheizwerke sind auf Anlagen kleineren Umfanges beschränkt. Bei zentraler Lage des Kesselhauses umfassen sie einen Geländebereich bis zu 1 km². Hochdruckfernheizwerke umfassen unter gleichen Umständen einen Geländebereich bis zu 75 km². Durch Kupplung verschiedener Fernheizwerke können somit ohne weiteres ganze Städte zentral beheizt werden. Die Kraftfernheizwerke sind an ein Elektrizitätswerk angeschlossen. In Einzelfällen mögen sich solche Anlagen ganz gut bewähren und wirtschaftlich arbeiten. Ein ideales Kraftfernheizwerk freilich wäre nur dann gegeben, wenn sich der Bedarf an elektrischer Energie mit dem Wärmebedarf entsprechend decken würde, was aber nur in den seltensten Fällen zutrifft. Bei den neuen großen Fernheizwerken Amerikas ist man deshalb auch von der Kupplung mit Kraftwerken vollständig abgekommen und zu reinen Fernheizwerken übergegangen.

Im vorliegenden Buche sollen nur reine Hochdruckfernheizwerke beschrieben werden. Zu diesem Zweck wurden einige Musteranlagen der Reichsleitung der NSDAP., die vom Verfasser ausgeführt wurden, ausgewählt.

Der Verfasser ist sich im klaren darüber, daß er durch die gegebenen Beispiele von ausgeführten Anlagen nicht alle Möglichkeiten für den Bau einwandfreier Fernheizwerke erschöpfen kann, weil bekanntlich verschiedene Wege nach Rom führen; aber er will Anlagen, die sich in jahrelangem Betrieb bestens bewährt haben, dem Leser vor Augen führen, dabei dem Betriebsfachmann als Wegweiser dienen und zugleich dem projektierenden Ingenieur die Möglichkeit geben, die Einrichtungen bewährter Anlagen kennenzulernen, um auf der Grundlage derselben neue Projekte unter Berücksichtigung der gegebenen Sachlage auszuarbeiten.

Ein kurzer historischer Rückblick auf die Entwicklung der Fernheizwerke mag genügen, um dem Leser zu veranschaulichen, welche Beweggründe den Verfasser veranlaßten, die in dem Buch beschriebenen Fernheizwerke nach bestimmten Richtlinien auszuführen.

Die ersten Fernheizwerke wurden in den siebziger Jahren des vorigen Jahrhunderts in den Vereinigten Staaten Amerikas gebaut. Diese Anlagen fanden bei den Nutznießern derselben derartigen Beifall, daß zahlreiche neue und immer größere Werke entstanden, so daß bis heute in den Vereinigten Staaten weit über 500 Fernheizwerke bis zum allergrößten Umfange ausgeführt wurden. Es gibt dort keine größere Stadt, in der sich nicht mindestens ein Fernheizwerk befindet. Erst anfangs dieses Jahrhunderts fanden die Fernheizwerke auch in Deutschland mit der Erbauung des Fernheizwerkes Dresden Eingang, nachdem vorher einige kleinere, unbedeutende Fernheizanlagen erstellt wurden. Heute existieren auch in Deutschland zahlreiche Fernheizwerke, und noch weit mehr sind für die nächste Zukunft in Projektierung begriffen.

Als Wärmeträger benützte man anfangs Dampf von 1 bis ca. 6 atü Betriebsdruck. Erst später wagte man, den Betriebsdruck auf 10 bis 16 atü zu erhöhen. Heute benützt man gewöhnlich einen Betriebsdruck von 10 bis 12 atü, um das Rohrmaterial durch den Wärmeschub nicht übermäßig zu beanspruchen. Ursprünglich verwendete man Sattdampf, während man heute eine schwache Überhitzung vorzieht, um Kondensationserscheinungen des Dampfes im Fernleitungsnetz nach Möglichkeit zu verhindern. Der Ferndampf fand nicht nur Verwendung für Gebäudeheizungen, sondern diente auch als Wärmeträger für Kochküchen, Wäschereien und alle möglichen technischen Betriebe — in letzter Zeit auch zum Betrieb von Kleindampfturbinen. Diese vielseitige Verwendungsmöglichkeit erklärt auch die Beliebtheit solcher Fernheizwerke. In den Fällen, in denen es sich um Fernheizwerke für reine Gebäudeheizungen handelte, ging man dann allmählich zur Fernwarmwasserheizung über. Hier wurden durch das Dreileitersystem, durch welches bei plötzlichem Defekt einer Rohrleitung durch entsprechende Umschaltung Betriebsstörungen vermieden werden können, bedeutende Vorteile geschaffen. Allerdings ergaben die geringen Temperaturen, mit denen die Fernleitungen betrieben wurden, unwirtschaftlich große Rohrdimensionen, so daß man gezwungen war, entweder auf dieses System zu verzichten oder die Temperaturen entsprechend zu erhöhen. Mit einer Temperaturerhöhung bis 130° C hatte die Entwicklung allmählich ihr Ende gefunden.

Um die Mitte der zwanziger Jahre dieses Jahrhunderts ging man daran, veraltete Hochdruckdampfanlagen zu modernisieren. Dabei kam man auf den Gedanken, das auf Dampftemperatur erwärmte Wasser der Hochdruckkessel für Heizzwecke zu verwenden und den Dampfraum der Kessel als Ausdehnungsraum zu benützen. Einige tatkräftige Firmen machten sich diesen Gedanken zunutze und so entstanden die ersten Hochdruckheißwasserheizungen. Durch weitere Vervollkommnung ist dieses System auf dem Wege, die frühere Hochdruckdampffernheizung vollständig zu verdrängen, denn die Heißwasserfernheizung arbeitet nicht nur bedeutend wirtschaftlicher, sondern weist auch eine Reihe sonstiger Vorzüge auf, die im Kapitel IV dieses Buches ausführlich beschrieben sind. Heißwasserfernheizungen arbeiten heute mit Vorlauftemperaturen bis über 200^0 C, sind regelbar und haben einen Wirkungsbereich, der mindestens dem der Hochdruckdampffernheizungen gleichkommt. Damit soll nicht gesagt sein, daß die Hochdruckdampffernheizwerke als veraltet und erledigt zu betrachten sind, denn es wird immer wieder Fälle geben, in denen die Ferndampfheizung der Fernheißwasserheizung vorzuziehen ist. Dies sorgfältig zu überprüfen, ist Sache des projektierenden Ingenieurs.

Die Fernheizwerke werden entsprechend dem Fortschritt der Technik und den Erfahrungen an ausgeführten Anlagen immer mehr vervollkommnet. Dies gilt nicht nur bezüglich der Heizsysteme, sondern auch der Wärmeerzeuger. Früher wurden bei Hochdruckanlagen meistens Flammrohrkessel verwendet. Ob der Kamin eines solchen Kessels dicke Rauchwolken qualmte, darum kümmerte man sich wenig. Die Möglichkeit einer rauchlosen Feuerung war nicht bekannt — bei der Industrie auch manchmal gar nicht erwünscht, denn man befürchtete, daß bei einem rauchlosen Kamin falsche Rückschlüsse auf den Geschäftsbetrieb gezogen würden. Mit der zunehmenden Industrialisierung trat jedoch das Verlangen nach rauchloser Feuerung mit Recht immer stärker auf, denn die durch den Rauch entstehenden Schäden an Gebäuden, an der Landwirtschaft und insbesondere auch an der Gesundheit der Menschen sind genügend erforscht und allgemein bekannt. Rauch ist unverbrannte Kohle — er bedeutet also eine Brennstoffvergeudung. Man kann heute Feuerungen bauen, die fast vollständig rauchfrei arbeiten, wenn die Bedingungen dafür erfüllt werden. Hiervon ist im Kapitel II ausführlich die Rede. Allgemein kann nur ausgeführt werden, daß nur solche Kessel rauchfrei arbeiten, die einen genügend großen Feuerraum besitzen, der ermöglicht, daß die Kohle und besonders der auf der Kohle liegende Kohlenstaub unter Zuführung von Sekundärluft restlos in entsprechender Höhe über dem Rost ausbrennen kann, so daß in den Kamin nur die Endprodukte der Verbrennung (Kohlensäure und Wasserdampf) austreten können. Die Verfeuerung stark schwefelhaltiger Kohle soll nach Möglichkeit vermieden werden, besonders dann, wenn der Kamin der Kesselanlage aus baulichen Gründen nicht hoch genug geführt werden kann und die Anwendung von künstlichem Saugzug erforderlich ist.

Es gibt verschiedene Kesselsysteme, die die Bedingungen einer rauchlosen Feuerung erfüllen. Eines dieser Systeme, das sich für Fernheizungen besonders gut bewährt, ist der ausgemauerte Teilkammerkessel mit Zonenwanderrost. Dieser Kessel wurde vorzugsweise bei den Fernheizwerken der NSDAP. zur Ausführung gebracht. Die Bedienung desselben ist im Kapitel II erläutert.

Bei der Projektierung eines Fernheizwerkes ist es vollständig falsch, alle Möglichkeiten zu studieren und die billigste Anlage zu erstellen, denn es darf nicht vergessen werden, daß solche Anlagen nachträglich gewöhnlich zu vielen Reparaturen und Betriebsschwierigkeiten führen. Gerade bei Fernheizwerken gilt der Grundsatz: »Das Beste ist auch das Billigste«. Der Verfasser ist daher Herrn Reichsschatzmeister F. X. Schwarz und der Obersten Bauleitung, wie auch den beteiligten führenden Architekten außerordentlich dankbar dafür, daß sie ihm in der Gestaltung und Planung der Fernheizwerke möglichst freie Hand gelassen haben, denn nur dadurch konnten die Anlagen geschaffen werden, die heute, wie z. B. das Fernheizwerk »Braunes Haus« usw., von allen Fachleuten, welche die Möglichkeit hatten, diese Anlagen zu besichtigen, als Musteranlagen angesehen werden.

Besonderer Dank gebührt auch an dieser Stelle allen an den Fernheizwerken der NSDAP. beteiligten Firmen, die bemüht waren, ihr Bestes zu leisten. Von ihnen stammen auch die meisten hier niedergelegten Bedienungsvorschriften und ein Teil der Bildstöcke. Die übrigen photographischen Aufnahmen wurden im Auftrag der Betriebsleitung von der Photowerkstätte Jos. Paul Böhm, München, ausgeführt.

München, im Oktober 1940.

Max Willner.

Inhaltsverzeichnis.

Anhang:

I. Bekohlung und Entaschung.

A. Bekohlung.

Allgemeines. Die Bekohlung bei Großanlagen erfolgt maschinell. Der angelieferte Brennstoff wird in Tiefbunkern gelagert und durch elektrisch betriebene Gummiförderbänder einem Elevator zugeführt. Letzterer fördert das Brennmaterial zum Vorraum der Hochbunkeranlage, von welchem es durch ein weiteres Stahlförderband über den Hochbunkern verteilt und durch einen fahrbaren Abstreifewagen nach denselben entleert wird.

Verfeuert werden am zweckmäßigsten Steinkohlen; es kann aber auch Schwelperlkoks verwendet werden. In den Fernheizwerken der NSDAP. kommen Steinkohlen bestimmter Größen zur Verfeuerung und zwar:

Im Fernheizwerk der ᛋᛋ-Junkerschule Bad Tölz durchwegs oberbayerische Kohlen — Nuß IV — mit einem durchschnittlichen unteren Heizwert von 5100 WE/kg;

im Fernheizwerk Tegernseer Landstraße oberbayerische Kohlen — Nuß IV — mit einem unteren Heizwert von 5100 WE/kg und oberschlesische Kohlen — Gries I — mit einem unteren Heizwert von 6900 WE/kg zu gleichen Teilen; der untere Heizwert der Mischkohle beträgt daher 6000 WE/kg;

im Fernheizwerk Braunes Haus Ruhrkohlen — Eßnuß IV — mit einem unteren Heizwert von 7600 WE/kg und oberschlesische Kohlen — Gries I — mit einem unteren Heizwert von 6900 WE/kg zu gleichen Teilen; der untere Heizwert der Mischkohle beträgt hier 7250 WE/kg.

Der Brennmaterialverbrauch in den drei Fernheizwerken für eine bestimmte Wärmeleistung ist demnach verschieden und direkte Vergleiche können nicht gezogen werden (s. Bild 133).

Tiefbunkeranlage. In den Fernheizwerken, in denen verschiedene Kohlensorten verfeuert werden, ist strengstens darauf zu achten, daß jede Kohlensorte getrennt gelagert wird, wobei die Bunkerabteile entsprechend bezeichnet werden sollen, z. B.

R. für Ruhr-Eßnuß IV,
O.S. für oberschlesische Gries I,
O.B. für oberbayerische Nuß IV.

Ein Mischen der Kohlen in den Bunkern selbst ist wegen der Selbstentzündungsgefahr unter allen Umständen verboten.

Auf dem Wanderrost kann jede Kohlensorte bis 40 mm Korngröße verfeuert werden, jedoch ist unbedingt darauf zu achten, daß die Stückgröße bei allen Kohlensorten die gleiche ist; andernfalls brennt das Feuer ungleichmäßig, da der Unterwinddruck der gleiche ist und daher größere Stücke rascher abbrennen als kleinere. Die oberbayerische Kohle hat eine Stückgröße von 10/20 mm, während die anderen Kohlen eine solche von 10/18 mm besitzen.

Die Tiefbunker sind sattelförmig gebaut, und zwar besitzen die Sattelflächen eine Neigung von 55°. Dadurch wird einesteils die Brückenbildung nasser Kohle verhindert, andererseits die Anzahl der Bunkerausläufe erhöht, wodurch die Entmischung der Kohle erschwert wird. Die Bunker sind der Reihe nach zu füllen, wobei zu beachten ist, daß der nächste Bunker erst dann aufgefüllt werden darf, wenn der vorhergehende vollständig gefüllt ist. Die Bildung von oberen Schüttkegeln vergrößert die Gefahr der Selbstentzündung und ist daher unerwünscht. Aus diesem Grunde muß nach dem Auffüllen eines Bunkers der Einfallrost abgenommen und die Kohle mit der Schaufel möglichst gleichmäßig verteilt werden.

Der Bekohlungswärter ist verpflichtet, beim Beschicken der Bunker mit anwesend zu sein und zu überwachen, daß keine Fremdkörper in die Bunker gelangen.

Die Entleerung der Bunker erfolgt reihenweise so, daß der zuerst gefüllte Bunker auch zuerst zur Entleerung kommt, damit immer das längstgelagerte Brennmaterial vorweg zur Verfeuerung kommt. Bei Mischkohle ist darauf zu achten, daß von jeder Kohlensorte gleich große Mengen zum Elevator geliefert werden. Es müssen daher die entsprechenden Bunker stets gleichzeitig entleert sein. Ist dies nicht der Fall, dann ist die Mischvorrichtung entsprechend einzustellen.

Eine Selbstentzündung der Kohle ist bei sachgemäßer Bedienung vollständig ausgeschlossen. An heißen Tagen im Hochsommer ist die äußere Bunkerdecke zu spritzen, damit die Decke durch die Verdunstungskälte möglichst kühl gehalten wird. Die sämtlichen Bunkerkegel sind möglichst unterhalb der Decke zu befühlen, ob keine Temperaturzunahme stattfindet. Steigt die Temperatur auf 60° C, so ist der betreffende Bunker auf dem schnellsten Wege durch die Förderanlage zu entleeren. Die heiße Kohle ist auf dem Förderband mit Wasser so lange abzuspritzen, bis die Gefahr beseitigt ist; erst dann kann die Kohle nach dem Hochbunker befördert werden. Besser ist natürlich, durch Entfernung des Gitters den Herd auszuschaufeln und die Kohle im Freien zu lagern und entsprechend zu bespritzen. An Regentagen soll nicht gebunkert werden, weil die naß eingebrachte Kohle am stärksten zur Zersetzung neigt. Kohlenlieferungen an diesen Tagen sind rechtzeitig beim Lieferanten abzubestellen.

Hochbunkeranlage. Die von den Tiefbunkern — (entweder durch elektrisch angetriebene Ringschieberapparate, System Münckner & Co., oder durch entsprechende Einstellung des Schiebers am Bunkerauslauf) auf das Förderband gebrachten Kohlen werden auf ein Querförderband gefördert; auf diesem gelangt die Kohle zum Elevator, welcher sie nach dem Verteilungsraum über der Hochbunkeranlage bringt. Hier gelangt die Kohle auf ein Stahlförderband und von diesem aus zu den Hochbunkern der Kesselanlage, wobei für jeden Kessel ein Hochbunker vorgesehen ist. Die Hochbunker enthalten den Brennstoffvorrat für 1 bis 2 Betriebstage und es dürfen nur die Bunker beladen werden, deren Kessel zur Zeit in Betrieb sind.

Das Beladen der Hochbunker erfolgt durch einen Abstreifewagen, der jeweils an den zu beladenden Hochbunker geschoben wird.

Die für die Bedienung der Bekohlungsanlage herausgegebenen Vorschriften, welche nachstehend aufgeführt sind, müssen gewissenhaft befolgt werden.

Bedienungsvorschrift für die Bekohlungsanlage, System Münckner & Co.

Inbetriebsetzung der Anlage.

1. Einen der beiden Ringschieber-Speiseapparate oder bei Mischfeuerung beide unter die zu entleerenden Bunkerabteile fahren, und zwar so, daß der am Wagen befestigte Riegel in das vorgesehene Loch einklinkt.
2. Den Motor für das Becherwerk, das Stahlband und das Zubringergummiband einrücken.
3. Den Motor des Gummibandes unterhalb der Tiefbunker einschalten — bei Mischkohle sind beide Motoren einzuschalten.
4. Den Motor des Ringschieber-Speiseapparates einrücken.
5. Den Rollenflachschieber unterhalb des zu entleerenden Bunkers ganz öffnen.

Außerbetriebsetzung der Anlage.

1. Rollenschieberverschluß unter dem Bunker ganz schließen.
2. Ringschieber-Speiseapparat außer Betrieb setzen.
3. Das in Betrieb gewesene Gummiförderband außer Betrieb setzen.
4. Den Motor für das Zubringergummiband, das Becherwerk und das Stahlband ausschalten.

Genau zu beachten ist ferner:

Das Ausschalten der gesamten Anlage ist erst dann vorzunehmen, wenn die Kohle restlos von den Bändern und aus dem Becherwerk in die Hochbunker gefördert wurde, also sämtliche Förderelemente leer stehen.

Betriebsvorschrift für die Bekohlungsanlage, System S.W.F.

(Süddeutsche Waggon- & Förderanlagenfabrik G. m. b. H. & Co.)

Einleitend ist zu bemerken, daß diese Anlage keinen Ringschieber-Speiseapparat besitzt, weil für die Förderung von Nußkohlen auch gewöhnliche Drosselschieber, wenn sie richtig eingestellt werden, genügen.

1. Die Bekohlungsanlage wird eingeschaltet durch die auf dem Heizerstand in der Nähe des Elevators an der Wand befindlichen zwei »Ein«-Druckknöpfe und abgeschaltet durch den darunter befindlichen »Aus«-Druckknopf.

   Zur Notschaltung sind 3 Notdruckknöpfe im Bandraum über den Hochbunkern und 4 Notdruckknöpfe im Bandraum unter den Tiefbunkern vorgesehen.

   (Diese Schaltung gilt auch für das System Münckner & Co.).

   Solange die Anlage läuft, ist das Innere des Elevators im Einschaltstand erleuchtet; bleibt die Anlage selbständig stehen, so kann dies durch die Überstromauslöser in den Schützen, hervorgerufen durch Überlastung, geschehen.

   Automatische Abschaltvorrichtungen sind vorhanden bei Überfüllung des Hochbunkers. Der jeweilige Kontakt wird automatisch betätigt durch das Kippgefäß hinter dem Fallrohr, welches oberhalb des Wagenpodestes aus dem Bunker herausführt. In diesem Falle leuchtet an der in der Mitte des Heizerstandes befindlichen Meldetafel über der betreffenden Kessel-Nr. der Buchstabe »V« (voll) auf. Ein gleichzeitiges automatisches Signal erfolgt durch das Leerlaufen des Betriebsbunkers, und zwar dadurch, daß die im Zwischenrohr zwischen Hochbunker und Waage befindliche Klappe nach innen schlägt und dadurch den betreffenden Kontakt unterbricht. In diesem Falle leuchtet an dem gleichen Tableau über der betreffenden Kessel-Nr. der Buchstabe »L« (leer) auf.

2. Vor Einschaltung der Anlage hat sich das Personal zu überzeugen, ob der auf dem oberen Band befindliche Abstreifer an der richtigen Stelle steht. Er ist jeweils durch den am Wagen befestigten Steckstift mit dem Gerüst zu verbinden.

3. Hierauf hat im Tiefbunkerraum die Öffnung eines Schiebers zu erfolgen, und zwar bis zu dem Anschlag für Mischkohle; wird nur eine Kohlensorte gefördert, dann ist der Schieber bis zu dem vollen Anschlag zu öffnen. Sollte ein in der Kohle befindlicher Fremdkörper den Auslaufschlitz verstopfen, so ist die Anschlaghaube herauszunehmen, der Fremdkörper zu entfernen und die Anschlaghaube nach Anbringung des Schiebers wieder einzusetzen.

4. Nach erfolgter Öffnung des Schiebers ist der Rasthebel wieder in die Verzahnung des Zahnrades einzulegen.

5. Sämtliche Abstreifer sind auf ihre dauernde Wirkung zu prüfen. Außerdem ist von Zeit zu Zeit die Spannung der Gurte zu prüfen und kann, wenn sie nicht durch Spanngewichte selbsttätig erfolgt, durch Nachziehen der Spindeln erreicht werden. Durch diese Spindeln wird auch bei den Gewichtsspannvorrichtungen der Gurt auf seine Mittellage einreguliert. Am Fuße des Becherwerkes ist ebenfalls eine Spannvorrichtung, welche so einzuregulieren ist, daß die Federn straff gespannt sind, aber dennoch ein Spiel der Welle zulassen.

6. Bei Förderung von nasser Kohle ist darauf zu achten, daß sich nicht die Becher mit der Zeit zusetzen. In letzterem Falle ist eine Reinigung notwendig.

7. Die Schmierung der Anlage hat an allen Staufferbüchsen täglich, an allen Preßnippeln wöchentlich und an allen Schmierschrauben ¼- bis ½ jährlich zu erfolgen. Zum Schmieren, soweit es die Staufferbüchsen anbetrifft, ist nur säurefreies, nicht harzendes Fett, im übrigen säurefreies dickflüssiges Öl zu verwenden.

8. Die Getriebemotoren und auch die Wagen sind nach besonderen beigegebenen Bedienungsvorschriften zu warten.

Die Bedienungsvorschriften Münckner & Co. und S.W.F. ergänzen sich gegenseitig bis auf einige Abweichungen, die durch die Verschiedenartigkeit der Konstruktionen bedingt sind. Es ist notwendig, beide Vorschriften zu beherrschen, was auch für nachstehende Vorschriften der Entaschungsanlagen gilt.

B. Entaschung.

Das Problem der Entaschung von Hochdruckkesselanlagen ist bis heute noch nicht zur vollen Zufriedenheit gelöst, da je nach den Bestandteilen der Asche mehr oder weniger Schwierigkeiten auftreten, die durch die Geschicklichkeit des Bedienungspersonals so gut wie möglich beseitigt werden müssen.

Die primitive Entaschung, darin bestehend, daß man die aus der Feuerung anfallende Asche in einer Anzahl Behälter im Aschenkeller so lange aufbewahrt, bis sie abtransportiert werden kann, dürfte bei einer modernen Anlage kaum mehr zur Ausführung kommen, denn der frühere sogenannte Aschenkeller des Kesselhauses ist heute ein Maschinenraum und muß genau so reinlich gehalten werden wie jeder andere Maschinenraum. Man ist deshalb bei den modernen Anlagen zur mechanischen Entaschung, und zwar zur trockenen oder zur nassen Entaschung übergegangen.

Für die nasse Entaschung eignen sich vor allem Brennstoffe, die in der Hauptsache zu harten Silikaten ausbrennen. Bilden diese Silikate (Schlacken) große zusammenhängende Massen, dann müssen sie vorher durch einen mechanischen Schlackenbrecher zerkleinert werden, bevor sie der Entaschungsanlage zugeführt werden können. Bei der Verfeuerung der im Abschnitt I A angegebenen Kohlensorten verbrennen dieselben zu granulierter Schlacke, so daß ein Schlackenbrecher entbehrlich ist.

Enthält die Asche sehr viel Staub, wie es besonders bei Verfeuerung von oberbayerischer Pechkohle der Fall ist, dann muß bei der hydraulischen Entaschung ein eigener Schlammabscheider vorgesehen werden, andernfalls große Betriebsschwierigkeiten entstehen. Der Aschenstaub wirkt sich aber auch bei der trockenen Entaschung äußerst unangenehm aus und es ist bis heute noch kein Verfahren gefunden, um den Staub unschädlich zu machen und die Kesselräume wie auch die nähere Umgebung des Kesselhauses gegen Verschmutzung zu schützen.

Der Verband der Großkraftwerke hat sich in einer seiner Sitzungen mit dem Thema der Aschenbeseitigung eingehend befaßt und ist zu der Erkenntnis gelangt, daß nach dem heutigen Stand der Technik als zweckmäßigste Entaschungsanlage eine solche zu bezeichnen ist, bei der genügend große Aschentaschen (Aschenbunker) unter den Rosten vorhanden sind, die Asche unter Ausscheidung oder Zerkleinerung größerer Aschenbrocken trocken über ein Muldenband oder eine Trogkette in geschlossenem Gehäuse aus dem Kesselhaus ins Freie, in einen staubdicht geschlossenen Wagen geschafft und zur Schlackenhalde befördert wird. An der Schlackenhalde ist dann unter Verwendung eines Wasserstrahlinjektors die Asche vom Wagen auf den Aschenplatz zu schleudern. Eine manuelle Tätigkeit entfällt bei einem solchen Verfahren nahezu vollständig. Den wenigen hierfür benötigten Arbeitern fällt lediglich eine überwachende Tätigkeit zu.

Diese Erkenntnis des Verbandes der Großkraftwerke wurden bei Ausführung der Entaschungsanlagen in den Fernheizwerken der NSDAP., soweit es möglich und notwendig war, berücksichtigt. Sämtliche Kessel besitzen ausreichend große Aschenbunker, welche normal täglich nur einmal und bei Tag- und Nachtbetrieb (an strengen Wintertagen) höchstens zweimal entleert werden müssen. Die Förderung der Asche vom Rost zum Aschenbunker erfolgt bei hydraulischen Entaschungen in einem geschlossenen Rohrsystem, bei der trockenen in geschlossenen Aschenbehältern. Der Aschenbunker, in welchem die gesamte anfallende Asche der Kesselanlage aufbewahrt wird, ist so groß gehalten, daß ein Abtransport nach der Aschenhalde wöchentlich nur ein- bis zweimal erfolgt. Die Forderung nach einem staubdicht geschlossenen Aschentransportwagen vom Aschenbunker zur Halde kann

Bild 1. Unteres Längsförderband der Bekohlungsanlage — Fernheizwerk Braunes Haus.

Bild 2. Ringschieber-Speiseapparat der Bekohlungsanlage — Fernheizwerk Braunes Haus.

Bild 3. Antrieb des Längsförderbandes mit darunterliegendem Querförderband der Bekohlungsanlage — Fernheizwerk Braunes Haus.

Bild 4. Abwurf der Kohle auf das obere Längsförderband der Bekohlungsanlage
Fernheizwerk Braunes Haus.

Bild 5. Oberes Längsförderband mit seitlichen Abwurföffnungen in die Kohlenhochbunkeranlage Fernheizwerk Braunes Haus.

Bild 6. Fahrbarer Bandabstreifewagen der oberen Bekohlungsanlage
Fernheizwerk Braunes Haus.

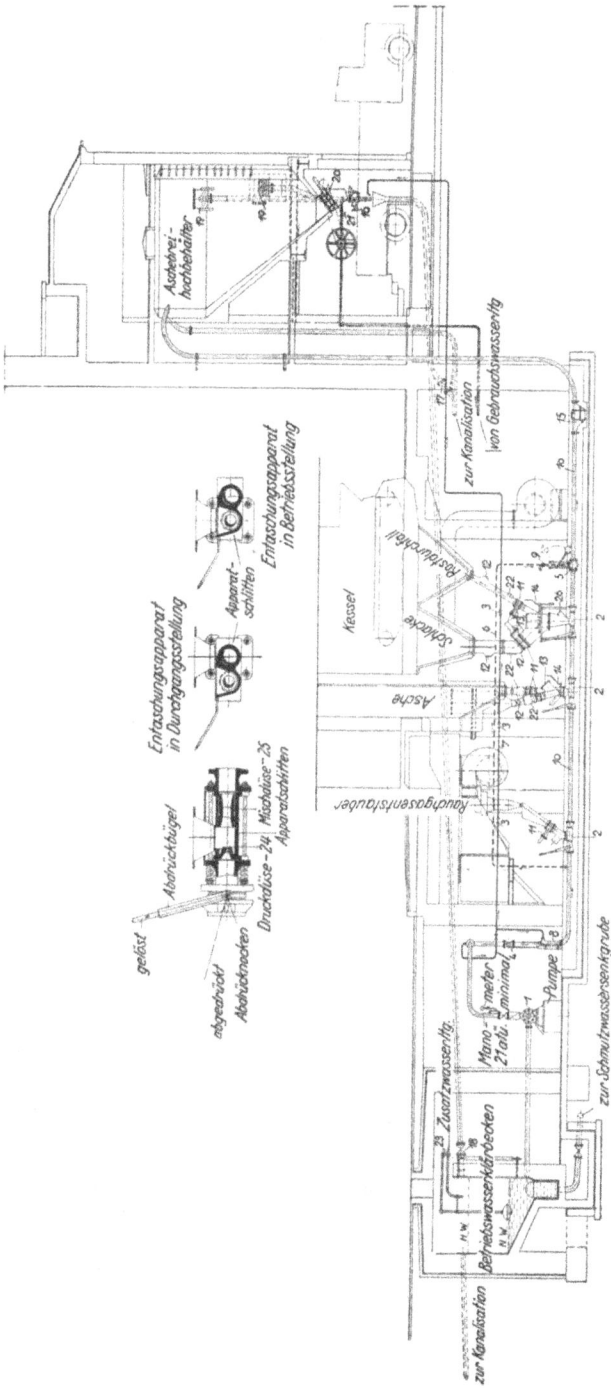

Bild 7. Schema der hydraulischen Entaschung.

Bild 8. Betriebswasser-Hochdruck-Kreiselpumpe der hydraulischen Entaschungsanlage
mit davorstehendem Steuerapparat — Fernheizwerk Braunes Haus.

Bild 9. Aschenschurren der Aschen- und Schlackenbunker
Fernheizwerk Braunes Haus.

Bild 10. Längsansicht der hydraulischen Entaschungsanlage — Fernheizwerk Braunes Haus.

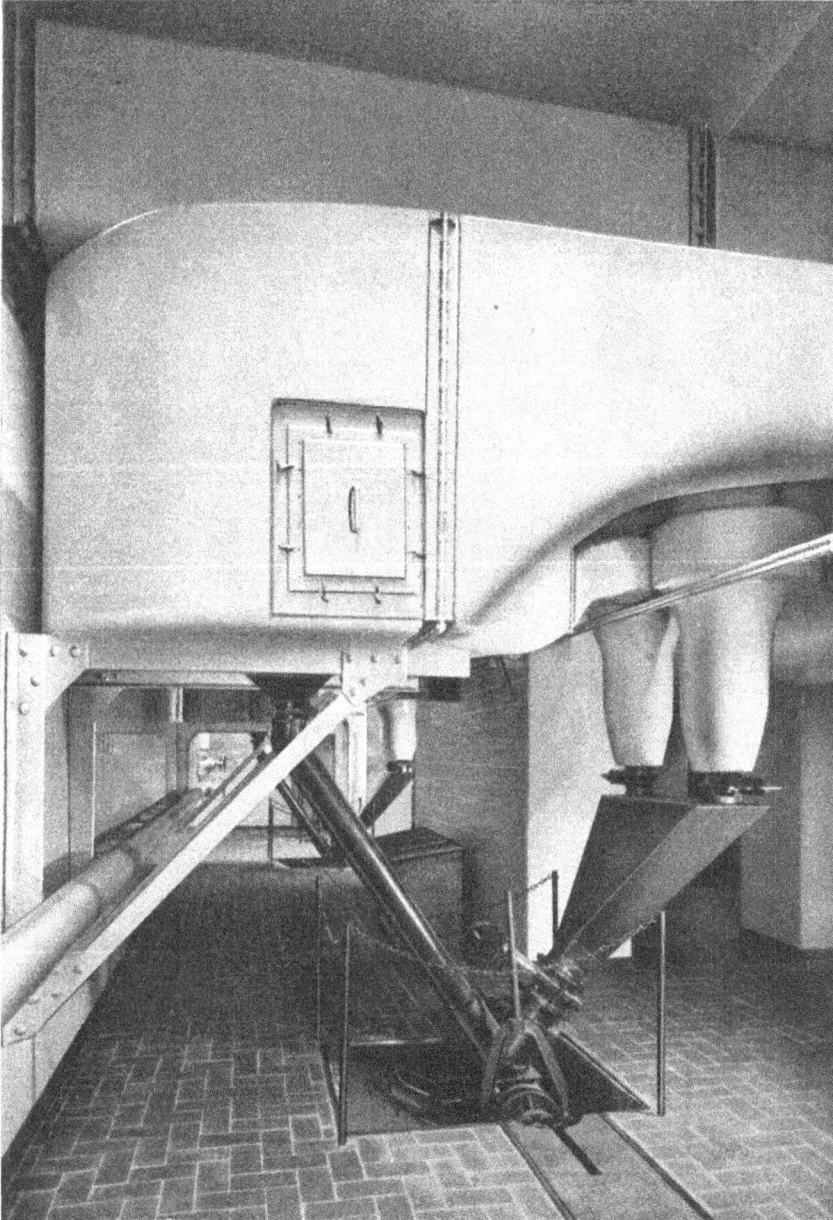

Bild 11. Hydraulische Entaschung der Flugasche — Fernheizwerk Braunes Haus.

Bild 12. Hydraulische Entaschung der Kaminbunker — Fernheizwerk Braunes Haus.

Bild 13. Bunkerverschluß mit Tropfwasserauffangvorrichtung des Aschenhochbunkers Fernheizwerk Braunes Haus.

Bild 14. Plattenschieber mit Kettenradbedienung und Auslaufschurre des Aschenhochbunkers, sowie Sekundärfilteranlage des Rücklaufwassers zum Betriebsbehälter — Fernheizwerk Braunes Haus.

kaum erfüllt werden, da der Abtransport der Asche einem Fuhrwerks-
unternehmen übertragen wird. Bei der hydraulischen Entaschung ist
diese Forderung auch gar nicht notwendig, da die Asche handfeucht
und staubfrei ist; bei der trockenen Entaschung befindet sich an der
Auslaufschnauze des Aschenbunkers eine Berieselungsanlage, welche
sich während des Füllens des Aschentransportwagens automatisch betätigt und den Staub soweit als möglich bindet.

Beschreibung der trockenen Entaschungsanlage nach System Münckner & Co., ausgeführt im Fernheizwerk der ∯-Junkerschule Bad Tölz.

Der Aschenanfall einer Betriebsschicht bei einem 8 stündigen Voll-
betrieb eines Kessels von 125 m² Heizfläche beträgt bei Verfeuerung
von oberbayerischer Kohle 0,48 t oder ca. 0,52 m³ Asche. Während der
kalten Jahreszeit, in der die Beheizung täglich in 2 bis 3 Schichten durchgeführt wird, muß die Entaschung der Kessel zweimal, und zwar das
erstemal am Morgen und das zweitemal bei Beginn des 2. Schicht vorgenommen werden.

Um den Aschenraum des Kesselhauses möglichst staubfrei zu halten,
sind die Aschenbunker eines jeden Kessels ummauert und bilden einen
geschlossenen Raum. Jeder dieser Räume besitzt eine dichtschließende
schmiedeeiserne Türe, während die Seitenwände mit Fenstern versehen
sind, wobei der Innenraum unter der Kesselanlage elektrisch beleuchtet
ist, so daß der Vorgang der Entaschung von außen beobachtet werden
kann. Die Aschenbunker sind mittels einer Gleisanlage mit dem Aschenhochbunker verbunden. Die Aschenabschlußschieber unterhalb der
Kesselaschenbunker werden durch ein Handrad außerhalb des Ent-
aschungsraumes betätigt, so daß das Bedienungspersonal gegen Staub
und Abgase vollständig geschützt ist. Der Aschentransportwagen, der
innerhalb des Raumes von Bunker zu Bunker geschoben wird, wobei
die einzelnen Bunker eines jeden Kessels nacheinander entleert werden,
ist während der Entaschung mit einer dichtschließenden Haube mit dem
Bunkeraustritt verbunden. Der Aschentransportwagen ist so groß gehalten, daß er den Inhalt eines Kesselaschenbunkers aufnehmen kann.
Nach Entleerung des Kesselaschenbunkers wird der Bunkerschieber von
außen geschlossen; nach einer Wartepause von ca. 20 min, innerhalb
welcher Zeit die Staubaufwirbelung zwischen Aschenbunker und Transportwagen vollständig verschwunden ist, wird die Türe zum Aschenraum geöffnet und der Transportwagen zum Aschenaufzug, der sich
vor dem Aschenhochbunker befindet, gefahren. Das Fahrgestell des
Aschentransportwagens ist lose, so daß nur der Behälter hochgezogen
wird. Der hochgezogene Aschenbehälter wird an der Einführungs-

öffnung in den Aschenhochbunker automatisch gekippt, so daß er sich vollständig entleert, worauf er durch selbsttätige Umsteuerung wieder nach abwärts geführt wird. Der Vorraum vor der Aufzugsvorrichtung muß nach dem Kesselhause zu hermetisch abgeschlossen sein, damit während der Beschickung des Aschenhochbunkers kein Aschenstaub in das Kesselhaus gelangen kann.

Von einer Berieselung der Asche unterhalb der Kesselaschenbunker, wie sie oftmals angepriesen wird, ist bei Verfeuerung von oberbayerischer Kohle unter allen Umständen Abstand zu nehmen, weil die Asche gebrannten Kalk enthält, der bei der Berieselung sofort zementiert. Diese Zementierung erfolgt bereits im Aschentransportwagen und noch in viel stärkerem Maße im Aschenhochbunker, wobei sich die steinharten Aschenklumpen so fest an den Bunkerwänden ansetzen, daß sie nur mit dem Pickel entfernt werden können. Die Entaschung vom Kesselaschenbunker bis zum Hochbunker muß daher vollständig trocken erfolgen.

Der Aschenhochbunker besitzt in geeigneter Höhe eine mittels Schieber verschließbare Auslaufschurre, welche außerhalb des Aschenbunkers so angebracht ist, daß die Asche mit möglichst geringem Gefälle auf den Brückenwagen entladen wird. Nach der Entaschung wird die Aschenschurre mittels einer Seilwinde zurückgeklappt und der Auslaufschieber geschlossen. Solange der Auslaufschieber geöffnet ist, der Brückenwagen also mit Asche beladen wird, wird selbsttätig eine Spritzleitung, die sich innerhalb der Auslaufschurre befindet, ausgelöst, um die Asche zu befeuchten und sie staubfrei zu machen. Diese Vorrichtung ist, wenn der Abtransport der Asche auf einem offenen Brückenwagen erfolgt, unbedingt erforderlich, damit während der Fahrt des Wagens zur Aschenhalde Verstaubungen der Umgebung vermieden werden. Es wird angestrebt, betriebseigene, geschlossene Aschentransportwagen anzuschaffen und den Aschentransport zur Aschenhalde mit eigenem Personal vorzunehmen.

Der Aschenhochbunker hat einen Nutzinhalt von 20 m³, genügt also für 38 Entaschungen. In der kalten Jahreszeit muß deshalb der Aschenhochbunker wöchentlich mindestens einmal entleert werden.

Betriebsvorschrift für die nasse Entaschung, System Seiffert & Co., ausgeführt im Fernheizwerk Braunes Haus.

Sämtliche Entaschungsapparate 2 stehen normalerweise in Durchgangsstellung, Ventile 3 in Offenstellung. Entaschung an den einzelnen Förderstellen nach Möglichkeit zur Flußrichtung zum Aschenhochbunker vornehmen. Die Absperrorgane in der Ablaufleitung 16 und 17 sind normalerweise geschlossen, der Schieber 18 geöffnet. (S. Bild 7.)

Vor dem Entaschen. Zuerst Entaschungspumpe anstellen. An Förderstelle Entaschungsapparat 2 in Betriebsstellung bringen (a) Abdrückbügel nach unten drücken, b) Apparatschlitten in Betriebsstellung bringen, c) Abdrückbügel nach oben drücken). Darauf Ventil *3* an der Förderstelle schließen, wodurch Druckwasser-Absperrorgane *4* und Aschenbreischieber *5* selbsttätig hydraulisch durch Steuerleitung *6* bzw. *7* und Druckzylinder *8* bzw. *9* geöffnet werden. Aschenbreileitung *10* kurze Zeit durchspülen. Der Druck in der Wasserleitung muß vor der Apparatedüse bei der Pumpenleistung von 60 m³ in der Stunde mindestens 21 atü betragen.

Entaschen. Schlacken- bzw. Absperrschieber *11* vorsichtig öffnen und mit denselben das Zufallen der Verbrennungsrückstände regulieren. Schüttelrost *14* nach Bedarf betätigen. Etwaige Brückenbildungen im Bunker oder in der Schurre werden durch in die Stochervorrichtung *12* eingeführte Stocherstange zerstört. Verriegelte Stocherklappe *13* nur, wenn unbedingt erforderlich und dann aber bei geschlossenen Schlacken- bzw. Absperrschiebern *11* öffnen. Nach dem Stochern ist die Klappe *13* wieder zu verriegeln und die Schlacken- bzw. Absperrschieber *11* bis zur vollständigen Entaschung offenzuhalten.

Nach dem Entaschen. Absperrschieber *11* schließen, Aschenbreileitung *10* kurze Zeit durchspülen und dann Ventil *3* an Förderstelle öffnen, wodurch Druckwasserabsperrorgane *4* und Aschenbreischieber *5* selbsttätig geschlossen werden. Entaschungsapparat *2* in Durchgangsstellung und nächstfolgenden Apparat in Betriebsstellung bringen. Nach Beendigung der gesamten Entaschung ist die Entaschungspumpe *1* abzustellen. — Nach jeder Entaschungsperiode Aschenbreihochbunker mindestens ½ h absetzen lassen, dann Absperrorgane *16* langsam öffnen und Wasser in das Klärbecken durch Ablaufleitung abfließen lassen, wobei das Wasser durch die Koksfilteranlage und durch die Zusatzfilteranlage geklärt wird. Entleerung des Hochbunkers nach Bedarf zum Transportauto nach Öffnen des Verschlusses *20* vornehmen.

Der Rücklauf des geklärten Wassers erfordert eine Zeit von ca. 6 h. Während dieser Zeit füllt sich das Klärbecken auf und wird das im Aschenhochbunker zurückgebliebene Wasser durch ein automatisches Schwimmerventil zugespeist. Der Inhalt des Klärbeckens genügt für die einmalige Entaschung sämtlicher in Betrieb befindlicher Kessel. Die zweite Entaschung kann erst vorgenommen werden, wenn das Klärbecken wieder voll aufgefüllt ist, was am Wasserstandsanzeiger des Beckens ersichtlich ist.

Es ist zu beachten, daß Fremdkörper, welche Störungen in dem Entaschungsapparat *2* verursachen können, nach Schließen sämtlicher Absperrorgane *11* durch die Stocherklappe *13* entfernt werden müssen. Der Eisenfänger *15* ist mindestens einmal wöchentlich zu entleeren. Die Reinigung des Klärbeckens ist nach Bedarf vorzunehmen. Die Koksfilter *19* sind von Zeit zu Zeit durch die Gegendruckleitung nach Öffnen des Ventils *21* und Schließen des Hahns *16* durchzuspülen. Bei Reinigung des Klärbeckens kann dasselbe gänzlich entleert werden, indem das Wasser in die Schmutzwassersenkgrube abgeleitet, der Schieber *17* geöffnet und der Schieber *18* geschlossen wird. Wasser vom Hochbunker wird in die Kanalisation abgeleitet. Das Abwasser des Klärbehälters fließt in den Pumpensumpf und wird dort durch eine Schmutzwasserpumpe in die Kanalisation befördert. Für die Wartung dieser Anlage gilt folgende Vorschrift:

Wartung. Lagerstellen an den einzelnen Apparaten, Schiebern und sonstigen Teilen regelmäßig ölen. Entaschungsapparate, insbesondere die Abdrücknocken, sind sauber zu halten. In Ausnahmefällen, bei Betriebsstörungen, Kesselreparaturen, Kesselversuchen usw. ist die Entleerung der Bunker durch die Kontrolltüre *22* vorzunehmen. Bei Auftreten von Unregelmäßigkeiten der Förderung ist festzustellen, ob Düse *24* und *25* nicht zu stark verschließen; in diesem Falle sind die Düsen auszuwechseln.

Betriebsvorschrift für die Entwässerungsanlage des Pumpensumpfes.

Im Pumpensumpf, welcher neben dem Elevatorfuß der Kohlenförderanlage vorgesehen ist, läuft das Schmutzwasser, das beim Reinigen des Aschenkellers entsteht, sowie das Wasser beim Umstellen der Aschenbreileitung, ferner das Wasser des Klärbeckens der Aschenförderanlage zusammen.

Die beiden zwischen dem Schmutzwassersammelbecken angeordneten Pumpen sind Kreiselpumpen in vertikaler Ausführung mit elektrischem Antrieb. Sie haben die Aufgabe, das im Pumpensumpf sich ansammelnde Wasser abzupumpen und in das höher gelegene Kanalsystem zu fördern.

Der Betrieb dieser Pumpen erfolgt selbsttätig mittels Schwimmerschalter. Die Schwimmer der Schalter sind so eingestellt, daß eine Pumpe den regulären Anfall an Abwasser beseitigt und bei größerem Zufluß die zweite Pumpe sich selbsttätig hinzuschaltet.

Das Abwassersammelbecken ist durch eine Trennwand, in der ein ausziehbarer gelochter Blechschieber sich befindet, in 2 Behälter unterteilt. Der eine Behälter dient als Absitzbecken für schlammige und feste Teile, die aus den Leitungen herangeführt werden; der zweite Behälter sammelt durch Überlauf das abgeklärte Wasser, das automatisch durch die Pumpen in den Kanal gefördert wird.

Die Wartung der Anlage erstreckt sich auf:

1. Lagerschmierung. Die elektrischen Motoren der Pumpen besitzen Kugellager mit Fettschmierung. Dieses Fett ist in Zwischenräumen von 3 Monaten herauszunehmen, die Lager mit Petroleum zu spülen und neues Fett einzuschmieren.

2. **Abdichtung der Pumpe.** Die Stopfbüchse der Pumpenwelle in der Traglaterne darf nie so fest angezogen werden, daß sie absolut dicht ist; das tropfenweise Austreten von Wasser dient zugleich als Schmierung. Ist durch natürlichen Verschleiß der Packung der Wasseraustritt aus der Stopfbüchse übermäßig stark, dann ist die Packung zu erneuern.

3. **Signalvorrichtung.** An der Pumpe selbst, die stets unter Wasser ist, ist keinerlei Wartung erforderlich. Eine Kontrolle, daß die Pumpen auch tatsächlich arbeiten, kann durch Ablesen der Amperemeter an der Schalttafel erfolgen. Daß die Pumpen laufen, zeigen die an der Schalttafel befindlichen Signallampen an. Jede Pumpe benötigt bei Vollastantrieb rd. 6 A.

4. **Sauberhaltung des Behälters.** Die Pumpen sind Entwässerungspumpen und feste Bestandteile sind fernzuhalten. Es ist daher notwendig, daß der in dem Absitzbecken sich ansammelnde Schlamm sowie eventuelle Schlacken- und Kohlenreste wöchentlich einmal entfernt werden, damit bei plötzlichem größeren Andrang von Abwasser diese Teile nicht in das Klärwasserbecken hinübergerissen werden und so in die Pumpen gelangen.

Das im Fernheizwerk Braunes Haus zwischen Kamingebäude und Heizzentrale befindliche Sammelbecken des Entaschungswassers ist in 14tägigen Zwischenräumen zu entschlammen, d. h. der im tiefsten Punkt desselben befindliche Schlammsammelbehälter ist in diesen Zeitabständen zu ziehen und zu entleeren.

Der aus dem Behälter wie auch aus der Sammelgrube entfernte Schlamm darf nicht, auch nicht in verdünntem Zustande, in den Kanal entleert werden, sondern ist abzufahren.

1. Die Brückenwaage.

Bei Fernheizwerken, die einen jährlichen Brennstoffbedarf von weit über RM. 100 000,— haben, spielt die genaue Kontrolle der angelieferten Brennstoffmenge eine große Rolle. Für den Betriebsleiter ist nicht die Kohlenmenge maßgebend, die vom Kohlenlieferanten auf das Lastauto geladen wird, sondern die, welche an der Bunkerstelle zur Ausladung kommt. Es muß daher als Richtlinie gelten, daß nur die Kohlenmenge bezahlt wird, die tatsächlich in die Bunker gelangt. Hierzu ist die Einrichtung einer Lastauto- und Fuhrwerkswaage unentbehrlich und es sind auch sämtliche Fernheizwerke der NSDAP. mit einer solchen versehen.

Nachstehendes Bild 15 zeigt den Längsschnitt der Fuhrwerkswaage der Fa. Müller & Sohn, München, für das Fernheizwerk der ᛋᛋ-Junkerschule Bad Tölz. Diese Waage ist für eine Wiegefähigkeit von 12 t gebaut.

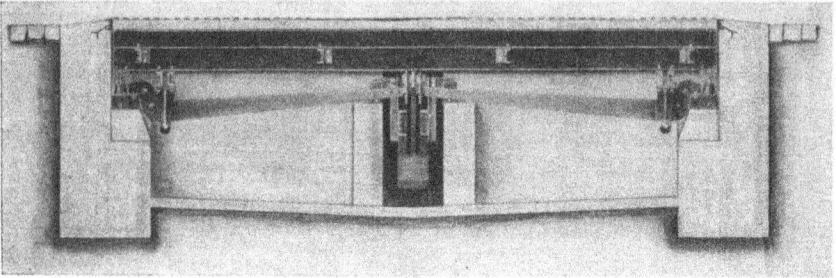

Bild 15. Längsschnitt der Brückenwaage.

Diese Waagen sind mit einem Schaltgewichtschrank, der entweder im Kesselhaus oder in einem anderen gegen Witterungseinflüsse geschützten Raum sich befindet, versehen.

Die Sicherheitsapparate ermöglichen einen Gewichtsabdruck erst dann, wenn die Wägung ordnungsgemäß bis zum genauen Einspielen

Bild 15a. Schaltschrank Dinse.

des Wiegebalkens vorgenommen ist, wobei Eingriffe in den Wiegeapparat dem Bedienungsmann unmöglich sind. Es wird demnach eine genaue Auswägung erzwungen und die vollzogene Gewichtsabstempelung beweist auch die richtige Vornahme der Wägung.

Diese Waagen einschließlich der Schaltgewichtsapparate unterstehen selbstverständlich der Kontrolle des staatlichen Eichamtes.

Das nebenstehende Bild 15a zeigt einen Schaltgewichtsschrank, Patent Dinse, Berlin-Weißensee.

Das Bild 16 zeigt eine Sicherheits-Schaltgewichts-Schnellwaage der Firma Ed. Schmitt & Co., G.m.b.H., Düsseldorf, wie sie im Fernheizwerk Braunes Haus zur Ausführung gelangte.

Bild 16. Sicherheits-Schaltgewichts-Schnellwaage DRP.

2. Die Kohlenwaage.

Während die Brückenwaage ausschließlich zur Kontrolle der angelieferten Brennstoffmengen dient, ist es auch notwendig, den Brennstoffverbrauch eines jeden Kessels kennenzulernen, weil nur auf diese Weise die Leistung des Kessels ermittelt werden kann. Dazu dienen Spezialwaagen, die durch einen Elektromotor angetrieben werden. Sie gelangen zwischen Hochbunker und Kesselfeuergeschränk in den zulaufenden Kohlenschurren zum Einbau. Die Waagen befinden sich direkt unterhalb der Kohlenhochbunker und stehen mittels einer Laufbühne mit der Hauptbühnenanlage des Kesselhauses in Verbindung.

Nachstehendes Bild 17 zeigt eine Chronos-Kohlenwaage, wie sie für sämtliche Kesselanlagen der Fernheizwerke der NSDAP. ausgeführt wurden.

Bild 17. »Chronoswaage.«

II. Feuerung und Kesselwartung.

A. Allgemeine Dienstvorschriften
für den Kesselwärter.

Allgemeines.

1. Im allgemeinen gelten die von den einzelnen Kesselfirmen dem Betrieb übergebenen Bedienungsvorschriften.

2. Die Kesselanlage ist stets rein, gut beleuchtet und von allen nicht dazugehörenden Gegenständen freizuhalten.

3. Der Kesselwärter darf Unbefugten den Aufenthalt im Kesselhause nicht gestatten.

4. Der Kesselwärter ist für die Wartung des Kessels verantwortlich. Er darf den Betrieb nur verlassen, wenn ein Ersatzmann vorhanden ist.

Inbetriebsetzung des Kessels.

5. Vor dem Füllen des jeweils in Betrieb zu nehmenden Kessels ist festzustellen, ob er innen gereinigt ist und etwaige Fremdkörper aus ihm entfernt sind. Alle zur Bedienung gehörenden Vorrichtungen müssen gangbar und der Zugang zum Kessel frei sein.

6. Das Anheizen muß langsam und erst dann erfolgen, nachdem der Kessel mindestens bis zur Höhe des festgesetzten niedrigsten Wasserstandes gefüllt ist. Während des Anheizens ist das Hauptventil geschlossen und die Kesseltrommeln mit der äußeren Luft in Verbindung zu halten. Erforderliches Nachziehen der Dichtungen hat während dieser Zeit zu erfolgen.

7. Die Wasserstandsvorrichtungen sind vor und während des Anheizens zu prüfen; das Manometer ist fortwährend zu beobachten.

Betrieb des Kessels.

8. Hähne und Ventile sind stets langsam zu öffnen und ebenso zu schließen.

9. Der Wasserstand soll stets gleichmäßig gehalten werden und darf auf keinen Fall die niedrigste Wasserstandsgrenze unterschreiten.

10. Die Wasserstandsvorrichtungen sind unter Benützung aller Hähne und Ventile täglich mehrmals zu prüfen. Unregelmäßigkeiten, insbesondere Verstopfungen sind sofort zu beseitigen.

11. Die Speisevorrichtungen sind stets in brauchbarem Zustande zu erhalten und dahingehend täglich zu überprüfen.

12. Das Manometer ist zeitweise vorsichtig auf seine Gangbarkeit zu prüfen und seine Übereinstimmung mit dem Manometer auf der Schalttafel zu kontrollieren.

13. Der Betriebsdruck darf die höchstzulässige Spannung nie überschreiten. Die Spannung ist auf dem Kesselmanometer markiert.

14. Die Sicherheitsventile sind täglich durch vorsichtiges Anheben zu lüften. Jede Änderung bzw. Verschiebung des Belastungsgewichtes ist strengstens verboten.

15. Sollte es notwendig sein, die vordere Feueröffnung über dem Rost aufzumachen, dann ist vorher Unterwind und wo vorhanden auch der Saugzug abzustellen.

16. Vor und während der Stillstandspausen ist der Kessel aufzuspeisen und der Zug zu vermindern.

17. Bei Schichtwechsel darf der abtretende Kesselwärter sich erst dann entfernen, wenn der antretende Wärter alles in vorschriftsmäßigem Zustande übernommen hat.

18. Sinkt das Wasser unter die Marke des niedrigsten Wasserstandes, ohne daß die Möglichkeit besteht, den Kessel aufzuspeisen, so ist das Feuer sofort herauszureißen und dem Maschinenmeister wie auch dem Betriebsleiter Mitteilung zu erstatten.

19. Steigt der Druck über die zulässige Spannung (im Fernheizwerk ⚡⚡-Junkerschule Bad Tölz — 10 atü —, in den übrigen Fernheizwerken — 12 atü), so ist der Kessel aufzuspeisen und dadurch der Druck zu vermindern. Genügt dies nicht, dann muß — falls die Feuerung nicht weiter eingeschränkt werden kann — das Feuer herausgenommen werden.

20. Bei Beendigung des Betriebes hat der Kesselwärter das Feuer allmählich zu mäßigen und eingehen zu lassen. Ist dies geschehen, dann ist auch der Unterwind abzustellen und sind die Rauchklappen zu schließen; hernach ist der Kessel aufzuspeisen.

21. Bei außergewöhnlichen Erscheinungen, Undichtigkeiten, Beulen, Erglühen von Kesselteilen (Rost usw.) ist die Einwirkung des Feuers sofort aufzuheben und dem Maschinenmeister wie auch dem Betriebsleiter unverzüglich Meldung zu erstatten.

22. Das Decken (Bänken) des Feuers in Zwischenpausen ist nur gestattet, wenn der Kessel unter Aufsicht bleibt. In diesem Falle dürfen die Rauchklappen nicht ganz geschlossen und der Rost nicht ganz abgedeckt werden.

Außerbetriebsetzung des Kessels.

23. Das vollständige Entleeren des Kessels darf erst dann vorgenommen werden, nachdem das Feuer vollständig entfernt und das Mauerwerk genügend abgekühlt ist. Muß die Entleerung unter Druck erfolgen, so darf dies höchstens mit 1 atü Druck geschehen.

24. Das Einlassen von kaltem Wasser in den eben entleerten heißen Kessel ist bei Strafe der Entlassung untersagt.

Reinigung des Kessels.

25. Kesselstein und Schlamm sind aus dem Kessel oft und gründlich zu entfernen.

26. Die Züge sind mindestens dreimal täglich bzw. in jeder Schicht mit überhitztem Dampf abzublasen.

27. Der zu befahrende Kessel muß von den mit ihm verbundenen und in Betrieb befindlichen Kesseln in allen Rohrverbindungen durch genügend starke Blindflanschen oder auch durch Abnehmen von Zwischenstücken sichtbar abgetrennt werden. Es ist ferner zu beachten, daß alle Feuerungseinrichtungen wie auch Rauchgasklappen des zu befahrenden Kessels sicher abgesperrt werden.

28. Der Kesselwärter hat sich von der stattgehabten gründlichen Reinigung des Kessels und der Züge persönlich zu überzeugen; dabei ist auch der Zustand des Kesselmauerwerkes genau zu untersuchen. Festgestellte Mängel sind sofort dem Maschinenmeister und Betriebsleiter zur Anzeige zu bringen und deren umgehende Beseitigung zu veranlassen.

B. Auszug aus den gesetzlichen Vorschriften über den Betrieb von Dampfkesseln und Dampfgefäßen.

Als Dampfkessel im Sinne der nachstehenden Bestimmungen gelten alle geschlossenen Gefäße, die den Zweck haben, Wasserdampf von höherer als der atmosphärischen Spannung zur Verwendung außerhalb des Dampfentwicklers zu erzeugen.

Als Heizfläche der Dampfkessel gilt der auf der Feuerseite gemessene Flächeninhalt der einerseits von den Heizgasen, andererseits vom Wasser berührten Wandungen.

Speisevorrichtungen. Jeder Dampfkessel muß mit mindestens zwei zuverlässigen Vorrichtungen zur Speisung versehen sein und diese dürfen nicht von derselben Betriebsvorrichtung abhängig sein. Mehrere zu einem Betriebe vereinigten Dampfkessel werden dabei als ein Kessel angesehen.

Jede der Speisevorrichtungen muß imstande sein, dem Kessel doppelt soviel Wasser zuzuführen, als seiner normalen Verdampfungsfähigkeit entspricht. Bei Pumpen, die unmittelbar von der Hauptbetriebsmaschine angetrieben werden, genügt das $1\frac{1}{2}$fache der normalen Verdampfungsfähigkeit. Zwei oder mehrere Speisevorrichtungen, die zusammen die geforderte Leistung ergeben, gelten als eine Speisevorrichtung.

Handpumpen sind nur zulässig, wenn das Produkt aus der Heizfläche in m^2 und der Dampfspannung in Atmosphärenüberdruck (atü) die Zahl 120 nicht überschreitet.

Die unmittelbare Benützung einer Wasserleitung an Stelle einer der Speisevorrichtungen ist zulässig, wenn der nutzbare Druck der Wasserleitung am Kessel jederzeit mindestens 2 atü höher als der genehmigte Dampfdruck im Kessel ist.

Speiseventile und Speiseleitungen. In jeder zum Dampfkessel führenden Speiseleitung muß möglichst nahe am Kesselkörper ein Speiseventil (Rückschlagventil) angebracht sein, das bei Abstellung der Speisevorrichtungen durch den Druck des Kesselwassers geschlossen wird.

Die Speiseleitung muß möglichst so beschaffen sein, daß sich der Dampfkessel bei undichtem Rückschlagventil nicht durch die Speiseleitung entleeren kann. Haben Speisevorrichtungen gemeinschaftliche Saug- oder Druckleitungen, so muß jede Speisevorrichtung von der gemeinsamen Leitung abschließbar sein. Dampfkessel mit verschieden hohen Betriebsdrücken müssen jeder für sich gespeist werden können.

Absperr- und Entleerungsvorrichtungen. Jeder Dampfkessel muß mit einer Vorrichtung versehen sein, durch die er von der Dampfleitung abgesperrt werden kann. Wenn mehrere Kessel mit verschiedener Dampfspannung ihre Dämpfe in gemeinschaftliche Dampfleitungen abgeben, so müssen die Anschlüsse der Kessel mit niedrigerem Druck an die gemeinsame Dampfleitung unter Zwischenschaltung eines Rückschlagventiles erfolgen. Durch die Anwendung von Druckminderungsventilen oder Druckreglern wird das Rückschlagventil nicht entbehrlich gemacht.

Jeder Dampfkessel muß zwischen den Speiseventilen und dem Kesselkörper eine Absperrvorrichtung erhalten, auch wenn das Speiseventil abschließbar ist.

Jeder Dampfkessel muß mit einer zuverlässigen Vorrichtung versehen sein, durch die er entleert werden kann.

Die Speiseabsperrvorrichtungen wie auch die Entleerungsvorrichtungen müssen gegen die Einwirkung der Heizgase geschützt werden und ebenso wie alle anderen Absperrvorrichtungen so angebracht sein, daß der verantwortliche Wärter sie leicht bedienen kann.

Wasserstandsvorrichtungen. Jeder Dampfkessel muß mindestens zwei geeignete Vorrichtungen zur Erkennung seines Wasserstandes besitzen, von denen wenigstens die eine ein Wasserstandsglas sein muß.

Die Lichtweiten der Wasserstandsgläser sowie die Bohrungen der Wasserstandsvorrichtungen müssen mindestens 8 mm betragen. Die Hähne und Ventile der Wasserstandsvorrichtungen müssen so eingerichtet sein, daß man während des Betriebes in gerader Richtung durch die Vorrichtungen hindurchstoßen kann. Wasserstandshahnköpfe müssen so ausgeführt sein, daß das Dichtungsmaterial nicht in das Glas gepreßt werden kann.

Alle Hahnkegel der Wasserstandsvorrichtungen müssen sich ganz durchdrehen lassen. Die Durchgangsrichtung muß bei allen Hähnen deutlich auf dem Hahnkopfe gekennzeichnet sein.

Die Höhenlage der Wasserstandsgläser ist so zu wählen, daß der höchste Punkt der Feuerzüge mindestens 30 mm unterhalb der unteren sichtbaren Begrenzung des Wasserstandsglases liegt.

Es müssen Einrichtungen für ständige, genügende Beleuchtung der Wasserstandsvorrichtungen während des Betriebes der Dampfkessel vorhanden sein. Die Wasserstandsvorrichtungen müssen im Gesichtskreise des für die Speisung verantwortlichen Wärters liegen und von seinem Standorte leicht zugänglich sein.

Sicherheitsventile. Jeder feststehende Dampfkessel ist mit mindestens einem zuverlässigen Sicherheitsventil, jeder bewegliche Dampfkessel (Lokomobilen) mindestens mit zwei solchen Ventilen zu versehen. Die Sicherheitsventile müssen zugänglich und so beschaffen sein, daß sie jederzeit gelüftet und auf ihrem Sitz gedreht werden können. Bei Hebelventilen ist die Stellung des Gewichtes durch Splinte, bei Federventilen die Spannung der Federn durch Sperrhülsen oder feste Scheiben zu sichern.

Die Sicherheitsventile dürfen höchstens so belastet werden, daß sie bei Eintritt der für den Kessel festgesetzten Dampfspannung den Dampf entweichen lassen. Ihr Querschnitt muß bei normalem Betrieb imstande sein, so viel Dampf abzuführen, daß die festgesetzte Dampfspannung höchstens um 10% überschritten wird. Sind zwei Sicherheitsventile vorgeschrieben oder bedingt die Größe des Kessels mehrere Ventile, so muß der Gesamtquerschnitt dieser Anforderung entsprechen. Änderungen in den Belastungsverhältnissen, die den Druck des Ventilkegels gegen den Sitz erhöhen, dürfen nur durch die amtlichen Sachverständigen vorgenommen werden. Diese Änderung ist im Revisionsbuch zu vermerken.

Manometer. Mit dem Dampfraume jedes Dampfkessels muß ein zuverlässiges nach Atmosphären geteiltes Manometer verbunden sein.

An dem Zifferblatt des Manometers ist die festgesetzte höchste Dampfspannung durch eine unveränderliche, in die Augen fallende Marke zu bezeichnen. Die Leitung zum Manometer muß mit einem Wassersacke versehen und zum Ausblasen eingerichtet sein. Das Manometer muß die Ablesung des bei der Druckprobe anzuwendenden Probedruckes (= das 1½fache des Betriebsdruckes) gestatten. Es muß so angebracht sein, daß es gegen die vom Kessel ausstrahlende Hitze möglichst geschützt ist und daß seine Angaben vom Kesselwärter jederzeit ohne Schwierigkeiten beobachtet werden können.

Aufstellungsort. Dampfkessel für mehr als 6 atü und solche, bei welchen das Produkt aus der Heizfläche in m² und der Dampfspannung in atü für einen oder mehrere gleichzeitig in Betrieb befindliche Kessel zusammen mehr als 30 beträgt, dürfen unter Räumen, die häufig von Menschen betreten werden, nicht aufgestellt werden. Das gleiche gilt für die Aufstellung von Dampfkesseln über Räumen, die häufig von Menschen betreten werden, mit Ausnahme der Aufstellung über Kellerräumen. Innerhalb von Betriebsstätten und in besonderen Kesselräumen ist die Aufstellung solcher Dampfkessel unzulässig, wenn die Räume mit fester Wölbung oder fester Balkendecke versehen sind. Feste Konstruktionsteile über einem Teil des Kesselraumes, die den Zwecken der Rostbeschikkung dienen, gelten nicht als feste Balkendecke. Trockeneinrichtungen oberhalb des Dampfkessels sowie das Trocknen auf dem Kessel sind verboten. Bei eingemauerten Dampfkesseln, deren Plattform betreten wird, muß oberhalb derselben eine mittlere verkehrsfreie Höhe von mindestens 1,80 m vorhanden sein.

Wasserkammerrohrkessel mit Rohren unter 100 mm Lichtweite sind von obigen Bestimmungen ausgenommen, wenn die Wandungen der Oberkessel von den Heizgasen nicht berührt werden und der Dampfdruck 6 atü nicht übersteigt.

Aufbewahrung der Kesselpapiere. Zu jedem Dampfkessel gehören:

a) Eine Ausfertigung der Urkunde über seine Genehmigung nebst den dazugehörigen Zeichnungen und Beschreibungen. Mit der Urkunde sind die Bescheinigungen über die Bauprüfung, Wasserdruckprobe und Abnahme zu verbinden. Letztere Bescheinigung muß einen Vermerk über die zulässige Belastung der Sicherheitsventile enthalten. Gelangen in einer Anlage mehrere Dampfkessel von gleicher Form, Größe, Ausrüstung und Dampfspannung gleichzeitig zur Aufstellung, so ist hierfür nur eine Urkunde erforderlich.

b) Ein Revisionsbuch, das die Angaben des Fabrikschildes enthält. Die Bescheinigungen über die vorgeschriebenen Prüfungen und periodischen Untersuchungen müssen in das Revisionsbuch eingetragen oder ihm derart beigefügt werden, daß sie nicht in Verlust geraten können.

Die Genehmigungsurkunde sowie das Revisionsbuch sind an der Betriebsstätte des Dampfkessels aufzubewahren und jedem zur Aufsicht zuständigen Beamten oder Sachverständigen auf Verlangen vorzulegen.

Ausführung und Aufstellung der Dampfkessel. Die Dampfkesselräume müssen geräumig, gut lüftbar und gut beleuchtet sein. Verdunkelungsmaßnahmen dürfen hinsichtlich der Beleuchtung den polizeilichen Anordnungen nicht widersprechen. Eine Verdunkelung durch Abschwächung der Lichtquellen ist daher verboten.

Bei größeren Anlagen muß der Dampfkesselraum mindestens zwei für den Heizer bequem erreichbare Ausgänge mit nach außen aufschlagenden Türen besitzen. Diese Türen dürfen während des Betriebes nicht abgesperrt werden.

Rohre und sonstige Leitungen über Dampfkesseln sind so zu verlegen, daß sie die Bedienung der über der Kesseldecke befindlichen Sicherheitsvorrichtungen und sonstigen Ausrüstungsteilen nicht behindern.

Zur Besteigung der Kesseldecke eingemauerter Kessel ist eine feste Treppe mit Geländer anzubringen. Die Decke ist, sofern sie mehr als 2 m über dem Fußboden liegt, an allen freien Seiten mit einem Geländer zu versehen, welches nur unterbrochen werden darf, um zur Treppe zu gelangen.

Die Feuer- und Aschenfalltüren sowie Schlackenrutschen müssen bei feststehenden Wasserrohrkesseln so eingerichtet sein, daß sie beim Entstehen eines Überdruckes in den Feuerzügen (Aufreißen eines Kesselrohres) selbsttätig nach außen schließen. Es ist außerdem durch Mauerwerksplatten dafür zu sorgen, daß der aus etwa gerissenen Rohren austretende Dampf- und Wasserstrom aus den Feuerzügen nach einer unschädlichen Richtung abgeführt wird.

Die Feuerung feststehender Dampfkessel ist so einzurichten, daß eine möglichst rauchfreie Verbrennung stattfindet.

Betrieb der Dampfkessel. Ein feststehender Dampfkessel darf erst dann in Betrieb genommen werden, wenn die baupolizeiliche Abnahme der zur Kesselanlage gehörigen Baulichkeiten stattgefunden und zu keinen Bedenken Anlaß gegeben hat und wenn die Bescheinigung über die Abnahmeprüfung dem Unternehmer oder seinem Stellvertreter ausgehändigt ist.

Wartung, Instandhaltung und Abstellung der Dampfkessel. Während des Betriebes hat der Betriebsleiter sowie die mit der Wartung des Kessels beauftragten Arbeiter für die Erhaltung des gefahrlosen Zustandes des Kessels, insbesondere für die bestimmungsgemäße Benützung und gute Instandhaltung aller Sicherheitsvorrichtungen Sorge zu tragen.

Weiter hat sich der Betriebsleiter nach Maßgabe der fortschreitenden Abnützung von der ferneren Tauglichkeit und Gefahrlosigkeit des Kessels fortwährend zu überzeugen, im Falle der Schadhaftigkeit ihn sofort außer Gebrauch zu setzen und zu veranlassen, daß die etwa notwendigen Ausbesserungen sofort vorgenommen werden.

Kesselwärter. Zur Bedienung und Instandhaltung von Dampfkesseln dürfen nur sachkundige, körperlich geeignete, zuverlässige und nüchterne, mindestens 18 Jahre alte Personen männlichen Geschlechts verwendet werden. Stellt sich während des Betriebes die Unzuverlässigkeit eines Kesselwärters heraus, so ist dessen Entfernung vom Kesseldienste umgehend zu beantragen und zu begründen.

Die Kesselwärter haben die aufgestellten Betriebsregeln zu beachten.

Die Betriebsregeln sind im Kesselhaus in einer dem Kesselwärter leicht zugänglichen Weise anzuschlagen. Bei beweglichen Kesseln (Lokomobilen für den Notbetrieb) sind die Betriebsregeln beim Kessel aufzubewahren.

Revision der Dampfkessel. Jeder Dampfkessel, mag er ständig oder zeitweise betrieben werden, ist von Zeit zu Zeit einer amtlichen Revision zu unterwerfen, die sich auf den Zustand des Kessels einschließlich seiner Ausrüstung und Einmauerung, die bestimmungsgemäße Benützung und gute Instandhaltung seiner Sicherheitsvorrichtungen, die Befähigung sowie das Verhalten des Kesselwärters und auf die Übereinstimmung mit dem Inhalt der Genehmigungsurkunde zu erstrecken hat.

Die Revision muß so stattfinden, daß eine Betriebsstillegung ausgeschlossen ist. Es können daher nicht alle Kessel gleichzeitig revidiert werden.

Von der regelmäßigen Revision ist abzusehen, wenn ein Kessel auf unbestimmte Zeit außer Betrieb gesetzt und hiervon der Behörde Anzeige erstattet worden ist.

Wird der Kessel wieder in Betrieb gesetzt, so ist dies vorher der Behörde anzuzeigen.

Stand der Kessel länger als ein Jahr außer Betrieb, so muß er vor Wiederaufnahme des Betriebes der inneren Revision unterworfen werden.

Die regelmäßige Revision ist eine äußere oder innere; die innere kann die Behörde nach ihrem Ermessen durch eine Wasserdruckprobe ergänzen.

Der regelmäßigen äußeren Revision sind die Kessel mindestens alle zwei Jahre zu unterwerfen, mit Ausnahme der Jahre, in denen eine innere Revision vorgenommen wird.

Die regelmäßige innere Revision hat längstens alle vier Jahre, die regelmäßige Wasserdruckprobe alle acht Jahre stattzufinden.

Außerdem hat die Wasserdruckprobe zu erfolgen, wenn eine Erneuerung der Kesseleinmauerung oder Ummantelung stattgefunden hat.

Alle Prüfungsfristen laufen vom Tage der Abnahmeprüfung oder von der letzten gleichartigen Revision. Diese Fristen dürfen nur ausnahmsweise mehr als zwei Monate und keinesfalls mehr als sechs Monate überschritten werden.

Die äußere Revision ist in der Regel im Betriebe vorzunehmen. Sie erfolgt ohne vorherige Benachrichtigung des Kesselbesitzers.

Zu ihrer Vornahme darf der Sachverständige die Dampfkesselräume ohne Anmeldung betreten.

Von der bevorstehenden inneren Revision und der bevorstehenden Wasserdruckprobe hat der Sachverständige den Kesselbesitzer mindestens 14 Tage vorher in Kenntnis zu setzen und sich mit ihm über den Zeitpunkt der Vornahme zu verständigen.

Zur Vornahme der inneren Revision und der Wasserdruckprobe hat der Betriebsleiter die erforderlichen oder die vom Sachverständigen angeordneten Vorbereitungen zu treffen und Sorge zu tragen, daß beim Eintreffen des Sachverständigen der Kessel und die Feuerzüge gehörig gereinigt und erkaltet sind.

Kann eine festgesetzte Revision oder Druckprobe wegen ungenügender Vorbereitung oder aus anderen Gründen an dem bestimmten Termin nicht vorgenommen werden, so hat der Sachverständige einen weiteren Termin hierfür festzusetzen.

Zur Vornahme der inneren Revision hat der Sachverständige den Kessel im Innern und in den Feuerzügen, bei jeder Wasserdruckprobe in den Feuerzügen persönlich zu befahren.

Ergeben sich bei einer Revision oder Druckprobe Ungehörigkeiten oder Schäden, die nicht sofort beseitigt werden, so hat der Sachverständige der Lokalbaukommission Anzeige zu erstatten und die erforderlichen Anträge zu stellen. Die Lokalbaukommission hat die Abstellung der Mängel zu veranlassen.

Besteht Gefahr in Verzug, so hat der Sachverständige die weitere Benützung des Kessels unter Eintragung in das Revisionsbuch zu untersagen und die Lokalbaukommission zur Überwachung davon zu verständigen. Gegen diese Anordnung des Sachverständigen steht dem Kesselbesitzer Einspruch bei der Lokalbaukommission zu. Der Einspruch hat jedoch keine aufschiebende Wirkung.

Begriff der Dampfgefäße. Als Dampfgefäß im Sinne der Verordnung sind alle Gefäße von geschlossener Bauart anzusehen, in denen gespannter Dampf, der einem Dampfkessel entnommen oder im Gefäße durch chemische Vorgänge oder durch Erhitzung entsteht, mit einer höheren als der atmosphärischen Spannung entnommen wird.

Als Dampfgefäße im Sinne der Verordnung gelten nicht:

a) Dampfgefäße unter 50 l Gesamtfassungsraum, sowie diejenigen Dampfgefäße, bei denen das Produkt aus dem Gesamtfassungsraum in Litern und dem festgesetzten höchsten Betriebsdruck in atü die Zahl 500, bei Trockenzylindern aller Art die Zahl 1000 nicht überschreitet. Die Ausrüstung dieser Dampfgefäße muß jedoch den nachstehenden Bestimmungen entsprechen.

b) Dampfgefäße, die mit der Atmosphäre durch ein offenes nicht verschließbares Rohr oder durch ein Standrohr mit Wasser- oder Quecksilberfüllung in Verbindung stehen, so daß die Spannung weder im Beschickungsraume noch im Dampfraume 0,5 atü übersteigen kann.

c) Die Dampfmaschinenzylinder, Wasservorwärmer sowie die Rohre der Dampfleitungen und Dampfheizungen.

Die Dampfsammler und Dampfüberhitzer gelten als Zubehör der Dampfkessel, wenn sie von ihnen nicht jederzeit absperrbar sind. Im anderen Falle sind sie als Teile der Dampfleitung zu betrachten. Letzteres gilt für die Abdampfspeicher der Dampfturbinen.

Bauaufstellung und Ausrüstung der Dampfgefäße. Beim Bau und bei der Aufstellung der Dampfgefäße ist tunlichst darauf Rücksicht zu nehmen, daß die Gefäße am Aufstellungsort sowohl äußerlich als auch innerlich in genügendem Maße besichtigt werden können.

An jedem Dampfgefäße oder an seiner Dampfzuleitung müssen folgende Ausrüstungsteile angebracht sein:

a) Wenigstens ein zuverlässiges, jederzeit sichtbares Sicherheitsventil.

b) Ein zuverlässiges Manometer, an dem die festgesetzte höchste Dampfspannung durch eine in die Augen fallende Marke gekennzeichnet ist.

c) Eine Einrichtung (Kontrollflansche), die das Anbringen des amtlichen Prüfungsmanometers gestattet.

d) Eine Vorrichtung (Ventil, Hahn, Schieber usw.), die die Absperrung des Gefäßes von der Dampfleitung ermöglicht.

Zum Betriebe von Dampfgefäßen ist die polizeiliche Genehmigung erforderlich.

Explosionen. Von der Explosion eines Dampfkessels oder Dampfgefäßes hat der Betriebsleiter der Direktion sofort Mitteilung zu erstatten. In Abwesenheit der Direktion hat der Betriebsleiter dem Revisionsverein sofort telephonisch Anzeige zu erstatten.

Vor Beginn der technischen Untersuchung und bis zu ihrer Beendigung dürfen am Zustande des Dampfkessels oder des Dampfgefäßes und an deren Lage sowie an den durch die Explosion berührten Bauten und Einrichtungen keinerlei Veränderungen vorgenommen werden, es sei denn, daß sie aus polizeilichen Rücksichten erforderlich sind.

Vorstehendes sind die reichsgesetzlichen Bestimmungen, welche mit den allgemeinen Betriebsvorschriften nichts zu tun haben, jedoch unter allen Umständen zu beachten sind.

C. Betriebsvorschrift für Wasserrohrkessel.

Inbetriebsetzung des Kessels.

1. Vor der Inbetriebnahme des Kessels hat sich der verantwortliche Kesselwärter davon zu überzeugen, daß die Kesselarmaturen in Ordnung und betriebsbereit sind, ferner ob der Kessel innen und außen sauber ist. Die ordnungsgemäße Ausführung der Feuerzüge ist durch Befahren festzustellen.

2. Zum Anheizen wird der Kessel bis zum normalen Wasserstand (50 bis 100 mm über dem niedrigsten Wasserstand) aufgespeist. Bei Kesseln mit Vorwärmer (Ekonomiser) muß dabei durch den Vorwärmer gespeist werden; die Speiseumgehungsleitung ist zu schließen. Während der Anheizperiode — solange nicht gespeist wird — soll der Vorwärmer aus dem Rauchgasstrom ausgeschaltet bleiben (die Rauchgase sind also durch den Umführungskanal zu leiten. — Im Fernheizwerk Braunes Haus fehlt wegen Platzmangel der Rauchgasumführungskanal. Bei dieser Anlage darf also beim erstmaligen Anheizen der Kessel nur bis zur untersten Wasserstandsmarke aufgefüllt werden). Steigt trotzdem die Wassertemperatur am Vorwärmer über das zulässige Maß, dann ist so lange nachzuspeisen, bis wieder normale Temperatur erreicht ist. Bei 8 atü soll die Temperatur am Ende des Vorwärmers 130° C, bei 10 atü 142° C und bei 12 atü 155° C nicht überschreiten.

   Bei Vorwärmern, die nicht aus dem Gasstrom ausgeschaltet werden können (Kesselhaus Braunes Haus), muß während des Anheizens ständig Wasser durch den Vorwärmer gespeist werden. Ein dadurch bedingtes Ansteigen des Wasserstandes ist durch Öffnen der Kesselablaufleitung zu vermeiden.

   Während des Anheizens bis zum Erreichen eines Dampfdruckes von 1 atü ist das am Dampfsammler angebrachte Entlüftungsventil zu öffnen. Das Sattdampfventil zum Kessel und Überhitzer ist stets geöffnet zu halten; das Heißdampfventil zum Überhitzerraum dagegen ist geschlossen.

Beim erstmaligen Anheizen oder nach Mauerwerksreparaturen muß zunächst ein Trockenfeuer mit Holz auf dem Rost unterhalten werden, ehe der Kessel hochgeheizt wird. Bei Neuausmauerungen ist die Dauer des Trockenheizens, die gewöhnlich 14 Tage beträgt, von der Einmauerungsfirma zu bemessen, die im allgemeinen auch das Trockenheizen zu übernehmen hat. Beim Hochfahren des Druckes sind Flanschenverbindungen oder Verschlüsse, Mannlochdichtungen u. dgl., die bei Stillstand geöffnet waren, vorsichtig nachzuziehen.

3. Die Überhitzerschlangen müssen beim Anheizen durch strömenden Dampf gegen Ausglühen geschützt werden. Das Ablaßventil am Eintritts- oder Zwischensammler ist dabei geschlossen zu halten; dagegen ist das Entwässerungsventil am Austrittssammler zu öffnen. Bei steigendem Dampfdruck kann das Entwässerungsventil etwas gedrosselt werden. Es muß dabei aber stets soviel Kühldampf durch die Schlangen strömen, daß die Heißdampftemperatur nicht über die für Normallast festgelegte Dampftemperatur ansteigt (die Überhitzungstemperatur beträgt beim Fernheizwerk der ᛋᛋ-Junkerschule Bad Tölz und beim Fernheizwerk Braunes Haus 220° C, beim Fernheizwerk Tegernseer Landstraße 250° C). Das Thermometer am Austritt des Heißdampfes ist beim Anheizen zu beobachten.

Das Manometer ist während des Anheizens daraufhin zu prüfen, daß es an den Kessel angeschlossen ist und den Kesseldruck richtig anzeigt. Es soll mit dem Manometer an der Schalttafel übereinstimmen.

4. Während des Anheizens steigt infolge der Ausdehnung des Kesselwassers bei Erwärmung der Wasserstand. Wenn er über die Marke des höchsten Wasserstandes hinaussteigt, so ist über das Kesselwasserventil vorsichtig so lange Kesselwasser abzulassen, bis er die normale Wasserstandshöhe erreicht hat. Das Ablaßventil ist dabei so zu betätigen, daß das dem Kessel zunächst sitzende Ventil vollständig geöffnet, während das nachfolgende einschleifbare Ventil zum Abdrosseln benützt wird. Umgekehrt wird beim Absperren zunächst das einschleifbare 2. Ventil geschlossen und darauf das dem Kessel zunächst sitzende Ventil. Zweck dieser Maßnahme ist, eine Abnützung des dem Kessel zunächst sitzenden Ventils zu verhindern, da dasselbe während des Betriebes nicht nachgedichtet werden kann.

Anschalten an das Dampfnetz.

5. Beim Anschalten des Kessels an das Dampfnetz sind die Ventile ganz langsam zu öffnen, damit kein Wasserschlag auftritt.

6. Das Ankuppeln des Kessels an die Dampfleitung erfolgt durch Öffnen des Heißdampfventiles hinter dem Überhitzer. Bei kalter Dampfleitung muß das Ventil so langsam wie möglich geöffnet werden und darf nur dann ganz geöffnet werden, wenn die Dampfleitung bis zum Hauptverteiler vollständig warm geworden ist. Wird dagegen der Kessel an eine unter Dampfdruck stehende Leitung angeschlossen, so ist der zum Kessel führende Zweig der Leitung zu entwässern und das Heißdampfventil gegebenenfalls unter Benützung des Umführungsventiles langsam und wenig zu öffnen, wenn der Kesseldruck ungefähr 1 atü unter dem Leitungsdruck liegt. Erst nach eingetretenem Druckausgleich zwischen Kessel und der Anschlußleitung darf das Heißdampfventil vollständig geöffnet werden.

Nach dem Einsetzen der regelmäßigen Dampfentnahme (der Dampfmesser ist zu beobachten) wird das Entwässerungsventil am Überhitzer-Austrittssammler geschlossen.

7. (Gilt nur für das Fernheizwerk der ⚡⚡-Junkerschule Bad Tölz und Tegernseer Landstraße.)

Nach dem Einsetzen der regelmäßigen Speisung wird der Vorwärmer in den Rauchgasstrom eingeschaltet. Durch teilweise Umführung der Rauchgase um den Vorwärmer mittels der Klappen in direktem Zug kann die Austrittstemperatur des Speisewassers geregelt werden. Die unter Ziffer 3 angegebenen Austrittstemperaturen sollen mit Rücksicht auf Dampfbildung im Vorwärmer nicht überschritten werden.

Betrieb.

8. Die Wasserstandsvorrichtungen sind unter Benützung aller Hähne und Ventile täglich mehrmals zu prüfen. Unregelmäßigkeiten, besonders Verstopfungen und Undichtigkeiten an den Gläsern sind umgehend zu beseitigen. Die für den Wasserstandsanzeiger angegebenen besonderen Bedienungsvorschriften sind zu beachten. Das Manometer ist zeitweise vorsichtig auf seine Funktion zu prüfen.

9. Die Speisevorrichtungen sind ständig betriebsbereit zu halten. Die Reservespeisepumpe ist wöchentlich mindestens zweimal probeweise in Betrieb zu nehmen.

10. Der Dampfdruck soll die festgesetzte höchste Spannung nicht überschreiten. Steigt er zu hoch, so ist der Zug bzw. die Unterwindzufuhr zu vermindern.

11. Die Sicherheitsventile sind täglich durch vorsichtiges Anheben zu lüften. Jede Änderung in der Belastung des Sicherheitsventiles ist gesetzlich strafbar.

12. Der Wasserstand soll nicht unter die Marke des niedrigsten Wasserstandes absinken. Fällt bei Störungen in der Speisung der Wasserstand in gefahrdrohender Weise unter die sichtbare Länge des Wasserstandsglases, so daß angenommen werden muß, daß durch unzulässige Erwärmung Kesselteile glühend geworden sind, dann ist das Feuer umgehend abzulöschen bzw. herauszunehmen und dem Vorgesetzten sofort Mitteilung zu machen. In einem solchen Falle darf nicht mehr nachgespeist werden. Das gleiche gilt, wenn außergewöhnliche Erscheinungen, wie stärkere Undichtigkeiten, Beulen, Erglühen von Kesselteilen, Wanderrost u. dgl. beobachtet werden.

13. Ebenso muß ein Überspeisen des Kessels vermieden werden, damit nicht Wasser in den Überhitzer und in die Rohrleitungen mitgerissen wird. Steigt der Wasserstand im Kessel zu hoch, so ist die Speisung zu unterbrechen und nötigenfalls Wasser durch die Ablaßleitung abzulassen. Beim Ablassen ist die Vorschrift unter Ziffer 4 zu beachten.

14. Wird Überschäumen des Kessels beobachtet (plötzliches Absinken der Heißdampftemperatur oder plötzliches Blasen von Ventilpackungen in der Dampfleitung), so ist sofort gründlich abzuschlämmen (Vorschrift unter Ziffer 4 beachten!) und mit niedrigem Wasserstand weiterzufahren; wenn irgendmöglich ist die Kesselleistung zu vermindern, bis sich wieder normale Dampftemperatur eingestellt hat. Ursache des Überschäumens des Kessels ist entweder zu hoher Wasserstand oder in den meisten Fällen zu starke Anreicherung des Kesselinhaltes an Salzen (siehe Vorschrift für Wasserenthärtung).

15. Zur Reinigung von Kessel und Vorwärmer von Ruß und Flugasche sind die Rußbläser nach der besonderen Bedienungsvorschrift zu betätigen. Es empfiehlt sich, die Heizflächen bei jeder Schicht mindestens einmal abzublasen.

16. Ein Wasserrohrkessel darf grundsätzlich nur mit Kondensat oder gereinigtem Wasser gespeist werden, da sonst in kurzer Zeit Kesselsteinansätze und Rohrdurchbrenner auftreten. Die mit der Wasserreinigungsanlage gegebenen Vorschriften sind sorgfältig zu beachten. Die Zusammensetzung des Kesselspeisewassers und des Kesselinhaltes muß täglich mindestens einmal untersucht werden.

Abschalten des Kessels vom Netz und Außerbetriebsetzung.

17. Bei Beendigung des Kesselbetriebes hat der Kesselwärter den Dampf nach Möglichkeit wegzuarbeiten, das Feuer eingehen zu lassen und den Kessel aufzuspeisen. Der Rauchschieber darf erst dann vollständig geschlossen werden, wenn sich keine Gase mehr aus dem Brennstoff entwickeln können.

18. Das Abschalten des Kessels vom Netz erfolgt durch Schließen des Heißdampfventiles. Das Sattdampfventil zwischen Kessel und Überhitzer bleibt geöffnet. Solange das Mauerwerk noch heiß ist, müssen die Überhitzerschlangen wie beim Anheizen durch strömenden Dampf gekühlt werden (siehe Vorschrift unter Ziffer 3).

19. Nach Abstellen der regelmäßigen Speisung ist der Vorwärmer, falls eine Rauchgasumführung vorhanden, aus dem Rauchgasstrom auszuschalten. Steigt nach dem Stillsetzen die Wassertemperatur im Vorwärmer über das zulässige Maß (vgl. Ziffer 7), so ist so lange nachzuspeisen, bis wieder normale Temperatur erreicht ist.

20. Das Entleeren des Kessels darf erst vorgenommen werden, wenn das Mauerwerk genügend ausgekühlt ist.

   Das Einlassen von kaltem Wasser in den entleerten warmen Kessel ist bei Strafe der sofortigen Entlassung untersagt.

21. Bei Frostwetter sind außerbetriebbefindliche Kessel und Rohrleitungen gegen Einfrieren zu schützen. Bei längerem Stillstand müssen Kessel und Überhitzer entleert werden. Wasserreste im Kessel und Überhitzersammlern sind durch Putzlappen sorgfältig aufzunehmen. Zur restlosen Entfernung des Kondenswassers aus den Überhitzerschlangen empfiehlt sich, auf dem Rost nach Entleerung des Kessels und nach Öffnen einiger Überhitzerverschlüsse und der Mannlochdeckel ein leichtes Holzfeuer eine Zeitlang zu unterhalten. Zur ständigen Durchlüftung des Überhitzers sind in jedem Sammler 1 bis 2 Verschlüsse während der Stillstandszeit offen zu lassen.

Reinigung und Überholung.

22. Von Zeit zu Zeit muß der Kessel innen und außen gereinigt und überholt werden. Die Zeiten innerhalb deren eine solche Reinigung vorzunehmen ist, hängen von den Betriebsverhältnissen ab und können deshalb nur von Fall zu Fall bestimmt werden. Unter normalen Verhältnissen ist die 1. Überprüfung des Kesselinneren nach etwa 1000, die 1. Reinigung nach etwa 3000 Betriebsstunden vorzunehmen. Dabei ist das Kesselinnere auf Kesselstein und Schlammansätze zu untersuchen. Besonders zu beachten sind dabei die oberen Reihen von Teilkammerkesseln, in denen im Scheitel der Rohre häufig Schlammablagerungen auftreten. Gegebenenfalls sind die Rohre mit einem Rohrreinigungsapparat (hierfür sind die besonderen Bedienungsvorschriften zu beachten) oder mit Bürsten zu säubern.

Die äußere Reinigung erfolgt durch Stahl- und Drahtbürsten und Schaber. Zur Entfernung der Flugaschenansätze an den Rohren in den hinteren Kesselzügen, die nicht über dem Feuerraum liegen, und im Vorwärmer können die Flugaschenansätze durch Abspülen beseitigt werden. In diesem Falle sind die Züge unmittelbar nach dem Abspülen durch Öffnen der Zugklappen auszutrocknen.

Beim Befahren der Kesselzüge ist die Dichtheit des Mauerwerkes und der Zuglenkwände nachzuprüfen. Undichtigkeiten sind durch Verschmieren zu beseitigen. Bei jedem Befahren des Kessels sind Rauchklappen und Rußbläser auf ordnungsgemäßen Betriebszustand zu untersuchen.

Bei der Kesselreinigung sind auch die Armaturen sorgfältig nachzusehen und nötigenfalls Dichtungen, Stopfbüchsen nachzupacken und Schrauben nachzuziehen.

Das gleiche gilt auch für eingebaute feste Teile des Kesselsystems.

23. Es empfiehlt sich, die Kesseltrommeln im Innern zum Schutze gegen Abrosten mit einem geeigneten Schutzanstrich, z. B. Hermazytin, zu versehen. Der Anstrich muß sehr dünn aufgetragen werden und bei guter Durchlüftung mindestens drei Tage trocknen, bevor der Kessel gefüllt wird.

Die gleichen Vorschriften gelten auch für die Heißwasserkessel. Der Unterschied in der Bauart dieser Kessel besteht nur darin, daß die Dampfüberhitzerschlange fehlt, weil sie für die direkte Heißwasserentnahme aus dem Kessel nicht benötigt wird.

D. Der Wanderrost.

Sämtliche Wanderroste sind mit Unterwindzonen versehen, um eine möglichst gleichmäßige Verbrennung der Kohle zu erreichen.

Die Vorschubgeschwindigkeiten sind in 5 Stufen eingeteilt und bei der letzten Stufe kann eine stündliche Geschwindigkeit von ca. 30 m erreicht werden. Die praktischen Geschwindigkeiten für vorliegende Anlagen sollen jedoch 15 m nicht übersteigen. Ebenso soll die Schichthöhe bei Verfeuerung hochwertigen Brennmaterials 7 cm, bei Verfeuerung von oberschlesischer Kohle gemischt mit oberbayerischer 9 cm und bei Verfeuerung von oberbayerischer Kohle 10 cm nicht überschreiten, wobei die Stufe 3 als Grenzgeschwindigkeit anzunehmen ist. Werden diese Anordnungen nicht befolgt, besteht die Gefahr einer unvollständigen Verbrennung, nachdem die Unterwindleistungen gegeben sind und ein 1,3facher Luftwechsel aufrechterhalten werden muß.

Vor dem Anlegen des Feuers ist an sämtlichen Kühl-
vorrichtungen das Kühlwasser anzustellen.

Die vollständige Verbrennung bedingt restlose Überführung
des Brennstoffes in Gase. Sie ist bei festen Brennstoffen kaum möglich,
da die Herdrückstände Asche und Schlacke fast stets unverbrannte
feste Teilchen enthalten. Die unverbrannten Brennstoffe dürfen jedoch
den Betrag von 4% des verfeuerten Brennmaterials nicht überschreiten.

Vollkommene Verbrennung bedingt restlosen Ausbrand der
entstandenen Gase. Sie ist bei sorgfältiger Feuerführung möglich. Treten unverbrannte Gase auf, die zu Explosionen in den Feuerzügen führen können, so ist dies ein Zeichen unsachgemäßer Feuerführung.

Die Zufuhr der Verbrennungsluft am richtigen Ort ist das
Grundprinzip der gesamten Feuerungstechnik. Schwierige Betriebszustände können oft in einfacher Weise durch richtige Luftzufuhr beseitigt werden.

Beim Einbringen des Brennstoffes in den Feuerraum nimmt er
durch die Wärmestrahlung des Zündgewölbes Wärme auf, die sich bis
zur Zündung steigert. Kurz vor der Zündung setzt die Entgasung ein.

Die Zündung ist der Augenblick der Wärmeabgabe, die Durchzündung ist die Abbrenngeschwindigkeit der Brennstoffschicht. Sichere
und rasche Zündung und hohe Durchzündung sind eine Betriebsnotwen-
digkeit. Bei nassen Kohlen tritt natürlich die Zündung später ein.

Bei steigender Kessellast ist zunächst der Zug, dann der Unterwind zu verstärken und schließlich ist die Vorschubgeschwindigkeit zu
vergrößern.

Bei fallender Belastung ist zunächst der Unterwind, dann die
Zugstärke zu drosseln und hierauf die Vorschubgeschwindigkeit zurück-
zustellen. Eine Regulierung der Kesselbelastung durch Öffnen der Ent-
aschungsklappen in den Unterwindzonen ist unstatthaft, weil dadurch
dem Rost keine Luft mehr zugeführt wird.

Halblast oder noch geringere Kessellast soll stets ohne
Unterwind gefahren werden und hierbei sind die ersten Entaschungs-
klappen der Unterwindzonen zu öffnen.

Die Zugstärke soll bei allen Belastungen an der höchsten
Stelle des Feuerraums 1 mm WS — nicht darüber, aber auch nicht
darunter — betragen. Ist die Zugstärke kleiner, tritt die Gefahr des
Gasens auf; ist die Zustärke größer, tritt die Gefahr auf, daß der
auf dem Brennstoff lagernde Gries, der stets vorhanden ist, nicht mehr
vollständig im Feuerraum zur Ausbrennung gelangt, weil die Rauchgas-
geschwindigkeit größer ist als die Brenngeschwindigkeit und sich in
diesem Fall Flugkoks mit Rauchentwicklung bildet.

Rauchbildung tritt auch bei unvollständiger Verbrennung, hauptsächlich wenn der Kessel mit Vollast gefeuert wird, auf. Unvollständige Verbrennung ist durch das Schauglas ohne weiteres zu erkennen, da in diesem Fall das Feuer dunkel brennt. In diesem Fall ist die Zweitluft einzuschalten. Sie ist ferner einzuschalten, wenn der CO_2-Gehalt mehr als 13,5% beträgt und wenn CO angezeigt wird. Die Zweitluft ist überflüssig, wenn die Rauchgase farblos aus dem Kamin austreten, wenn der CO_2-Gehalt unter 10% beträgt, was meistens dann der Fall ist, wenn der Kessel mit Halblast betrieben wird.

Der Maßstab für die wirtschaftliche Verbrennung ist ein CO_2-Gehalt von 11 bis 13%. Ein höherer CO_2-Gehalt ist ein Zeichen unvollständiger Verbrennung und des Auftretens von CO-Gasen.

Niedriger CO_2-Gehalt (unter den angegebenen Grenzen) senkt die Feuerraumtemperatur, erleichtert Krater- und Flugkoksbildung und bedingt hohe Abgasverluste. Bei der vollautomatischen Feuerung im Fernheizwerk Braunes Haus wird der Unterwind durch die Askania-Feuerung reguliert und infolgedessen kann auch bei Halblast mit Unterwind gefahren werden. Bei den übrigen Fernheizwerken muß bei Halblast der Unterwind ausgeschaltet und der Kessel mit Naturzug betrieben werden. Als Grundregeln für die richtige Feuerung gelten:

Hohe Feuerraumtemperaturen,

helles klares Feuer,

hoher CO_2-Gehalt in den angegebenen Grenzen,

niedrige Abgastemperaturen und

geringe Zugstärken.

Das Auftreten von CO-Gasen bei guter Feuerführung weist eindeutig auf Luftmangel hin. Letzterer tritt unter allen Umständen auf, wenn die Kesselbelastung über 40% der Normallast hinausgeht. Die Überbelastung ist daher in allen Fällen schädlich und zu vermeiden.

Das Auftreten von H_2-Gasen (H_2 = Wasserstoff) bei guter Feuerung deutet auf nicht genügende Durchwärmung der Brennstoffschicht hin. Verringern der Kohlenschicht bringt meistens Abhilfe.

Tritt ein Kesselbrummen im Feuerraum auf, so ist die Ursache Kraterbildung im Brennstoffbett, hervorgerufen durch falsch eingestellten Zonenunterwind. Die Krater sind mittels Schürstange mit Brennstoff auszufüllen und der Unterwind etwas zu verringern.

Das Abreißen des Feuers wird verhindert durch Umschaltung auf geringere Geschwindigkeit oder durch kurzes Stillegen des Rostantriebes, ferner auch durch Verminderung des Kesselzuges, eventuell durch Beigabe von gasreichen Brennstoffen. Es sei darauf hingewiesen, daß die oberbayerische Kohle an sich gasreich ist.

Treten links, rechts oder auf beiden Seiten des Brennstoffbettes ungefähr von Mitte bis Ende des Rostes sogenannte Zungen auf, d. h. ist kein Brennstoff oder nur sehr wenig auf der Rostbahn, so hat sich vor den seitlichen Kühlbalken Schlacke an den Seitenwänden oberhalb der Rostbahn gebildet. Diese ist mit einem flachen Abstoß-eisen zu entfernen.

Der Anstau von unverbranntem Brennstoff am Pendelstauer ist zu verhindern. Die Pendel sind je nach Rostbelastung auf ständigen gleichmäßigen Schlackenabfluß einzustellen.

Pendelstauer sind gegen unmittelbare Feuerraumstrahlung durch eine entsprechende Schlackenschicht zu schützen. Infolge Abstellen des Kühlwassers erglühte Brückenkörper dürfen nicht abgeschreckt werden. In diesem Falle ist das Kühlwasser ganz schwach zu stellen, bis die Abkühlung des Kühlbalkens durch Dampf in denselben weit genug vorgeschritten ist; erst dann ist der Zufluß wieder voll zu öffnen.

Bei plötzlichen Betriebsstörungen ist die Zufuhr der Kohle zum Rost abzustellen, der Antrieb auszuschalten, die Unter-windregelklappen zu schließen. Die Wärmeentwicklung des Rostes ist damit vollständig unterbunden. Falls nicht vorgezogen wird, den Rost vollständig mit der größten Geschwindigkeit leer zu fahren, muß min-destens die unterhalb des Halbmondes (Rundschieber) liegende Kohlen-menge in den Feuerraum gefahren werden.

Hängenbleiben des Rostes wird hervorgerufen, wenn der Rost bei Feuer längere Zeit stehengelassen wird (ca. ½ h und mehr). Es kann aber auch entstehen durch ungleiche Spannung der Rost-kette und es ist darauf zu achten, daß diese immer gleichmäßig gespannt ist.

Bei eventuellem Rückwärtsdrehen des Rostes sind die Pendel der Feuerbrücke auszuheben.

Pendelstauerabbrand ist zu vermeiden und ist daher das Feuer so zu fahren, daß der Flammenbereich höchstenfalls bis ½ m an den Schlackenstauer heranreicht.

Die Zonen sollen nach folgendem Zug bzw. Druck eingestellt werden:

Zone I . . . . vollständig geschlossen = 0,

Zone II . . . 1 bis 4 mm Druck,

Zone III . . . 2 » 6 » »

Zone IV . . . 1 » Zug.

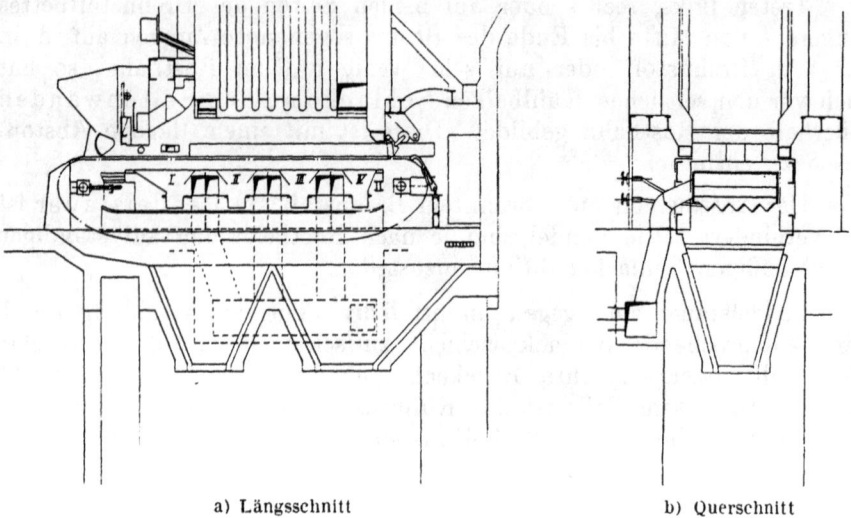

a) Längsschnitt   b) Querschnitt
Bild 18. Zonenwanderrost — System Weiherhammer.

Betriebsvorschrift für den Wanderrost.

1. **Vor dem Anheizen.** Schmierung der vorderen und hinteren Rostwellenlager und des Antriebes (für Antrieb siehe auch Ziffer 6).

   Einstellen des Antriebes auf Leerlauf und Prüfen des Rostes auf gleichen Gang mittels Handkurbel (siehe Ziffer 6).

   Schließen sämtlicher Schau- und Stochtüren, der Unterwindaschenklappen, betätigt durch die Handräder a, Bild 19; Schließen der Luftzuführungsklappen am Unterwindventilatorkanal und der Luftzuführungsklappen am Rost durch Bedienung der Handräder b, Bild 19.

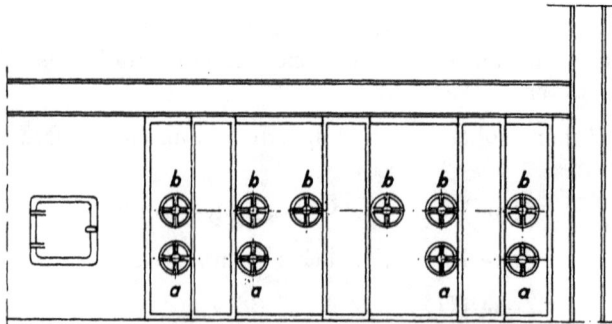

Bild 19. Handräder a für die Bedienung der Luftzuführungsklappen am Unterwindventilatorrohr und Handräder b für die Bedienung der Luftzuführungsklappen am Rost.

Öffnen der Jalousieklappen *a*, Bild 20 der
Rosteinkapselung.

Die vom Tag zuvor auf
dem Rost befindliche Asche
und Schlacke liegen lassen.

Schließen der Feuerbrücke, die Pendel ganz
leicht auf den Roststäben
schleifen lassen.

Kühlwasser der Feuerbrücke einschalten (siehe
Ziffer 5).

Nach längerer Betriebspause ist der Rost

Bild 20. Vorderansicht des Feuergeschränkes
des Wanderrostes und der Sekundärluftzuführung
zur Brennkammer.

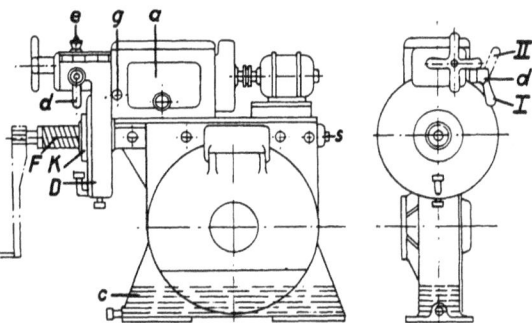

2 h leerlaufen zu lassen, damit eventuelle Störungen an demselben rechtzeitig festgestellt und behoben werden können.

2. Anheizen. Schürhalstüren *b*, Bild 21 öffnen und Schichthöhenregler auf ca. 30 cm stellen durch Betätigung der Handräder *c*, Bild 20, und Ablesen an der Skala *d*, Bild 20.

Holzabfälle, Sägespäne und Papierabfälle auf die Rostbahn
geben und anzünden.

Den Schichthöhenregler auf ca. 10 cm stellen, Drehschieber
durch Betätigung des Handrades *e*, Bild 20 etwas öffnen
und Motor des
Rostantriebes einschalten.

Anfahren des
Rostes mit der
kleinsten
Geschwindigkeitsstufe 1 des Rostantriebes und ca.
250 mm fahren.
Dann Rost s e h r
k u r z e Zeit stehen
lassen durch Dre

Bild 21. Antrieb des Wanderrostes.

hen des Kupplungshebels *d* nach Stellung II, Bild 21.

Ist die Kohle entzündet, dann Einschalten des Rostantriebes und Einstellen der Schichthöhe auf ca. 7 cm. Dann Schließen
der Jalousieklappen *a*, Bild 20 der Rosteinkapslung und Halböffnen der Unterwindaschenklappen durch die Handräder *a*,
Bild 19. Ist das Feuer bis zur Zone I gelangt, dann Schließen
der Unterwindaschenklappen. Einschalten des Unterwindventi

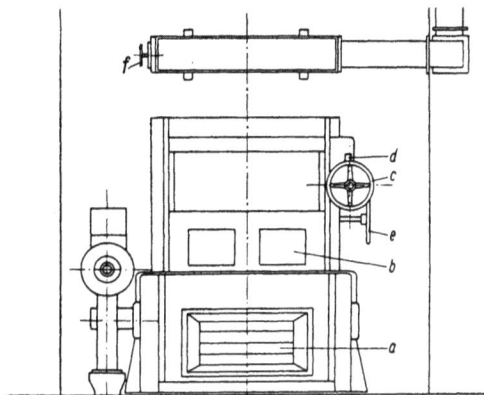

lators auf kleinste Leistung. Gleichzeitig Öffnei der Luftregulierklappen am Rost für Zone I auf kleinste Stellung durch Betätigung des Handrades *b*, Bild 19. Ist das Feuer bis zur Zone II gelangt, dann Öffnen der Luftregulierklappe für Zone II. In dieser Weise ist für die nachfolgenden Zonen zu verfahren.

Nachdem das Feuer bis zur Zone II gelangt ist, ist der Motor der Sekundärluft einzuschalten. Eventuell ist die Luftzufuhr am Handrad *f*, Bild 20, zu regulieren. Normal bleibt der Schieber vollkommen geöffnet.

3. Betrieb. Je nach Dampfleistung ist die Leistung des Ventilators einzustellen und sind die Luftregulierklappen für die Zonen zu öffnen. Dabei ist darauf zu achten, daß die Kohle völlig ausgebrannt an die Staupendel der Feuerbrücke gelangt.

Bei Normallast ca. 7 cm Schichthöhe bei Ruhr- und oberschlesischer Kohle, 9 cm bei oberschlesischer und oberbayerischer Kohle, 10 cm bei oberbayerischer Kohle und Einstellen der 3. Stufe am Rostantrieb.

Bei Schwachlast 3—4—5 cm Schichthöhe je nach Art des zur Verfeuerung gelangenden Brennmaterials und Einstellen der 2. Stufe am Rostantrieb.

Die 1. Stufe am Rostantrieb ist möglichst zu vermeiden. Die Verbrennung ist durch den CO_2-Messer zu prüfen. Das Feuer ist ständig durch die Schauöffnungen zu beobachten.

Die Temperatur des Rostbelages an der Umkehrstelle zur Feuerbahn soll 45 bis 50° C betragen.

Geschwindigkeiten des Rostantriebes:

Stufe	1	2	3	4	5
Geschwindigkeit in m/h	6,48	9,60	13,56	21,00	31,10

Die Stufen 1 bis 2 können ohne Unterschied, also mit Naturzug, die Stufen 3 bis 5 müssen mit Unterwind gefahren werden.

4. Stillsetzen des Rostes. Einige Zeit vor Betriebsschluß arbeite man die Kohlen im Trichter herunter und schließe danach den Drehschieber durch das Handrad *e*, Bild 20.

Senkung der Schichthöhe durch das Handrad *c*, Bild 20, und Verheizung sämtlicher Kohlen, die sich noch im Schürhals befinden.

Darauf achten, daß sich bei Betriebsschluß sehr wenig Feuer auf dem Rost befindet.

Dann allmähliches Abstellen des Unterwind- und Sekundärluftventilators und Schließen der Luftregulierklappen.

Beim Abstellen des Rostes muß nach dem Schichthöhenregler die Rostbahn mindestens 300 mm frei von Brennstoff sein; desgleichen muß der Raum unter dem Drehschieber frei davon sein.

Dann Schließen des Schichthöhenreglers und sämtlicher Klappen bis auf den Rauchgasschieber. Letzterer darf erst dann allmählich geschlossen werden, wenn sich keine Gase mehr in den Feuerzügen befinden.

5. Die Feuerbrücke. Kühlwasser anstellen, sobald Feuer angezündet wird und dauernd laufen lassen bis zum Erlöschen des Feuers und Abkühlung des Mauerwerkes.

Durchflußmenge so einstellen, daß Dampfbildung vermieden wird. Die Ausflußtemperatur soll höchstens 80 bis 85° C betragen. Der Abfluß bzw. dessen Temperatur muß stündlich beobachtet werden. Infolge Abstellen des Kühlwassers kann der Brückenkörper zum Erglühen kommen — er darf dann nicht abgeschreckt werden. Das Kühlwasser ist in diesem Fall ganz schwach einzustellen, bis die Abkühlung des Brückenkörpers durch Dampf weit genug vorgeschritten ist, erst dann darf der Zufluß voll geöffnet werden.

Öfter nachsehen, ob alle Schrauben festsitzen und die Gegengewichte richtig stehen.

Darauf achten, daß die Pendel, ohne zu klemmen, leicht ausschlagen und wieder zurückfallen.

Die Pendelspitzen sollen auf dem Rost schleifen.

Etwa im Brückenkörper niedergeschlagener Schlamm ist durch tägliches Öffnen des Ablaßorgans zu entfernen. Falls sich Kesselsteinansatz bildet, ist kurze Zeit vor Außerbetriebsetzung eine starke Sodalösung in den Brückenkörper einzuführen.

Beim Ausfall der Kühlwasserpumpe ist die Reservekühlvorrichtung durch den direkten Anschluß an die permutierte Wasserleitung zu schalten.

6. Der Rostantrieb, Bild 21. Das Getriebe enthält 5 Geschwindigkeiten. Das Wechseln derselben muß während des Ganges nach Auslösung der Kupplung durch Drehung des Handkreuzes geschehen. Es ist dabei darauf zu achten, daß der Zeiger genau auf die betreffende Zahl der Skala zeigt und das Wort »oben« am Handkreuz oben steht. Die Griffstange ist auf A oder B einzustellen, dann ist die Kupplung wieder einzuschalten.

Oberteil a ist bis ungefähr zur Mitte des Ölstandes mit gutem Maschinenöl zu füllen, Unterteil c nur so weit, daß die Zähne des Schneckenrades in das Öl eintauchen. Der Tropföler e ist ebenfalls mit gutem Maschinenöl zu füllen und so einzustellen, daß eine genügende Schmierung des Kupplungssteins stattfindet. Zur Schmierung des Zwischenradwälzlagers ist die Staufferbüchse g mit säurefreiem Fett zu füllen.

Reihenfolge beim Wechsel der Geschwindigkeiten:

Hebel *d* zum Auslösen der Kupplung von I nach II drehen. Durch Drehung am Handkreuz *b* die gewünschte Stufe genau nach Skala einschalten; Hebel *d* von II nach I zurückdrehen.

Im Betrieb ist darauf zu achten, daß die Kupplung *K* durch die Feder *F* nur so weit gespannt wird, daß bei größerem, unnatürlichem Widerstand des Rosts die Kupplung noch auslösen kann.

Durch Abnahme des Deckels *D* und Lösen des Stellringes *S* am Ende der Schneckenwelle kann letztere ohne Abnahme des Schneckenrades vorne herausgezogen werden. Schnecke und Druckkugellager werden dann seitlich durch die Türe entfernt.

E. Betriebsvorschrift für die automatische Kohlenwaage.

Die Waage arbeitet wie folgt:

Nachdem die Gewichte auf die Waagschale aufgestellt sind, wird die Waage in die Stellung nach Bild 22 gebracht, indem man die Boden klappe *h* von Hand in die Entleerungsstellung bringt und sie dann losläßt.

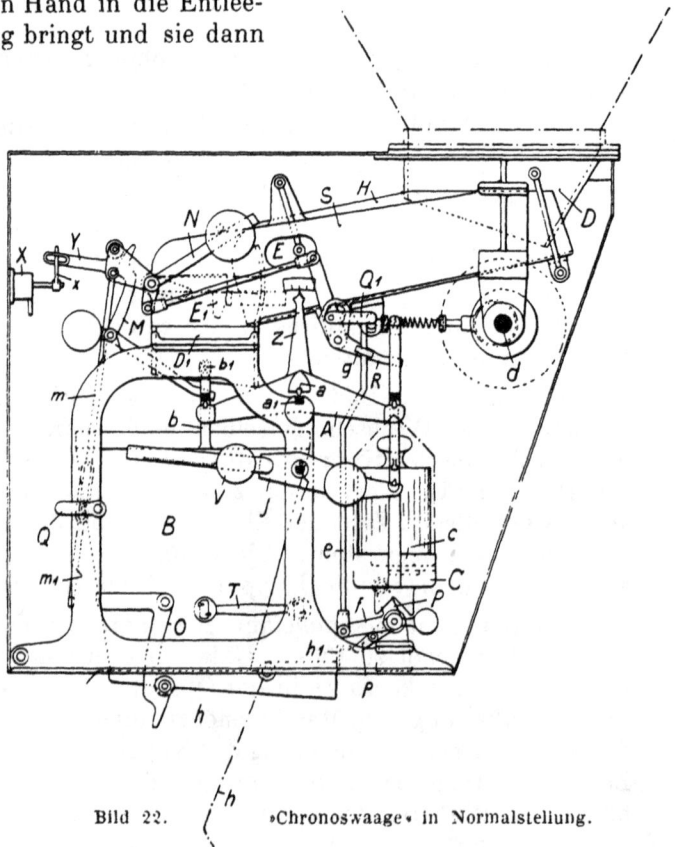

Bild 22.   »Chronoswaage« in Normalstellung.

Alsdann wird der Riemen auf die Riemenscheibe aufgelegt und dann die Kohle der Waage zugeführt. Die Kohle gelangt zuerst in den Einlaufrumpf D und wird mittels der Schüttelrinne H dem Wiegegefäß B zugeführt. Nachdem die Waage das Gleichgewicht erreicht hat, senkt sich das Gefäß B und drückt dabei der an dem Gefäßgehänge b angebrachte Bolzen $b1$ auf den rechtsseitigen Arm des Sperrhakens M, so daß dieser ausgelöst wird, wodurch der Gewichtshebel N und mit ihm die Absperrdaumen E abwärtsfallen und den Zufluß der Kohle absperren. Gleichzeitig wird durch die beiderseitig angeordneten Segmente $E1$ die Schüttelrinne H stillgelegt, Bild 23.

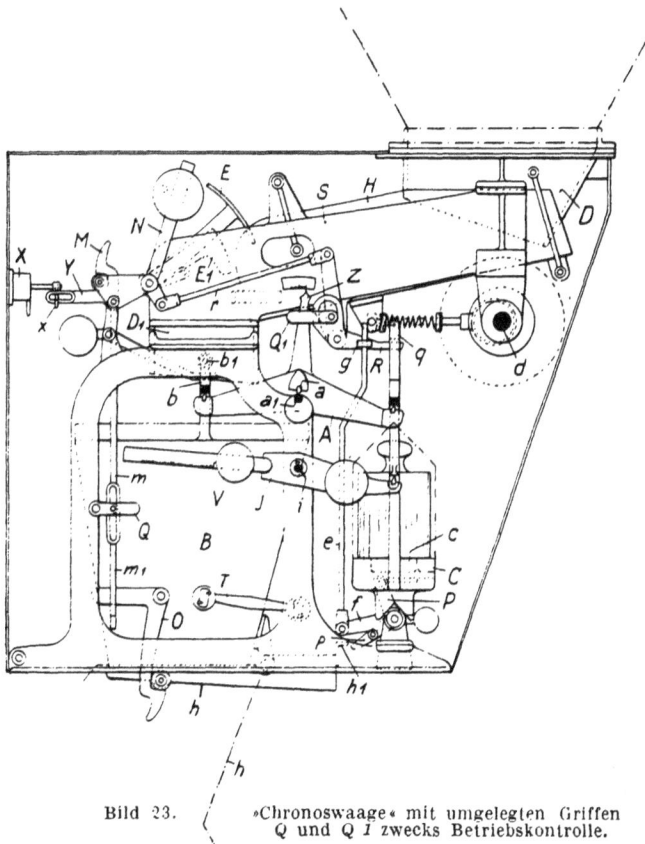

Bild 23. »Chronoswaage« mit umgelegten Griffen
Q und $Q1$ zwecks Betriebskontrolle.

Bei dem Abwärtsfallen des Gewichtshebels N wird die mit diesem in Verbindung stehende Auslösestange m angehoben und dabei der Sperrhaken O ausgelöst, so daß die Gefäßklappe h frei wird, abwärtsschwingt und das Gefäß seinen Inhalt entleeren kann. Während des Entleerens setzt sich die Gewichtsschale C auf die Rollenstütze P auf wodurch ein vorzeitiges Öffnen der Einlaufmechanismen verhütet wird.

Nachdem das Gefäß seinen Inhalt entleert hat, schwingt die Boden-klappe h in ihre Schließstellung zurück, und schlägt dabei das An-schlagstück $h1$ auf den Arm p der Rollenstütze P, so daß diese die Gewichtsschale E freigibt. Die Gewichtsschale senkt sich alsdann und setzt gleichzeitig die Einlaufmechanismen in Tätigkeit, indem der obere Teil q der Gewichtsschale auf den Winkelhebel R drückt, welcher mittels der Stange r mit den Einlaufmechanismen verbunden ist. Durch die wieder in Tätigkeit gesetzte Schüttelrinne wird dem Wiegegefäß Kohle zugeführt und eine neue Wägung beginnt.

Auf dem Zählwerk X werden die ein-zelnen Wägungen registriert. Bei den größe-ren Waagen ist für den Gefäßverschluß statt des Sperrhakens O ein Gelenk O (Bild 24) vorgesehen, welches in ähnlicher Weise be-tätigt wird, wie der Sperrhaken O.

Kontrollieren und Regulieren der Waage. Um die Waage in unbelastetem Zustand kontrollieren zu können, hebt man zuerst die Gewichtsstücke von der Gewichts-schale ab, setzt die Staubkapsel W aber wieder auf und legt dann den Griff Q nach links und den Griff $Q1$ nach rechts um (Bild 23). Alsdann hebt man den Regulier-hebel J an (Bild 23). Der Zeiger Z muß ein-spielen. Spielt er nicht ein, so sind etwaige Differenzen durch Hinzulegen oder Heraus-nehmen von Bleistückchen aus den Höh-lungen c der Gewichtsschale C auszugleichen,

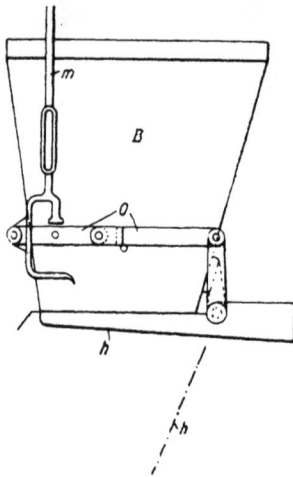

Bild 24.
»Chronoswaage« — Ansicht der Belastungsschale mit Sperrgelenk.

je nachdem die Lastseite oder die Gewichtsseite leichter oder schwerer waren. Die Hebel Q und $Q1$ sind nach beendetem Kontrollieren der unbelasteten Waage nach rechts bzw. nach links umzulegen (Bild 22).

Um die Waage in belastetem Zustande kontrollieren zu können, wird zuerst vor Beendigung der Wägung der Griff Q nach links um-gelegt (Bild 23), damit die Schlaufe $m1$ der Auslösestange m außer dem Bereich des Sperrhakens O kommt, um hierdurch ein vorzeitiges Ent-leeren des Gefäßes zu verhindern. Nach Beendigung der Wägung wird zuerst der Griff $Q1$ nach rechts umgelegt und dann der Regulierhebel J angehoben (Bild 23). Der Zeiger Z muß jetzt einspielen. Spielt er nicht ein, so ist die Füllung zu leicht oder zu schwer. Ist sie zu schwer, so wird das auf dem Regulierhebel J sitzende Regulierventil V nach links, ist sie zu leicht, nach rechts geschoben.

Reinigung der Waage. Es empfiehlt sich, die Waage wenigstens wöchentlich zweimal von dem aufliegenden Staub zu reinigen. Dazu wird der Blechmantel ganz abgenommen. Man benützt zum Reinigen am besten einen kräftigen Handbesen.

Ist die Glasplatte des Zählwerkes gebrochen, so muß sie sofort ersetzt und wieder gut eingekittet werden, da es notwendig ist, daß das Zählwerk immer abgedichtet bleibt. — Die Waage darf nur an den Lagerstellen der Antriebswelle geschmiert werden.

F. Die Schalt- und Meßanlagen der Hochdruckkessel.

Die heutigen modernen Hochdruckkesselanlagen, welche teils halbautomatisch, teils vollautomatisch betrieben werden, entheben das Bedienungspersonal von jeder schweren manuellen Tätigkeit und es beschränkt sich letztere nur mehr auf das Bedienen der Ventile und Motoren. Um so größere Aufmerksamkeit hat heute das Personal der Überwachung des Kesselbetriebes zu widmen. Man begnügt sich heute nicht mehr damit, den geforderten Wärmebedarf so recht und schlecht zu erzeugen, wobei der Brennstoffverbrauch einzig und allein von der Geschicklichkeit des Heizers abhängig ist, sondern es sind an den Kesseln bereits alle Einrichtungen getroffen, die für die größtmöglichste Wirtschaftlichkeit der Anlage erforderlich sind. Eine Reihe von Meßinstrumenten zeigen den augenblicklichen Zustand der Feuerung an; in Verbindung mit Schreibern ermöglichen sie nicht nur die Bedienungskontrolle, sondern dienen auch dem Betriebsleiter als Unterlage für die Betriebsberechnungen.

Die an den betreffenden Stellen der Kesselanlage eingebauten Meßinstrumente oder Apparate übertragen das Meßergebnis auf elektrischem Wege teils direkt, teils über Geberapparate an die Anzeigeinstrumente, welche im Bedarfsfalle mit einem Schreiber in Verbindung stehen, auf eine Schalttafel, welche vor jedem Kessel entweder an einer Bunkersäule oder an der Außenwand aufgestellt ist. Auf dieser Schalttafel befinden sich auch die Schaltapparate mit allem Zubehör für die Betätigung der zu jeder Kesselanlage benötigten Betriebsmotoren, so daß von dieser Schalttafel aus der gesamte Kesselbetrieb betätigt und überwacht werden kann.

Selbstverständlich ist auch bei einer halbautomatischen Feuerung der Betrieb und die Überwachung der Anlage nicht allein auf die Schalttafel beschränkt, sondern das Heizungspersonal hat auch am Kessel selbst noch verschiedene Arbeiten auszuführen. So kann die Anpassung des Betriebes an den jeweiligen Wärmebedarf nur vom Kessel aus durch entsprechende Einstellung der Brennstoffschichthöhe und Rostgeschwindigkeit, sowie der Zugregulierungsklappe erfolgen. Die Funktion des Rauchgasprüfers, der an der hinteren Kesselwand angebracht ist, muß täglich überprüft werden. Ebenso müssen am Kessel verschiedene Bedienungen, z. B. der Rußbläser usw., vorgenommen werden, außerdem muß die Funktion der Wasserstandsvorrichtungen täglich überprüft werden, wie dies alles in den Bedienungsvorschriften festgelegt ist. Die Bezeichnung »halbautomatisch« hat nur die Bedeutung, daß das Bedienungspersonal von den schweren körperlichen Arbeiten, wie dem Beschicken der Kessel mit Kohle, Ausschlacken der Roste usw. befreit ist, nachdem diese Arbeiten maschinell ausgeführt werden. Aber auch die vollautomatischen Feuerungen dürfen nicht als solche aufgefaßt werden, bei der jede manuelle Tätigkeit des Bedienungspersonals entfällt. Bei dieser Feuerung wird lediglich der Feuerungsbetrieb dem jeweiligen Wärmebedürfnis entsprechend geregelt. Diese Regelung bezieht sich auf die Einstellung der Geschwindigkeit des Wanderrostes, auf die Regelung des Unterwindes und des Kaminzuges. Die Einstellung der Brennstoffschichthöhe sowie die Betätigung der Sekundärluftanlage bleibt wie bei der halbautomatischen Feuerung nach wie vor dem Bedienungspersonal überlassen. Dennoch hat die vollautomatische Feuerung, besonders wenn der Kessel mit Vollast bis höchstens herab zur Halblast betrieben wird, eine große Anzahl von Vorzügen, welche die Anlagekosten ohne weiteres bezahlt machen. Die nachfolgende Beschreibung der vollautomatischen Anlage wird diese Vorzüge klar erkennen lassen.

Die Fernheizwerke Tegernseer Landstraße und ᛋᛋ-Junkerschule Bad Tölz besitzen eine halbautomatische Feuerung, während das Fernheizwerk Braunes Haus mit einer vollautomatischen ausgerüstet ist.

Die Anlage besteht aus einer Hauptschalttafel, welche am Eingang von der Maschinenzentrale zum Kesselhaus aufgestellt ist, und fünf Kesselschalttafeln, die vor jedem Kessel an den Stützsäulen der Kohlenhochbunker angebracht sind.

Auf der Haupttafel befinden sich die Meßinstrumente für den allgemeinen Betrieb des Fernheizwerkes. Ganz oben ist die Meßuhr zur Anzeige des Heißwasserumlaufes in Tonnen eingebaut. Zur Erhöhung der Meßgenauigkeit sind zwei Venturimesser vorhanden, die auf Halblast und Vollast eingestellt sind. Ferner ist auf der Haupttafel die Angabe des Druckes der städtischen Wasserleitung, die Angabe der Drücke im Vorlauf und Rücklauf der Hauptheißwasserleitung, die Angabe des Dampfdruckes der Hochdruckanlage, sowie die Angabe des Abdampfdruckes der Turbine bzw. des Mitteldruckverteilers ersichtlich. Außerdem können von der Haupttafel die Temperaturen am Vorlauf und Rücklauf der Hauptleitungen der Fernheißwasserheizung abgelesen werden.

Die Meß- und Schalttafeln der Hochdruckdampfkessel zeigen auf der Meßseite den Dampfdruck, die Heißdampftemperatur, den CO_2-Gehalt der Rauchgase, den Kesselzug vor und hinter dem Ekonomiser, die Rauchgastemperatur vor und nach dem Ekonomiser, die Speise-

wassertemperatur vor und nach dem Ekonomiser, sowie die Dampfbelastung in Tonnen. Von der Schaltseite werden durch Druckknopfsteuerung die Anlasser des Antriebsmotors der Kohlenwaage, des Rost-
motors, des regulierbaren Motors für den Unterwind und des Sekundär-
luftmotors betätigt.

Die Meß- und Schalttafeln der Heißwasserkessel zeigen auf der Meßseite den Kesseldruck, die Heißwasservorlauftemperatur, den CO_2-Ge-
halt der Rauchgase, die Temperatur der Rauchgase vor und nach dem
Ekonomiser, die Temperatur der Heißwasserrücklaufleitung vor und
nach dem Ekonomiser sowie den Kesselzug vor und nach dem Ekonomiser. Von der Schaltseite aus werden durch Druckknopfsteuerung die
bereits bei der Hochdruckdampfkesselanlage beschriebenen Motore betätigt.

Die Angaben der Meßapparate werden stündlich vom Bedienungspersonal in Formulare mit Vordruck eingetragen und dienen dem Betriebsleiter zur Aufstellung der Betriebsdiagramme. Zu diesen Eintra-
gungen gehört noch die Außentemperatur, die von einem auf der Nord-
seite des Kesselhauses angebrachten Außenthermometer abgelesen wird.

Durch eine Bedienungsvorschrift ist das Bedienungspersonal für
jeden Betriebszustand im Besitze der Sollmeßangaben, so daß es durch
den Vergleich der wirklichen Angabe der Instrumente jederzeit in der
Lage ist, den Kesselbetrieb so umzustellen, daß die geforderten Bedingungen erreicht werden können.

Betriebsvorschrift der vollautomatischen Feuerregelung »Askania« in Verbindung mit der Schalt- und Meßanlage der Fa. Bopp & Reuther, Mannheim-Waldhof.

Die vollautomatische Feuerungsregelung hat hauptsächlich die Aufgabe zu erfüllen, die Kesseldrücke, den CO_2-Gehalt und die Beanspruchung des Feuerraums möglich gleichmäßig zu halten, wodurch gering-
ster Rostverschleiß und niedrige Abgasverluste erzielt werden. Die zur
Aufstellung kommenden Regler müssen eine Einstellungsvorrichtung besitzen, mit welcher eine planmäßige Lastverteilung, eine feste Einstellung des optimalen Luftüberschusses und zusätzlich eine gesetzmäßige
Veränderung des Luftüberschußzahl in Abhängigkeit vom Belastungs-
zustand, die Festeinstellung eines Mindestzuges und der Mindestkohlen-
menge für Leerlauf und eine planmäßige Verschiebung des Gleichdruck-
punktes vorgenommen werden kann. Den Kesselgruppen, die aus reinen
Dampf- und reinen Heißwasserkesseln bestehen, wird ein Hauptsteuerwerk zugeordnet, wobei für jeden Kessel besondere Verbrennungs- und
Feuerraumdruckregler vorgesehen sind. Das Kommandosteuerwerk für
die Dampfkessel wird durch den statischen Druck in Dampfverteiler
beaufschlagt. Als Regelmeßwert ist nicht der Dampfdruck allein wirk-

sam, sondern der Druckunterschied gegenüber dem Solldruck der Kesselanlage. Dieser auf das Hauptsteuerwerk einwirkende Druckunterschied
wächst in quadratischer Charakteristik mit dem Dampfdurchsatz. Der
Ausgangspunkt für die Kesselregelung bildet also die Belastung der
Dampferzeugungsanlage. Dampfmenge und Dampfdruck werden bei der
Meßmethode zu einem gemeinsamen Regelmeßwert am Hauptsteuerwerk
vereinigt. Das Speichervermögen der Kesselwasserräume kann durch
entsprechende Einstellung des Ungleichförmigkeitsgrades der Regelung
nutzbar gemacht oder ausgeschaltet werden. Der Solldruck für die
Kessel kann durch Ab- oder Auflegen von Gewichten am Hauptsteuerwerk beliebig eingestellt werden.

Der mit der Belastung sich ändernde Druckabfall bietet ein Mittel,
jede Laständerung sofort auf den Regler einwirken zu lassen, bevor
noch eine Änderung des Kesseldruckes eingetreten ist. Die jeweilige
Dampfbelastung wird gemessen durch die Druckdifferenz: Solldruck
gegen den Druck im Dampfsammler und kann mit der wirtschaftlichen
Wärmezufuhr als Gleichgewichtssystem gewertet werden.

Die Hauptregelung der Heißwasserkessel wird in der gleichen Weise
durchgeführt. Vom technischen Standpunkt ist dagegen nichts einzu-
wenden, weil der Kesseldruck gleichzeitig einen Meßwert darstellt für
die Temperatur des von der Umwälzpumpe abgesaugten Kesselwassers.

Die Verbrennungsregelung sichert ein gleichbleibendes Verhältnis zwischen der eingefahrenen Kohlenmenge jedes Kessels und der Verbrennungsluftmenge. Die Verbrennungsregler werden primärseitig vom
Kohlenmeßdruck beaufschlagt und das Rückführungssystem vom Rauchgasdifferenzdruck. Bei Verbrennung mit gleichbleibendem Luftüberschuß sind Rauchgas- und Verbrennungsluftmengen zueinander direkt
proportional. Durch die Verbrennungsregler wird die Brenngeschwindigkeit dem Dampfbedarf, der Größenordnung und dem zeitlichen Ver-
lauf nach, angepaßt, so daß bei abgestimmter Speisung das Wärmegleichgewicht über den ganzen Regelbereich des Kessels vorhanden ist.
Durch den Zugabfall über den Rauchgasweg kann also nicht nur die
Verbrennungsluftmenge meßtechnisch erfaßt werden, er bildet auch ein
Maß für die Kesselbelastung, welche mit den Zugverhältnissen quadratisch zusammenhängt. Durch zweckentsprechende Auswahl der Meßstellen für den Rauchgasdifferenzdruck und durch zusätzliche Einstell-
vorrichtung an den Verbrennungsreglern kann der Forderung nach dem
wirtschaftlichen Luftüberschuß für alle Belastungszustände entsprochen
werden und wird andererseits den Einflüssen des Auftriebes Rechnung
getragen. Die Einstellung der Charakteristik am Verbrennungsregler
erfolgt durch eine Feder, welche der einen Membrane eine konstante
Vorspannung gibt. Diese Vorrichtung gestattet es, eine bestimmte Ab-
weichung von der normalen Lastabhängigkeit bei einzelnen Meßgrößen
einzustellen. Hierdurch wird das Verhältnis zwischen Kohlen- und

Rauchgasmeßdruck den Sonderheiten der Feuerführung bei schwacher Last angepaßt und insbesondere die bei schwacher Last durch verringerte Luftkühlung entstehende Gefahr des Rostglühens beseitigt.

Der vorstehend beschriebene Regelvorgang für die ablaufenden Rauchgasmengen ist mit der Frischluftzulaufregelung durch einen Feuerraumdruckregler gekuppelt, der aus dem Feuerraum einen Druckimpuls empfängt. Die Auswahl dieser Meßstelle erfolgt unter Berücksichtigung des Auftriebes und der Flammenausbildung. Die Ablauf- und Zulaufregelung ist in Serie geschaltet, die Organe der Regelung beeinflussen sich gegenseitig und bestimmen gemeinsam die Verbrennungsluftmenge.

Durch die askanische Regelung wird erreicht:

1. Wärmegleichgewicht über dem ganzen Lastbereich der Kesselanlage,
2. praktisch konstante Kesseldrücke,
3. gleichbleibender CO_2-Gehalt in den Abgasen,
4. gleichmäßiger und bester Ausbrand bei allen Belastungszuständen,
5. niedrigste Abgastemperaturen,
6. geringste Abgasverluste und damit
7. höchste Wirtschaftlichkeit,
8. äußerst elastische Feuerführung und
9. höchste Betriebsbereitschaft.

Zur Anwendung kommt der Strahlrohrregler nach Bild 25.

Sämtliche Steuerwerke sind mit diesem Strahlrohr ausgerüstet, wodurch die Betriebstüchtigkeit der Anlage gewährleistet wird, da der Strahlrohrregler keiner Wartung bedarf.

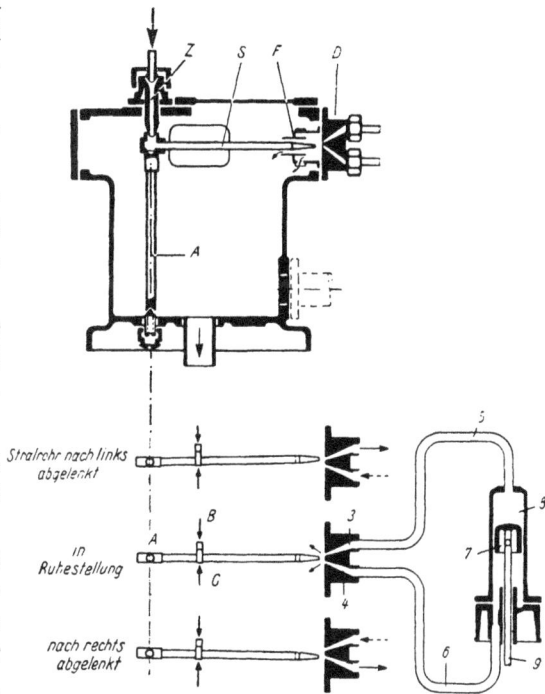

Bild 25. Strahlrohrgebläse.

Die Hauptsteuerwerke beider Kesselgruppen beaufschlagen Kraftzylinder für die Verstellung von Feldreglern für die feinstufige Spannungseinstellung zweier Leonard-Aggregate. Jeder Größenordnung des

Dampfbedarfes wird auf diese einfache Weise eine bestimmte Spannung in der Speiseleitung für die Rostantriebsmotoren zwangsläufig zugeordnet. Zur Stabilisierung des Regelvorganges dient ein Schleudergebläse mit quadratischer Abhängigkeit des Druckes von der Drehzahl und damit der Gleichstromspannung. Die beiden Rückführmeßgebläse werden durch Gleichstrommotoren angetrieben, die aus dem gesteuerten Leonardnetz gespeist werden. Die Drehzahlen der Rostantriebsmotoren sind proportional den Gleichstromspannungen der Steuergeneratoren. Die wirklich geförderten Kohlenmengen sind bei gleichbleibenden Schütthöhen abhängig von den Drehzahlen der Rostantriebsmotoren. Es werden also in der beschriebenen Anordnung die Drehzahlen der Rostantriebsmotoren und damit der Kohlenmengen nach Maßgabe des Dampfbedarfes selbsttätig eingestellt.

Die Steuerung der Luftzufuhr erfolgt nach Maßgabe der jeweils geförderten Kohlenmengen. Die Rostantriebsmotore werden mit Schleudergebläsen gekuppelt, deren Meßdrücke sich in quadratischer Abhängigkeit mit der Drehzahl der Rostantriebsmotoren ändern. Die Meßgebläse liefern also Meßdrücke, welche mit den geförderten Kohlenmengen in der beschriebenen Weise zusammenhängen. Die Meßdrücke als Maß für die Kohlenmengen werden an die Impulssysteme der Verbrennungsregler herangeführt, die ihrerseits Krafttriebe für die Verstellung der Rauchgasklappen und der Drehregler für die Motoren der Saugzugventilatoren beaufschlagen. Jeder Verbrennungsregler wird rückseitig durch den Rauchgasdifferenzzug beaufschlagt, welcher sich ebenfalls in quadratischer Beziehung mit der Kesselbelastung ändert. Durch die Verbrennungsregler wird ein gleichbleibendes Kohle/Luftverhältnis im Dauerbetrieb sichergestellt, der Luftüberschuß (CO_2-Gehalt) kann durch Einstellvorrichtungen an den Bedienungstafeln verändert werden. Jede vorgenommene Einstellung bei einer erstellten Anlage entspricht einer vorher zu bestimmenden Luftüberschußzahl, so daß das Optimum im CO_2-Gehalt unter allen Umständen eingehalten werden kann.

Die Zuluftsteuerung geschieht in Abhängigkeit vom Feuerraumdruck. Der Druck im Feuerraum wird an die Meßsysteme der Druckregler herangeführt, welche Kraftzylinder für die selbsttätige Einstellung der Regelklappen in den Frischluftleitungen und solche für die Einstellung von Drehreglern für die Sekundärluft-Ventilatorantriebsmotore beaufschlagen.

Die Gleichstromrostantriebsmotoren werden mit besonderen Feldreglern versehen für die zusätzliche Beeinflussung der Drehzahlen. Mit Hilfe dieser Feldregler kann die planmäßige Lastverteilung vorgenommen werden. Bei ausgeschalteten Feldreglern sind alle Kessel nach Leistung synchronisiert. Nachstehend wird ein Regelvorgang kurz beschrieben:

Sinkt z. B. der Druck im Dampfverteiler — die Belastung nimmt also zu —, so wird über das Hauptsteuerwerk die Gleichstromankerspannung für die Rostantriebsmotore erhöht. Die Antriebsvorrichtungen fördern mehr Kohle in die Brennkammer, die Mehrleistung ist durch Messung des Dampfbedarfes eindeutig festgelegt. Der höheren Rostgeschwindigkeit (größere Kohlenmenge) entsprechend liefert das Meßgebläse höhere Kohlenmeßdrücke, wodurch der Verbrennungsregler aus dem Gleichgewicht kommt und den Zug für den Kessel nach Maßgabe der vermehrten Kohlenförderung erhöht. Mit wachsendem Zug steigt der Unterdruck im Feuerraum, der Frischluftregler, welcher vom Feuerraumdruck beaufschlagt wird, erhöht die Pressung unter den Rosten und damit die Luftzufuhr in die Feuerung so lange, bis der ursprüngliche Beharrungswert wieder erreicht ist; damit ist der Regelvorgang abgeschlossen.

Für die zentrale Ölversorgung sämtlicher Steuerwerke sind zwei Ölpumpenaggregate mit Drehstromantriebsmotoren vorgesehen. Die Aggregate besitzen selbsttätige Druckregler, so daß das den Strahlrohren zugeführte Drucköl unter konstantem Druck in die Verteilerstücke eintritt.

In die Ölleitungen von den Steuerwerken nach den zugehörigen Kraftzylindern werden Ölsteuerhähne eingebaut. Auf diese Weise wird in einfachster Anordnung die selbsttätige Regleranlage mit einer hydraulischen Fernsteuereinrichtung vereinigt. Es soll in diesem Zusammenhang erwähnt werden, daß sämtliche Krafttriebe mit Fallkeilen für die schnelle Entkupplung ausgerüstet werden. Die hydraulische Fernsteuereinrichtung dagegen erfüllt die Anforderungen aufs äußerste gesteigerter Betriebstüchtigkeit, da der Heizer jederzeit von Hand in den Regelvorgang eingreifen kann. Die Ölsteuerhähne werden auf den Tafeln der Kesselschränke montiert und bieten folgende vier Schaltmöglichkeiten:

> »mehr«,
> »weniger«,
> »regelt«,
> »aus«.

Der Übergang von Hand- und Regelbetrieb wird also durch einfache Umstellung des Ölsteuerhahnes von der einen in die andere Betriebsstellung vorgenommen.

Die Instrumente für die Betriebskontrolle und diejenigen für die Überwachung der Regelvorgänge werden gemeinsam mit den Druckknopfsteuerungen und Amperemetern für die Motore sowie den Ölsteuerhähnen auf den Fronttafeln der Schaltschränke montiert.

Die Schaltschränke für die Dampfkessel erhalten folgende Instrumente:

a) 1 Leistungsmesser, Dampfmesser mit runder Skala,

b) 1 Druckmesser für die Anzeige des Kohlenmeßdruckes,

c) 1 Druckmesser für die Anzeige des vom Meßgerät gelieferten Kohlenmeßdruckes,

d) 1 Differenzdruckmesser für die Rauchgasmenge,

e) 1 Feuerraumdruckmesser,

f) 1 umschaltbarer Zug- und Druckmesser für den wahlweisen Anschluß an verschiedene Meßstellen des Rauchgas- und Frischluftweges;

ferner:

a) 1 Temperaturanzeiger für den überhitzten Dampf,

b) 1 Temperaturanzeiger des Speisewassers vor und nach dem Vorwärmer,

c) 1 Temperaturanzeiger für das Rauchgas vor und nach dem Vorwärmer,

d) 1 Kohlensäuremesser für die Anzeige des CO_2-Gehaltes in den Rauchgasen,

e) 1 Messer für den Unterwinddruck.

Die Anordnung der Instrumente für die Heißwasserkessel I, II und III entsprechen derjenigen für die Dampfkessel, nur daß an Stelle des Temperaturanzeigers für überhitzten Dampf ein solcher für die Temperaturanzeige des Vor- und Rücklaufes des Kesselwassers vorgesehen ist.

Auf der Fronttafel des Hauptschrankes sind die Instrumente für die zentrale Überwachung angeordnet, und zwar:

a) 1 Temperaturanzeiger für das Speisewasser der Kaltwasserzuleitung,

b) 1 Temperaturanzeiger für die Rauchgase im Fuchs,

c) 1 Spannungsanzeiger für den Leonard-Steuergenerator,

d) 1 Anzeiger für den Meßdruck des Rückführgebläses,

e) 1 Temperaturanzeiger für die Vorlauftemperatur der Heißwasserheizung,

f) 1 Temperaturanzeiger für die Rücklauftemperatur der Heißwasserheizung,

g) 1 Spannungsanzeiger für den den Heißwasserkesseln zugeordneten Leonard-Maschinensatz,

h) 1 Anzeiger für den Kohlenmeßdruck des Rückführgebläses für die Kohlenmengen der Heißwasserkessel,

i) 1 Druckmesser für die Anzeige des Druckes der städtischen Hauptwasserleitung I,

k) 1 desgleichen für die städtische Wasserleitung II,

l) 1 Vakuummesser für die Staubsauganlage,

m) 1 Druckmesser für das Drucköl.

Bedienung.

1. Im Hauptschrank ist zum Anfahren auf »Handbetrieb« zu stellen.

Der Umschalthahn muß ca. ½ min auf »Schließt« gestellt werden und dann sofort auf »Abschluß«. Jetzt kann das Leonard-Aggregat eingeschaltet und die erforderliche Voltzahl von Hand eingestellt werden.

2. Am Kesselschrank muß der Umschalthahn für Unterwind ebenfalls ca. ½ min auf »Schließt« gestellt werden, weil sonst der Unterwindmotor nicht anläuft. Auch hier muß der Hahn sofort wieder auf »Abschluß« gestellt werden.

Genau so muß der Umschalthahn für Saugzug betätigt werden. Jetzt kann mit den Umschalthähnen jeder erforderliche Zug und Unterwind eingestellt werden.

Hierbei ist bei Betätigung des Umschalthahnes für Saugzug das an der Schalttafel angebrachte Meßinstrument »Zug« zu beobachten.

Bei Betätigung des Umschalthahnes Unterwind ist das Instrument auf der Schalttafel »Frischluftdruck« zu beobachten.

Man stellt den Hahn auf »Öffnet« oder »Schließt« — ist der gewünschte Wert erreicht, muß auf »Abschluß« gestellt werden.

3. Ist der Kessel auf Druck, ca. 10 atü, so kann auf Regelbetrieb umgestellt werden.

Hierzu wird zuerst der Umschalthahn im Hauptschrank auf »Regelt« gestellt und dann der Kurzschlußhahn auf »Regelt«.

Anschließend sind die Umschalthähne für Unterwind und Saugzug auf »Regelt« zu stellen.

Jetzt ist der Kessel vollautomatisch in Betrieb.

Beim Abstellen können die Klappen vom Unterwind und Saugzug ebenfalls mit den Umschalthähnen geschlossen werden; auch hier ist darauf zu achten, die Hähne sofort wieder auf »Abschluß« zu stellen.

Beim Einschalten des Leonard-Aggregates ist besonders darauf zu achten, daß das zugehörige Meßgebläse eingeschaltet ist. Die Meßgebläse sitzen in der Rückwand im Hauptschrank.

G. Die Ausnützung der Abgaswärme durch die Vorwärmung des Kesselspeisewassers.

Allgemeines. Es ist nicht möglich, die Verbrennungsgase durch die Kesselheizfläche allein so auszunützen, daß sie ohne weiteres durch den Kamin ins Freie abgeführt werden können; theoretisch besteht wohl die Möglichkeit, aber vom wirtschaftlichen Standpunkt aus würde sie zu einer wesentlichen Verteuerung der Kesselanlage führen. Je nach der Anzahl der Feuerzüge besitzen die Rauchgase nach Verlassen der Kesselheizfläche eine Temperatur von 300 bis 500° C; bei den Vierzugteilkammerkesseln beträgt die Temperatur ca. 330° C. Zur Erzielung eines einwandfreien Kaminzuges genügt aber eine Rauchgastemperatur von 180° C, am Kaminfuß gemessen, vollständig, so daß also für den Kessel zur Erhöhung des Heizeffektes noch 150° C/m³ Abgase nutzbar gemacht werden können.

Die Abwärmeausnützung kann auf zweierlei Weise erfolgen, indem man entweder die für die Kesselfeuerung benötigte Verbrennungsluft entsprechend vorwärmt, oder das Kesselspeisewasser, welches bei Fernheizanlagen eine Anfangstemperatur von ca. 70 °C besitzt, entsprechend nachwärmt. Hierdurch kann in beiden Fällen die Kesselleistung um 10% erhöht werden.

Die eine Art der Abwärmeverwertung, die Verbrennungsluft entsprechend vorzuwärmen, kommt hauptsächlich bei kohlenstaubgefeuerten Hochleistungskesseln zur Anwendung. Bei Wanderrostkesseln, besonders wenn sie mit verhältnismäßig niedrigem Druck von 12 atü, wie es bei Fernheizwerken üblich ist, betrieben werden, ist die Luftvorwärmung nicht erwünscht, und soll der Wanderrost an der Umkehrstelle zur Feuerung sich auf etwas über Handwärme abkühlen. Es wurde daher die zweite Art der Abgasverwertung, die Speisewasserauf-wärmung, als die zweckmäßigere gewählt.

Diese Aufwärmung erfolgt durch den Abgasröhrenvorwärmer oder Ekonomiser und bei richtiger Berechnung des letzteren wird das Speisewasser um 60° C auf ca. 130° C nachgewärmt. Diese beträchtliche Temperaturerhöhung des Speisewassers ist nicht nur ein erheblicher wärmewirtschaftlicher Gewinn, sondern schützt gleichzeitig den Kessel gegen Zerstörungen durch Wärmespannungen.

Der Kesselspeisewasservorwärmer oder Ekonomiser. Nach den vorausgeschickten Erläuterungen hat der Speisewasservorwärmer also die doppelte Aufgabe zu erfüllen, einerseits den Rauchgasen die überschüssige Wärme zu entziehen, andererseits das Speisewasser möglichst warm in den Kessel zu speisen, um schädliche Wärmespannungen zu vermeiden.

Die Größe des Ekonomisers richtet sich hauptsächlich nach der Anzahl der Feuerzüge. Bei Einzugkesseln treten Rauchgastemperaturen vor dem Ekonomiser bis zu 800° C auf, während dieselben bei Drei- und Vierzugkesseln auf 360 bis 300° C herabgedrückt werden können. Je höher die Rauchgastemperatur vor dem Ekonomiser ist, desto größer muß naturgemäß auch die Heizfläche des Speisewasservorwärmers sein und desto geringer andererseits braucht die Kesselheizfläche sein. Nachdem die Ekonomiserheizfläche bedeutend billiger ist als die Stahlrohrkesselheizfläche, so wäre hier die Möglichkeit gegeben, die Anlagekosten für den Kessel erheblich herabzusetzen. Eine große Ekonomiserheizfläche hat aber bei den geringen Betriebsdrücken, wie sie für Fernheizwerke benötigt werden, den Nachteil, daß das Speisewasser mitunter bis auf die Verdampfungstemperatur vorgewärmt wird, wodurch Dampfbildung im oberen Teil des Ekonomisers entsteht, durch welche schwere Wasserschläge auftreten, die den Ekonomiser zerstören können. Um dies mit Sicherheit zu vermeiden, wurden bei den Fernheizanlagen der NSDAP. sämtliche Kessel nach dem Drei- oder Vierzugsystem ausgeführt.

Der Name Ekonomiser stammt aus dem Englischen und wurde von seinem Erfinder, dem Engländer Green, als »Brennstoffsparer« so benannt.

Die ursprünglich glatte Ausführung, die für die damaligen niedrigen Betriebsdrücke vollständig ausreichend war, wurde allmählich durch den Rippenrohrvorwärmer verdrängt. Letzterer besteht aus hochwertigem Sonderguß und kann bis zu 60 atü Betriebsdruck verwendet werden.

Es gibt heute eine Reihe bedeutender Spezialfirmen, die sich fast ausschließlich mit der Erstellung von Speisewasservorwärmern beschäftigen. In den Fernheizwerken der NSDAP. wurde hauptsächlich der Liesen-Hochdruck-Nadel-Speisewasservorwärmer verwendet.

Betriebsvorschrift für den
Liesco-Hochdruck-Nadel-Speisewasservorwärmer.

Füllen des Vorwärmers. Beim Füllen des Vorwärmers muß die Luft vollständig entweichen können. Es ist deshalb während des Füllens das Sicherheitsventil solange offenzuhalten, bis klares Wasser heraustritt.

Anheizen. Beim Anheizen ist die Rauchklappe am Ekonomisereintritt und die Rauchklappe im Umführungskanal zu öffnen. Die Rauchgasabsperrklappen hinter dem Vorwärmer sind anfangs ganz geschlossen zu halten und dann allmählich zu öffnen, damit das Wasser gegen Schluß des Anheizens die richtige Austrittstemperatur erreicht.

Alsdann ist die Klappe des Umführungskanals zu schließen. (Das gilt natürlich nur für solche Kessel, die einen Rauchumführungskanal besitzen. Für das Fernheizwerk Braunes Haus gilt hier Titel C, Absatz 2.)

Speisung. Die Speisung soll möglichst ununterbrochen erfolgen, damit sich im Vorwärmer kein Dampf bildet (siehe Titel C, Absatz 2). Steht die Wassertemperatur zu hoch, so muß zur Herabminderung derselben die Umführungsrauchklappe teilweise geöffnet werden (beim Fehlen des Umführungskanals muß gegebenenfalls der Kessel vorsichtig abgeschlämmt werden, bis die Speisewassertemperatur normale Höhe angenommen hat.

Die Eintrittstemperatur des Wassers soll nicht unter 50° C liegen, damit sich keine Feuchtigkeit an den Rohren niederschlagen kann.

Sicherheitsventile. Das Sicherheitsventil wird von dem Revisionsbeamten auf 2 atü über den zulässigen Kesselbetriebsdruck eingestellt. Eine Verstellung des Sicherheitsventils ist unter keinen Umständen gestattet und gesetzlich strafbar. Damit die Betriebssicherheit gewährleistet wird, ist es täglich zu prüfen. Das Ventil ist am Austritt des Vorwärmers angeordnet, und zwar am Wasseraustrittsstutzen. Die Verbindung der Speiseleitung zwischen Kessel und Vorwärmer darf während des Betriebes nicht unterbrochen werden. Selbsttätige Speiseregler sind also vor den Vorwärmern einzubauen.

Abschlämmen. Je nach der Beschaffenheit des Speisewassers muß der Vorwärmer in bestimmten Zeitabständen regelmäßig abgeschlämmt werden.

Kesselstein. Stärkerer Kesselsteinansatz ist zu vermeiden; nötigenfalls müssen die Rohre ausgebohrt werden.

Ausblasen. Die Sauberhaltung der Heizfläche von Flugasche ist unbedingt erforderlich. Der Vorwärmer ist je nach Bedarf in gewissen Zeitabständen mittels der Ausblasevorrichtung zu reinigen. Die Ausblasung kann durch Dampf oder Preßluft erfolgen. Die Zuführungsleitung der Ausblasevorrichtung ist vor der Betätigung des Bläsers gut zu entwässern, damit kein Wasser gegen die Heizfläche geblasen wird.

Sind Rußkammern vorhanden, so sind diese regelmäßig von Flugasche zu entleeren.

Feuchtigkeit. Feuchtigkeit ist unter allen Umständen in den Fundamenten, Rauchkanälen und Rußkammern zu verhindern.

Wärmeschutz. Zur Verhinderung der Wärmeausstrahlung empfiehlt es sich, die freiliegenden Krümmerflächen und Abschlußflanschen gegen die Außenluft durch leicht entfernbare Isoliertüren abzuschließen. Besonderes Augenmerk ist auf die Dichtigkeit des Mauerwerkes sowie sämtlicher Einsteigetüren und Handlöcher zu richten, damit keine kalte Luft in den Vorwärmerraum einströmen kann.

Bild 26. Schalt- und Meßschrank für einen Heißwasserkessel
Fernheizwerk Braunes Haus.

Bild 27. Doppelschalt- und Meßschrank für die beiden Hochdruckdampfkessel
Fernheizwerk Braunes Haus.

Bild 28. Längsansicht der Schalt- und Meßanlagen
Fernheizwerk Braunes Haus.

Bild 29 »Askania«-Tourenregler eines der Unterwindgebläse
Fernheizwerk Braunes Haus.

Frostgefahr. Bei Anlagen, die der Gefahr des Einfrierens ausgesetzt sind, ist der Vorwärmer bei Außerbetriebsetzung zu entleeren, damit Zerstörungen durch Eisbildung vermieden werden.

H. Der Speiseregler.

Die selbsttätige Speisevorrichtung hat die Aufgabe, den Wasserstand im Kessel durch gleichmäßiges Speisen auf annähernd gleicher Höhe zu halten.

Wie bereits in den Kesselbetriebsvorschriften bemerkt, entsteht bei Unterschreitung des niedrigsten Wasserstandes die Gefahr der Kesselexplosion, während ein zu hoher Wasserstand das Mitreißen von Wasser in die Leitungen begünstigt, wodurch Wasserschläge entstehen können, die ebenfalls unter Umständen zu explosiven Zerstörungen führen. Der gleichbleibende Wasserstand dient daher zur Betriebssicherung und erhöht auch gleichzeitig den Wirkungsgrad der Kesselanlage.

Um den Kesselwärter zu entlasten, bringt man am Kessel einen Speiseregler an, ohne daß dadurch der Kesselwärter von der Überwachung des Wasserstandes entbunden ist, denn jeder Apparat, dessen Funktion durch bewegliche Teile ausgelöst wird, ist der Gefahr des Versagens ausgesetzt.

Es gibt Speiseregler mit absatzweiser Speisung, bei der die Speisung erst erfolgt, wenn der Kessel seinen niedrigsten Wasserstand erreicht hat und die Speisung erst endet, wenn der zulässige Höchstwasserstand erreicht ist. Wirtschaftlich günstiger sind Speiseregler mit andauernder Speisung, denn hier erfolgt die Kesselspeisung ununterbrochen, solange dem Kessel Dampf entnommen wird. Solche Speisewasserregler, und zwar System »Hannemann«, wurden in sämtlichen Fernheizwerken der NSDAP. verwendet.

Betriebsvorschrift
für den Hannemann-Speisewasserregler.

Der Hannemann-Speisewasserregler »Direkt« soll den Kessel gleichmäßig speisen. Zu diesem Zweck wird der massive Schwimmer mit dem Regelventil in der Speiseleitung durch ein Stahlband verbunden und sein Gewicht durch Gegengewichte ausgeglichen, und zwar so, daß bei nicht mit Wasser gefülltem Kessel das Regelventil gerade noch durch die Last des Schwimmers geöffnet wird. Steigt das Wasser, so wird der Schwimmer angehoben und die Gewichte schließen das Ventil; fällt das Wasser, zieht der Schwimmer das Ventil auf. Damit der Hannemann-Regler gut und zuverlässig arbeiten kann, darf er keine Reibungen oder Klemmungen haben.

Vor Inbetriebsetzung ist daher zu untersuchen, ob der Einbau ordnungsgemäß nach der Einbauanleitung erfolgte und der Apparat spielend leicht arbeitet. Man bewegt zum Prüfen auf leichten Gang

6*

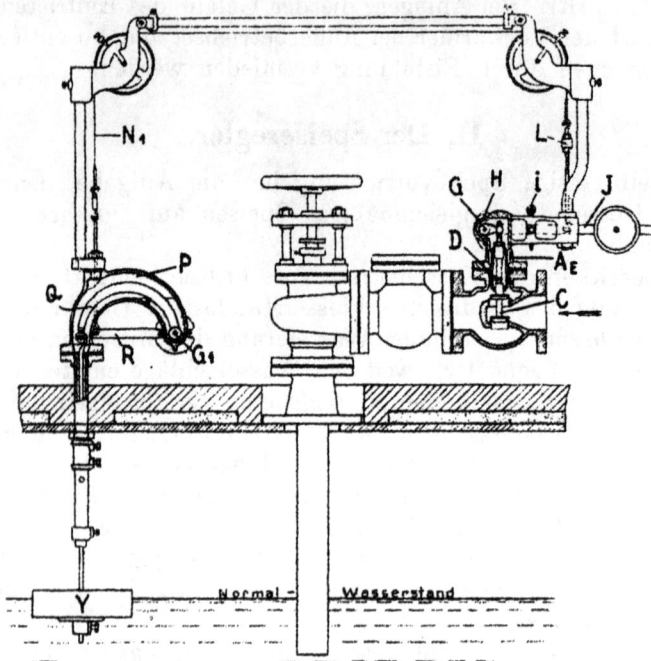

Bild 30. Speisewasserregler, System »Hannemann«.

einige Male den Gewichtshebel *J* auf und ab. Reibt oder klemmt der Regler, dann ist die betreffende Stelle ausfindig zu machen.

Das Regelventil wird am besten geprüft, wenn das Stahlband ausgehakt und die Gewichte nach vorheriger Markierung der Stelle, an der sie gesessen sind, abgenommen werden. Eine feine aber gleichmäßige Reibung verursacht die am Kegel angebrachte, auf der Führungsbuchse *D* entlanggleitende dreiteilige Plattfeder, die etwas gespannt sein muß, um kleinste Erschütterungen (Brummen) des Kegels bei hohem Überdruck zwischen Speiseleitung und Kessel zu verhindern. Schädliche Reibungen können im Regelventil nur entstehen, wenn auf der Montagestelle der Regler auseinandergenommen und nicht richtig zusammengebaut wurde, so daß z. B. die Führungsbuchse *D* verkantet ist und der Kegel dadurch nicht richtig auf seinen Sitz kommt, oder wenn Manschetten-Deckelschrauben *H* schief angezogen wurden, so daß die Welle *G* in den Dekkeln klemmt.

Am Schwimmerlager können Klemmungen durch falsche Montage oder nachträgliche Beschädigungen auftreten, und zwar an der Schwimmerstange, wenn der Kesselstutzen oder das Führungsgasrohr nicht lotrecht angebracht sind. Auch können Klemmungen in der unteren Endstelle auftreten, wenn der Schwimmerstangenhaken durch

ungehemmtes Fallenlassen des festgemachten Schwimmers sich aufge-
bogen hat, oder in zu engem Stutzenrohr festsitzt. Außerdem darf auch
der innere Schwimmerlagerhebel Q nicht reiben, was durch Verbiegen
des Hebels oder Verlagern der Welle G durch rauhe Behandlung bei der
Montage erfolgen kann.

Die Rollenlager können nur bei schweren Beschädigungen Anlaß
zu Klemmungen geben, da die Rollen auf staubgesicherten Kugellagern
laufen. Dann ist noch zu prüfen, ob das Stahlband oder seine Verbin-
dungshaken nicht mit dem Gasrohr oder der Isolierung fremder Rohre
od. dgl. reiben und ob die Stahlbandklemme auf den Rollen nicht vor-
zeitig anschlägt. Das Stahlband soll auch nicht verdreht sein; der Gas-
rohrrahmen muß sauber, gerade und darf nicht windschief verlegt sein.
Gegebenenfalls sind Rohrschellen zum Halten noch nachträglich anzubringen. An den Eingreifstellen der Haken in die Hebel darf weder
Schmutz noch Farbe, noch Mörtel od. dgl. die freie Bewegung hindern.
Ölen ist zu unterlassen; dadurch wird Schmutz oder Kohlenstaubansatz nur
begünstigt und wird nebenbei auch der Gummi an den Wellen G angegriffen.

Arbeitet der Regler leicht und reibungsfrei, so ist zur Sicherheit
noch folgendes zu untersuchen:

Richtige Lage der Schwimmers. Wenn der Kessel befahrbar, abmessen, ob bei tiefster Schwimmerlage — wobei das Stahlband
ausgehängt sein muß — Oberkante Schwimmer mit dem gewünschten
normalen Wasserspiegel übereinstimmt, ob Löcher im Führungsgasrohr
vorhanden sind, damit der Dampf frei zum Schwimmerlager gelangen
kann. Wenn der Kessel nicht mehr befahrbar ist, durch Aufspeisen
mit kaltem Wasser beobachten, ob das Regelventil rechtzeitig und richtig abschließt. Die richtige Länge des Stahlbandes prüft
man durch kraftvolles Herunterziehen der Spannschrauben L am
Regelventil (bei eingehängtem Stahlband, also vollständig montiertem
Regler und geschlossenem Ventil). Hierbei müssen die Haken noch
1 bis 2 cm Spiel nach unten haben. Durch diese Probe überzeugt man
sich, daß der innere Schwimmerlagerhebel Q nicht oben im Schwimmer-
gehäuse anliegt, bevor der Kegel C geschlossen hat, sonst überspeist
der Regler. Das Stahlband darf auch nicht zu lang sein, sonst hat der
Kegel nicht genügend Hub und läßt nicht genügend Wasser zum Kessel
gelangen. Der richtige Kegelhub ist 7 bis 8 mm, d. h. das Stahlband
muß 50 bis 60 mm auf und ab zu bewegen sein. Kleine Längenände-
rungen lassen sich durch Längen oder Kürzen der Spannschraube erreichen (Gegenmuttern gut festziehen). Man prüfe auch die richtige
Gewichtseinstellung dadurch, daß man feststellt, ob bei nicht im Wasser
hängendem Schwimmer das Regelventil gerade durch die Last des
Schwimmers geöffnet wird.

Während des Betriebes ist als Wartung des Hannemann-Reg-
lers nur nötig, darauf zu achten, daß keine äußeren Einwirkungen, wie

aufgelegte Bretter oder Leitern, sonstige Gegenstände oder Schmutz, die Arbeit des Reglers beeinträchtigen. Durch leichte Hin- und Herbewegung des Stahlbandes ist der Regler wöchentlich einmal auf leichten Gang zu prüfen. Bei Neuanlagen sind die Gewichtshebel J in der ersten Woche häufiger von Hand mehrmals ganz auf und ab zu bewegen, da vielfach Sand aus den Rohrleitungen und andere Fremdkörper wie Putzwolle usw., sich zwischen Sitz und Kegel oder die Führungen klemmen können.

Bei Neuanlagen wird man zweckmäßig 1 bis 2 Tage ohne Regler fahren, bis der gröbste Schmutz aus den Leitungen entfernt ist.

Bei schlechtem Speisewasser, das leicht an Rohrleitungen und Gehäusen Ansätze hinterläßt, ist diese Auf- und Abbewegung häufiger durchzuführen, um solche Ansätze von den Führungen abzuschrauben und ein Festklemmen des Reglers zu verhindern.

Brummen. Bei besonders hohem Überdruck und hohen Wassergeschwindigkeiten neigen manche Regler zum Brummen in der Nähe der Abschlußstellung. Dies vermeidet man, sofern der Überdruck nicht reduziert werden kann, durch starkes Zusammenklemmen der Feder an der Führungsbuchse.

Zur Einhaltung eines gleichmäßigen, richtig bemessenen und wirtschaftlich zweckmäßigen Überdruckes verwendet man am besten einen Pumpendruckregler.

Wasserstand. Zeigt sich während des Betriebes, daß der Wasserstand nicht auf die gewünschte Höhe eingestellt worden ist, so kann diese Wasserspiegelhöhe um einige Zentimeter nach oben oder unten durch Kürzen oder Längen des Stahlbandes nachträglich während des Betriebes verändert werden. Das Kürzen des Stahlbandes bzw. der Spannschraube verlegt den Wasserspiegel höher, Verlängern der Stahlbandverbindung bzw. der Spannschraube legt den Wasserspiegel tiefer. Bei derartigen Verstellungen ist aber unbedingt darauf zu achten, daß nicht der Schwimmerlagerhebel innen im Gehäuse anstößt und auch nicht der Hub des Reglers zu gering wird. Die oben beschriebene Probe ist nach jeder Verstellung der Stahlbandsäge durchzuführen.

Die Außerbetriebsetzung erfolgt durch Anheben der Gewichtshebel L und Feststellen dieser Hebel durch Einstecken des Bolzens J unter die Hebel.

Auseinandernehmen. Es ist zweckmäßig, den Regler bei jeder Kesselreinigung gründlich nachzusehen. Die Kegel eventuell nachzuschleifen und die Gummimanschetten auszuwechseln. Der Schwimmer ist von allen vorhandenen Schlammansammlungen zu befreien, alle Teile sind gut gangbar zu machen. Beim Zusammenbau des Regelventils ist besonderer Wert auf gutes Einpassen der Führungsbuchse D und gleichmäßiges Anziehen der Verbindungsflansche zu legen. Auch die Manschettendeckel sind gut und gleichmäßig anzuziehen; da die Gummimanschetten einem natürlichen Verschleiß unterliegen, empfiehlt es sich, eine Anzahl Manschetten in Reserve zu halten und diese in kaltem

Wasser aufzubewahren. Beim Einsetzen der neuen Manschetten sind die Stellen, an denen die alten Manschetten gesessen haben, sauber zu reinigen und beim Einbringen der Manschetten ist darauf zu achten, daß der äußere Rand richtig in die vorgesehene Eindrehung hineingedrückt wird. Die Manschettendeckel sind gut und gleichmäßig, aber nicht allzu stramm anzuziehen, da der Gummi nicht abgequetscht werden darf.

Bei Störungen, die nicht vom Betrieb selbst unter Beachtung der oben angegebenen Richtlinien behoben werden können, wende man sich direkt an die nächste Vertretung unter Darstellung des genauen Sachverhaltes und der beobachteten Störungen unter Angabe der Fabriknummer, die auf den Verbindungsflanschen am Regelventil angeschlagen ist.

J. Der Differenz-Druckregler.

Die Kesselspeisepumpen arbeiten mit einem bestimmten Betriebsdruck, der den zulässigen Kesselbetriebsdruck um 3 bis 4 atü überschreitet. Wird nun bei schwacher Belastung der Anlage der Kessel mit einem wesentlich niedrigeren Betriebsdruck geheizt, als für Vollast vorgesehen, so wächst der Druckunterschied des Speisedruckes, wodurch sich auch die zu speisende Wassermenge ändert. Durch diese Druckänderungen tritt ein Pendeln der Wasserzufuhr und des Wasserspiegels ein.

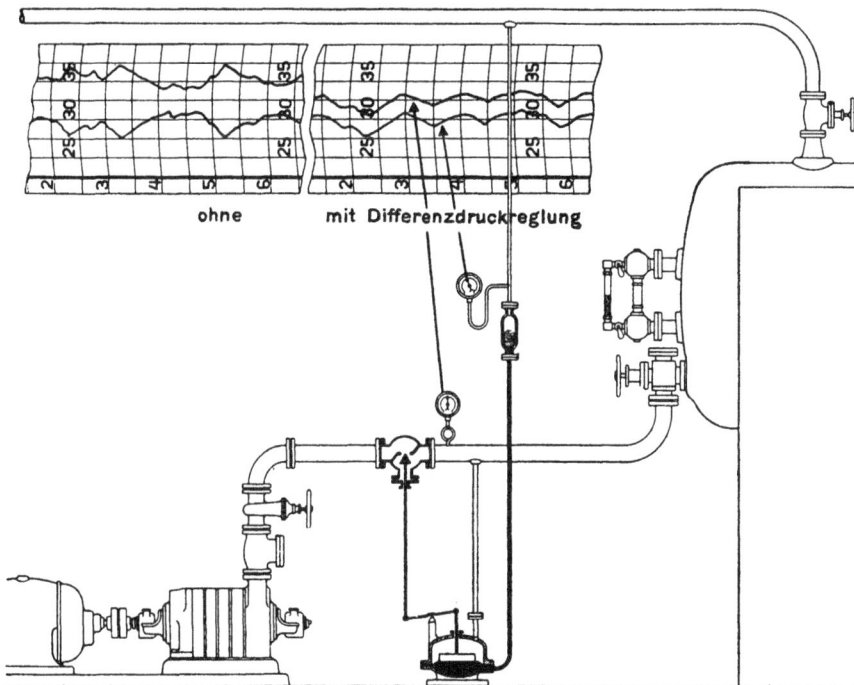

Bild 31. Differenzdruckregler.

Es ist also notwendig, bei solchen Anlagen mit schwankendem Kesselbetriebsdruck die Belastung der Speisepumpen zu regeln. Dies geschieht durch den Hannemann-Differenzdruckregler »Universal« nach vorhergehendem Bild 31.

Der Hannemann-Differenzdruckregler mit Quecksilberbelastung regelt abhängig von dem Druck in der Speiseleitung und gleichzeitig abhängig von dem Druck in der Kesseldampfleitung. Fällt der Druck in der Dampfleitung gegenüber dem der Speiseleitung, so wird die Speiseleitung gedrosselt. Fällt der Druck in der Speiseleitung gegenüber dem der Dampfleitung, so wird die Speiseleitung geöffnet. Stets wird mit dem Hannemann-Differenzdruckregler eine gleiche Druckdifferenz aufrechterhalten. Bei Turbospeisepumpen regelt der Apparat die Tourenzahl der Pumpe durch entsprechende Drosselung der Dampfzuführung.

K. Der Wasserstandsfernanzeiger.

Bei den hohen Wasserrohrkesseln ist es für den Kesselwärter sehr schwer, den Wasserstand des Kessels vom Heizerstand aus zu prüfen, nachdem derselbe meistens teilweise von der oberen Kesselbühne verdeckt wird. Der Kesselwärter ist jedoch verpflichtet, sich täglich mehrmals auf die vordere Kesselbühne zu begeben, um den wirklichen Wasserstand an Ort und Stelle festzustellen und die Funktion der Armatur zu überprüfen. Damit aber der Kesselwärter während der übrigen Zeit den Wasserstand aus nächster Nähe vom Heizerstand aus überblicken kann, werden an der vorderen Kesselstirnwand neben dem Feuergeschränk Wasserstandsfernanzeiger angebracht. Die üblichsten Fabrikate sind der »Igema«-Wasserstand der Fa. Merckens, Aachen, und die Vorrichtung von »Hannemann«. In den Fernheizwerken der NSDAP. wurden beide Fabrikate verwendet und dabei gute Erfahrungen gemacht.

Der »Igema«-Wasserstandsfernanzeiger (Bild 32) besteht aus einem U-Rohr, in welchem das Anzeige mittel, eine rötlich gefärbte, sich nicht im Wasser vermischende Flüssigkeit (Kohlen-Wasserstoffverbindung) ,deren spezifisches Gewicht ungefähr 2 ist, also doppelt so groß, als dasdes Wassers. Der eine Schenkel (rechts) steht in unmittelbarer Verbindung mit dem Wasser-

Bild 32. »Igema«-Fernwasserstandsanzeiger.

raum des Kessels. Die Wasserstandshöhe ist variabel und ändert sich mit der Wasserstandshöhe des Kessels. Das andere Schenkelrohr dagegen bleibt stets bis zu einer bestimmten Höhe mit Wasser gefüllt und wird durch Kondensat fortwährend nachgespeist. Sinkt der Wasserstand im Kessel, so verringert sich die Höhe der Wassersäule im rechten Schenkel, während sie im linken gleich bleibt. Dadurch wird die Anzeigeflüssigkeit im rechten Schenkel herab und nach dem linken gedrückt.

Dieser Wasserstand kann nicht ausgeblasen werden. Zum Auffüllen verwendet man Kondensat oder destilliertes Wasser. Da die Anzeigeflüssigkeit selbst bei vollkommen dichtem Wasserstand mit der Zeit abnimmt, ändert sich der herabgezogene Wasserstand gegenüber dem wirklichen und daher ist seine Anzeige mit der des Glaswasserstandes am Kessel regelmäßig zu vergleichen.

Betriebsvorschrift für den Igema-Wasserstandsfernanzeiger.

Alle Schrauben und Verschlußstopfen sind nach dem Einbau der Apparate gut festzuziehen. Diese Arbeit ist bei der Erwärmung einige Male zu wiederholen, wobei insbesondere die Deckelschrauben O des Glas- bzw. Glimmerhalters N zu berücksichtigen sind.

Zeichnung A.F. 575 Bild 33 zeigt den Schnitt durch einen Ventilkopf mit 2 Ventilabsperrungen. Beim Ventilkopf mit einer Ventilabsperrung fällt das Ventil A weg.

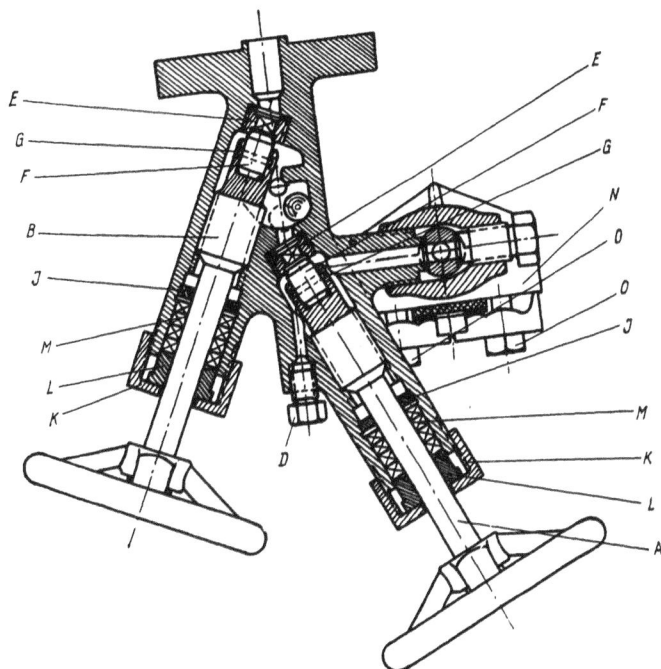

Bild 33. »Igema«-Ventilkopf mit zwei Absperrungen.

Durchstoßen. Wenn man den Ventilkopf durchstoßen will, bleibt das Ventil *A* vollkommen geöffnet, während man das Ventil *B* schließt. Vorn schraubt man den Stopfen *D* heraus, nimmt einen 3 bis 4 mm starken abgewickelten Draht und fährt damit in den Ventilkopf hinein, öffnet das Ventil *B* und stößt durch. Stopfen *D* wird nun wieder hineingeschraubt.

Zum Durchstoßen des Glashalters *N* werden die Ventile *A* und *B* geschlossen, die Stopfen an den Apparaten geöffnet und kann man nun mit einem Draht die Kanäle durchfahren.

Auswechseln von Sitz und Kegel. Sitz und Kegel des Ventils *A* können bei geschlossenem Ventil *B* ausgewechselt werden, während das Auswechseln von Sitz und Kegel des Ventils *B* nur bei Stillstand des Kessels vorgenommen werden kann.

Um nun Sitz und Kegel auswechseln zu können, muß die Überwurfmutter *K* abgeschraubt, Stopfbüchse *L* nebst Packung *M* herausgenommen werden und nun kann man die Spindel mit Grundring *J* herausnehmen.

Den Ventilsitz *E* schraubt man unter Zuhilfenahme eines Vierkantdornes heraus und dreht ihn um; beim Kegel *F* schlägt man den Haltestift *G* durch und dreht ihn ebenfalls um. Beim Auswechseln der Gläser- bzw. Glimmerplatten müssen die Dichtflächen von Rückständen gut gesäubert werden.

Reinigung der Leitungen und des ganzen Anzeigegerätes einschließlich der Gläser. In Abständen von 6 bis 12 Monaten (je nach dem Grad der Verschmutzung) ist, nachdem die Ventile *4* und *3* geschlossen wurden, Stopfen *10* am Kondensator herauszuschrauben. Durch Lösen des Regulierventils *13* fängt man die rote Anzeigeflüssigkeit nebst Wasser auf. Man schraubt dann das Regulierventil *13* heraus und füllt durch den Stopfen *10* am Kondensator Destillat oder Kondenswasser ein und durchspült damit die ganzen Leitungen und das Anzeigegerät. Bei dieser Gelegenheit werden auch die Gläser gereinigt. Zu diesem Zweck werden die beiden Anzeigerventile *12* und *12a* geschlossen, Stopfen *16* herausgeschraubt und mittels der Rundbürste unter Auf- und Abwärtsbewegung durch das Anzeigegerät *11* die Gläser von innen gesäubert. Etwas reines Wasser zum Nachspülen durch den Verschlußstopfen *16* wird die Arbeit beschleunigen.

Nach gründlicher Reinigung schließt man das Regulierventil *13*, Verschlußstopfen *16*, öffnet beide Ventile *12* und *12a* und schraubt den Füllstopfen *15* heraus.

Von dem vorher abgelassenen Wasser und der roten Anzeigeflüssigkeit schöpft man das Wasser ab. Dann füllt man durch einen Trichter, in welchem man etwas Watte läßt, die rote Anzeigeflüssigkeit durch den Stopfen *15* wieder ein, wobei sich das noch vorhandene Wasser von selbst ausscheidet.

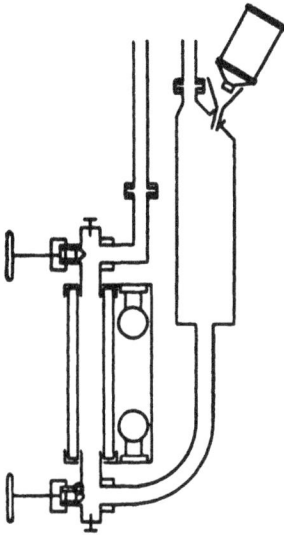

Bild 34. Füllvorrichtung für den »Igema«-Fernwasserstandsanzeiger.

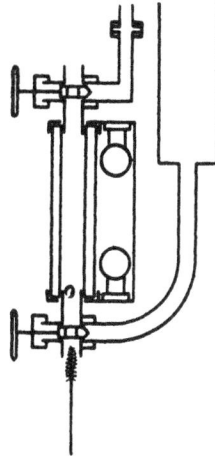

Bild 35. »Igema«-Fernwasserstands- anzeiger — Reinigung der Gläser.

Die rote Flüssigkeit kann immer wieder verwendet werden. Sollte etwas verloren gegangen sein, so muß Ersatzflüssigkeit nachgefüllt wer- den. Nach der Füllung ist der Stopfen *15* wieder gut zu schließen.

Reinigung der Gläser. Beide Anzeigeventile *12* und *12a* schlie- ßen. Verschlußstopfen *16* herausschrauben, Regulierventil *13* heraus- schrauben und gleichzeitig rote Anzeigeflüssigkeit und Wasser auffangen; reinigen mittels Rundbürste. Regulierventil *13* hereinschrauben. Ein- füllen der abgelassenen roten Anzeigeflüssigkeit bei *16* bis zur gleichen Höhe wie vor dem Ablassen. Schließen des Verschlußstopfens *16*. Dann Öffnen der beiden Anzeigeventile *12* und *12a*.

Nachfüllen von roter Flüssigkeit. Beide Ventile *12* und *12a* schließen. Verschlußstopfen *16* herausschrauben; Einfüllen von roter Flüssigkeit durch einen Trichter bis zum Überlaufen bei *16*, Verschluß- stopfen *16* einschrauben, beide Ventile *12* und *12a* wieder öffnen. Was- serstand im Fernanzeiger vergleichen mit dem des normalen Wasser- standes und, falls noch zuwenig rote Flüssigkeit im Fernanzeiger vor- handen ist, vorstehend Gesagtes wiederholen und, falls zuviel Flüssig- keit im Fernanzeiger vorhanden ist, den Überschuß ablassen durch Lösen des Regulierventils *13*.

Überwachung und Prüfung. Da der Igema-Fernanzeiger keine mechanische oder elektrische Übertragung besitzt, so treten Störungen äußerst selten auf.

Zu empfehlen ist, mindestens einmal täglich den Stand im Fern- anzeiger mit dem Wasserstand des Kessels zu vergleichen.

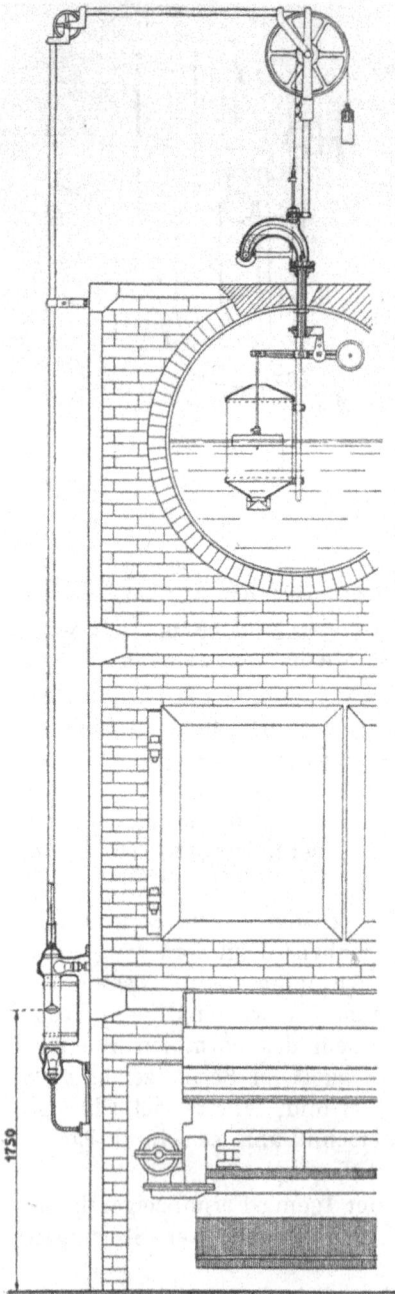

Bild 36. Fernwasserstandsanzeiger
System »Hannemann«.

An den ersten zwei Betriebstagen müssen sämtliche Dichtungen nachgezogen werden, besonders die Schrauben der Glasdeckel *19*.

Von Zeit zu Zeit muß an dem Kondensator *5* festgestellt werden, ob er heiß ist. In manchen Anlagen scheidet sich durch den Dampf viel Luft ab, die sich im Kondensator festsetzt und ein Nachkondensieren verhindert. Fühlt sich der Kondensator kalt an, so läßt man durch leichtes Lösen des Stopfens *10* die angesammelte Luft ab; wird der Kondensator heiß, dann ist der Stopfen *10* wieder festzuziehen.

Wasserstandsfernanzeiger »Hannemann«. Ein massiver, vom Kesseldruck nicht zerstörbarer Tauchkörper ist leicht spielend und gewichtsentlastend in der Kesseltrommel aufzuhängen. Ein besonderer Schutzkorb hält Wasserwallungen von ihm ab. Der Tauchkörper überträgt seine Bewegungen nach außen über eine elastisch und selbstdichtend gelagerte Welle. Diese Lagerung ermöglicht die reibungsfreie also genaue Übertragung des Wasserspiegels vom Kesselinnern nach außen. Die Bewegungen der auf der Welle sitzenden Außenhebel werden rein mechanisch über Rollen zum Anzeigewerk am Heizerstand übertragen (Bild 36).

Das Anzeigewerk ist ein weithin sichtbarer, von innen erleuchteter Glaszylinder, der genau den Wasserstand im Kessel anzeigt. Für die Erleuchtung der Vorrichtung werden normale Glühlampen verwendet. Selbst bei Stromausfall ist der Wasserstand weiterhin ablesbar. Der große Durchmesser der Anzeigevorrichtung ermöglicht bei freistehendem Glasrohr ein Erkennen des Wasserspiegels von fast allen Seiten und auf sehr weite Entfernung.

L. Der Rußbläser.

Für die wirtschaftliche Arbeitsweise einer Kesselanlage ist das ständige Reinhalten der Rohrheizfläche von großer Bedeutung. Ruß und Flugasche sind schlechte Wärmeleiter und behindern den Wärmedurchgang. Dadurch tritt eine Verzögerung in der nutzbaren Wärmeerzeugung ein, wodurch sich der Brennstoffverbrauch erhöht.

Zum Entfernen der Flugasche und der Anbackungen an den Rohren benützt man Rußbläser, die mit Hilfe von Dampf (seltener Preßluft), der durch Düsen mit großer Geschwindigkeit austritt, die Anbackungen abblasen und die Flugasche beseitigen.

Es besteht eine Anzahl bewährter Konstruktionen; im nachstehenden sollen jedoch nur diejenigen besprochen werden, die in den Fernheizwerken der NSDAP. Verwendung fanden.

Das Blasen mit komprimierter Luft hat sich nicht bewährt und deshalb wird in den Fernheizwerken der NSDAP. durchwegs überhitzter Dampf von höchstem Kesseldruck verwendet. Wichtig ist, daß der Dampf überhitzt ist, weil nur dieser die Fähigkeit besitzt, die Verschmutzungen restlos abzublasen. Durch Sattdampf oder nassen Dampf wird die Heizfläche angegriffen und der Ansatz von festem Ruß, sog. Kienruß, begünstigt.

Für den Feuerraum verwendet man zweckmäßig nur Stoßbläser oder Eindüsenbläser, weil die anderen Konstruktionen, wie der Mehrdüsenbläser, mit seinen verhältnismäßig schwachen Dampfstrahlen nicht in der Lage ist, die gerade hier sich bildenden Schlackenverkrustungen zu entfernen und andererseits im Feuerraum die Temperatur am höch-

Bild 37. Stoßrußbläser. System »Babcock«.

sten ist, wodurch bei Anwendung von Bläserrohren die Rohre leicht verzunden und verbrennen. Der Stoßbläser kann für die Zeit, in welcher er nicht benützt wird, zum Schutze gegen Verbrennung aus dem Feuerraum herausgezogen werden, während die Rohrbläser fest eingebaut sind. Vorhergehendes Bild 37 zeigt den Eindüsen- oder Stoßrußbläser, System »Babcock«.

Für die Heizsektionen verwendet man dagegen den Mehrdüsenrohrbläser und richtet sich die Anzahl der Bläser nach der Größe der Heizfläche.

Das Bild 38 zeigt den Düsenrohrbläser, System »Babcock«.

Bild 38. Düsenrußbläser, System »Babcock«.

Für die Reinigung der Vorwärmer wird zweckmäßig der Lanzenrußbläser, System Liesco oder Babcock B. W. 3 nach Bild 39 benützt.

Betriebsvorschrift für den selbsttätigen Stoßrußbläser (Eindüsenbläser), System Babcock.

Die Rußbläser sind unter normalen Bedingungen alle 6 h zu betätigen. Es ist jedoch keine feststehende Regel; die Häufigkeit des Abblasens kann in jedem einzelnen Fall nur durch genaue Beobachtung der Rohroberfläche bzw. der zu reinigenden Wandflächen ermittelt werden.

Der Kessel ist vor Beginn des Abblasens auf den höchstzulässigen Betriebsdruck zu bringen und während der ganzen Blaszeit aufrechtzuerhalten.

Das Hauptventil am Hochdruckdampfverteiler ist zu öffnen, desgleichen das Entwässerungsventil.

Tritt am Ende des Entwässerungsrohres trockener Dampf aus, dann ist das Entwässerungsventil soweit zu schließen, daß während der Dauer des Blasens immer noch etwas Dampf austreten kann.

Hierauf ist durch Zug an der Kette in Pfeilrichtung die Düse in Blasstellung zu bringen, also aus dem Mauerwerk in den Feuerraum zu fahren. Durch ununterbrochenes Weiterziehen der Kette erfolgt die Öffnung und das Schließen des Ventils im Bläserkopf. Der Moment des Öffnens zeigt sich dadurch an, daß eine erhöhte Zugkraft an der Kette notwendig wird.

Die im gleichen Drehsinn vorzunehmende Bläserbewegung ist so lange auszuführen, bis sich die Gewindespindel, die mit der Düse fest verbunden ist, zwei oder dreimal um 360 Grad gedreht hat. Zwei Umdrehungen bilden die Regel. Sind die Rußablagerungen bzw. Schlakkenansätze an den Brennkammerwänden jedoch sehr stark, so können auch drei bis vier Umdrehungen notwendig werden.

Ist der eigentliche Blasakt vollendet, dann ist im gleichen Sinne an der Kette noch so lange zu ziehen, bis das Ventil wieder anfangen würde, sich zu öffnen, bis also der erhöhte Zug an der Kette bemerkbar wird. In dieser Stellung kann die Düse wieder in ihre geschützte Lage des Mauerwerkes zurückgezogen werden, was durch Ziehen an der Kette in entgegengesetztem Drehsinn erfolgt. Der Zug wird so lange fortgesetzt, bis das Stopfbüchsengehäuse an den Anschlag des Gänsehalses anstößt, was wiederum durch einen Ruck an der Kette bemerkbar wird und auch äußerlich erkenntlich ist.

Bei der Betätigung ist genau darauf zu achten, daß die Düse nach Beendigung des Blasaktes auch vollständig zurückgefahren wird.

Zwischen den einzelnen Düsendrehungen bzw. Blasakten darf keine Pause eintreten, da andernfalls die Düse verbrennen würde.

Eine am Gänsehals angebrachte kleine Dampfpfeife zeigt durch Signal an, wenn das Ventil im Kopf nicht vollständig geschlossen ist.

Sind mehrere Blasstellen an eine gemeinsame Dampfleitung angeschlossen, so dürfen diese nicht gleichzeitig bedient werden. Die Bedienung muß vielmehr der Reihe nach erfolgen.

Nachdem alle Bläser bedient sind, ist das Hauptventil am Verteiler zu schließen und das Entwässerungsventil voll zu öffnen. Das Entwässerungsventil muß bis zur nächsten Bläserbetätigung voll geöffnet bleiben.

Es ist darauf zu achten, daß die Signalpfeife an den Bläserköpfen stets in Ordnung ist. Ferner ist ständig zu prüfen, ob die selbsttätig wirkenden Belüftungsventile einwandfrei arbeiten.

Die rote Marke am Stopfbüchsengehäuse gibt die jeweilige Dampfstrahlrichtung an.

Bei Kesseln, die mit gedrosseltem Zug arbeiten, ist der Zug während der Betätigung der Bläser soweit wie möglich zu verstärken, damit die aufgewirbelte Flugasche durch die Rauchgase nach dem Kamin mitgerissen werden kann. Der Unterwind ist während des Blasens abzustellen, während die Rauchgasklappen voll zu öffnen sind.

An jedem Bläserkopf befinden sich zwei Stopfbüchsen, die in gewissen Zeitabständen neu verpackt werden müssen.

Hierbei ist zu beachten, daß nicht durch zu starkes Anziehen der Stopfbüchsen die Bedienbarkeit der Bläser erschwert wird.

Die gesamten Getriebe, ebenso die Gewindespindel und das Kugellager sind von Zeit zu Zeit sorgfältig zu schmieren. Die Gewindespindel ist mit hitzebeständigem Fett zu schmieren. Es sind drei Öllöcher am Gehäuse vorgesehen. Die Schmierung des Kugellagers kann durch seitlich am Gehäuse angebrachte Schmierröhrchen erfolgen. Es darf nicht vergessen werden, den kleinen Zapfen Nr. *22* zu schmieren.

Betriebsvorschrift für den selbsttätigen Mehrdüsenbläser.

Bezüglich der Notwendigkeit und der Anzahl des Blasens, sowie der Entwässerung und des Betriebsdruckes gilt dasselbe, was in der Vorschrift für den Eindüsenbläser beschrieben wurde. Sind diese Bedingungen erfüllt, dann ist das Bläserrohr durch Zug an der Kette (bzw. durch Betätigung der Handkurbel) in Richtung des Pfeiles zu drehen, so daß das Ventil im Bläserkopf nach und nach geöffnet wird. Die Bewegung ist solange auszuführen, bis sich das Getriebe zwei- oder dreimal um 360 Grad gedreht hat. Bezüglich der Zahl der Umdrehungen gilt das gleiche wie beim Stoßbläser beschrieben.

Die erste Öffnung des Ventils in jedem Bläserkopf muß ganz langsam erfolgen, damit durch etwa mitgerissenes Kondenswasser keine Beschädigungen verursacht werden.

Während das große Getriebe sich dreht, greift die Anschlagscheibe in den Ventilhebel. Solange das Ventil nicht vollständig geschlossen ist, ertönt eine kleine Dampfpfeife und darf das Drehen des Bläsers nicht eher eingestellt werden, bis das Signal verstummt ist.

Nachdem alle Bläser bedient sind, ist das Hauptventil am Verteiler zu schließen und das Entwässerungsventil zu öffnen. Das Entwässerungsventil muß bis zur nächsten Reinigung offen bleiben.

Bezüglich der Dampfrichtung während des Blasens und des Kaminzuges usw. gelten die gleichen Vorschriften wie beim Eindüsenbläser, ebenso gilt das gleiche für die Schmierung des Getriebes und für die Neuverpackung der Stopfbüchsen.

An den Bläserköpfen des ersten Kesselzuges soll ein Dampfdruck von 7 bis 8 atü vorhanden sein, während an den Bläsern der darauffolgenden Kesselzüge ein solcher von 5 bis 6 atü genügt. Letzterer Druck genügt auch zum Abblasen der Ekonomiser.

Betriebsvorschrift für den Babcock-Rußbläser, Modell B. W. 3.

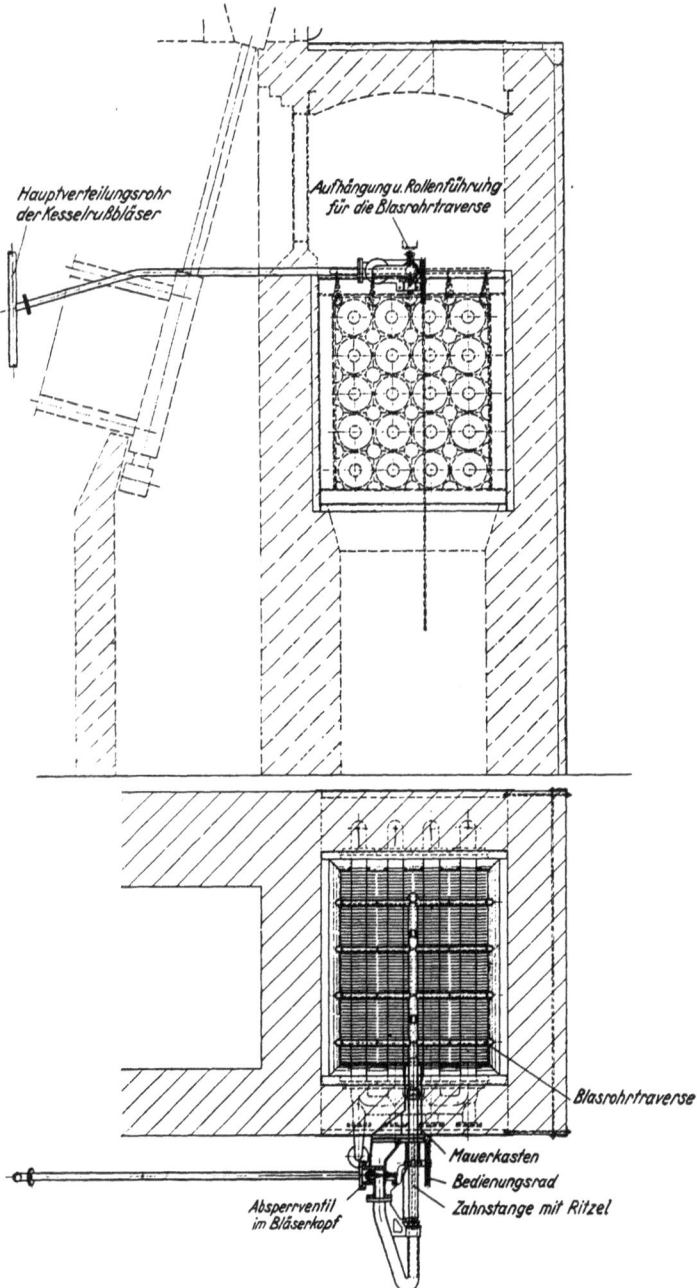

Bild 39. Babcock-Rußbläser B.W. 3 für Vorwärmer.

Nur mit Heißdampf blasen.

Wann abgeblasen werden muß: Die Rußbläser sind unter normalen Bedingungen alle 6 h zu betätigen, um die besten Ergebnisse zu erzielen. Dies ist jedoch keine feststehende Regel, da die Häufigkeit des Abblasens durch die Beobachtung der Temperaturerhöhung des Speisewassers leicht festgestellt werden kann.

Wie abgeblasen werden muß:

1. Das Abblasen soll stets bei höchstem Kesseldruck erfolgen und ist der Druck während der ganzen Blasezeit aufrechtzuerhalten.

2. Das Hauptventil am Kessel ist zu öffnen, desgleichen das Entwässerungsventil.

3. Tritt am Ende des Entwässerungsrohres trockener Dampf aus, dann ist das Entwässerungsventil so weit zu schließen, daß noch etwas Dampf austreten kann. Die Entwässerung der Leitung vor Bedienung der Bläserköpfe ist sehr wichtig und muß deshalb gewissenhaft vorgenommen werden.

4. Nunmehr ist das Bedienungsrad des Bläserkopfes im entgegengesetzten Sinne der Uhrzeigerrichtung zu drehen, so daß das Ventil im Kopf nach und nach geöffnet wird. Die Bewegung ist so lange auszuführen, bis die äußerste Stellung erreicht ist; hierauf ist das Bedienungsrad in entgegengesetzter Richtung zu drehen, bis das Ventil im Bläserkopf wieder vollständig geschlossen ist. Eine Hin- und Herbewegung bildet die Regel; ist die Rußablagerung jedoch sehr stark, so können auch zwei bis drei Hin- und Herbewegungen notwendig werden.

Die erste Öffnung des Ventils in jedem Bläserkopf muß ganz langsam erfolgen.

Anmerkung. Während sich das Bedienungsrad dreht, greift der Ventilhebel in den Schlitz des Keiles am Zahnstangenrohr. Solange das Ventil nicht vollständig geschlossen ist, ertönt eine kleine Dampfpfeife am Gänsehals, und es darf das Drehen des Bedienungsrades nicht eher eingestellt werden, bis das Signal verstummt ist.

5. Rußbläser, die vom Fußboden oder einer Galerie bequem erreicht werden können, erhalten keine Pfeife, da die Bewegung des Hebels und der Ventilspindel vom Kesselwärter beobachtet werden kann. Nacheinander sind sämtliche Bläserstellen zu betätigen, wobei die Reihenfolge einzuhalten ist.

6. Nachdem alle Bläser bedient sind, ist das Hauptventil am Kessel zu schließen und das Entwässerungsventil zu öffnen. Das

Entwässerungsventil muß bis zur nächsten Reinigung offen bleiben.

Es ist darauf zu achten, daß die Luftventile und Luftpfeifen an den Bläserventilen in Ordnung sind, weil sonst ein vorzeitiger Verschleiß der Blasrohre eintritt.

Bei Einrichtungen, die mit gedrosseltem Zug arbeiten, ist der Zug während der Betätigung des Bläsers soweit wie möglich zu verstärken, damit die aufgewirbelte Flugasche durch die Rauchgase mitgerissen werden kann.

Bei jeder größeren Betriebspause sind die Bläser zu überholen. Dabei ist vor allem zu prüfen, ob die Blasrohrtraversen sowie die Befestigungen in Ordnung sind. Ferner müssen die Blasrohrtraversen auf richtige Einstellung untersucht und eventuell festgestellte Unstimmigkeiten beseitigt werden. Dies ist im Interesse einer einwandfreien Arbeitsweise der Bläser unbedingt zu beachten.

M. Der Rauchgasprüfer.

Allgemeines. Die Hauptaufgabe einer jeden Kesselfeuerung ist die möglichst vollkommene Verbrennung des dem Rost zugeführten Brennstoffes.

Die in den Fernheizwerken der NSDAP. zur Verfeuerung gelangende Kohle, soweit es sich um Ruhr- und oberschlesische Kohle handelt, besteht aus 80 bis 91% Kohlenstoff, 4,1 bis 5,2% Wasserstoff, 2,5 bis 12% Sauerstoff, 0,8 bis 1,2% Schwefel und 1,1 bis 1,7% Stickstoff; außerdem enthält die Kohle noch mineralische Bestandteile, die als Verbrennungsrückstände in Form von Asche oder Schlacke anfallen. Der Aschengehalt dieser beiden Kohlensorten beträgt durchschnittlich 5 bis 8%. Ferner enthält diese Kohle noch ca. 3 bis 5% Wasser in gebundenem Zustande.

Die oberbayerische Kohle dagegen enthält ca. 59% Kohlenstoff, 4% Wasserstoff, 4 bis 5% Schwefel, 12 bis 14% gebundenes Wasser. Die Verbrennungsrückstände in Form von Asche und Schlacke betragen 10 bis 16%.

Der Heizwert der oberbayerischen Kohle ist daher auch dementsprechend niedrig; der untere Heizwert beträgt 5000 bis 5200 WE/kg, während er bei der Ruhr-Eßnuß-Kohle 7600 WE/kg und bei der oberschlesischen Grieskohle 6900 WE/kg beträgt.

Bei der vollkommenen Verbrennung verbinden sich die brennbaren Bestandteile mit dem Sauerstoff der Luft und verbrennt Kohlenstoff zu Kohlensäure, Wasserstoff zu Wasser und Schwefel zu schwefliger

Säure. Zur Verbrennung von 1 kg Kohlenstoff benötigt man ca. 9,4 m³ = 12,2 kg Luft von 0° C und 760 mm Hg. Die der Verbrennung zugeführte Luft besteht aus 21% Sauerstoff und 79% Stickstoff, der nicht an der Verbrennung teilnimmt und sich daher in gleicher Menge in den Rauchgasen wiederfindet. Nachdem das Gasvolumen konstant bleibt, müssen also theoretisch bei vollständiger Verbrennung aus je 1 kg Kohlenstoff 21% Kohlensäure gewonnen werden. Wie aber bereits oben erwähnt, enthält die Kohle niemals reinen Kohlenstoff, sondern auch noch andere brennbare Bestandteile, wie Wasserstoff und Schwefel, die zur Verbrennung ebenfalls Sauerstoff benötigen, so daß nicht die ganzen 21% Sauerstoff auf die Verbrennung des Kohlenstoffes entfallen. Der praktisch erreichbare höchste Gehalt an Kohlensäure bei theoretischer Verbrennung ist ca. 18,5%. Diesen Prozentsatz nennt man den **maximalen Kohlensäuregehalt des Brennstoffes.**

In technischen Feuerungen kann man jedoch eine vollkommene Verbrennung nicht erreichen, wenn man dem Brennstoff nur die theoretisch notwendige Luftmenge zuführt. Die Mischung der Flammengase mit dem Sauerstoff der Luft kann nämlich bei der praktischen Verbrennung niemals so innig erfolgen, daß an jeder Stelle eine vollständige Mischung des Sauerstoffes mit dem Kohlenstoff erfolgt; an einigen Punkten wird stets ein Überschuß, an anderen ein Mangel an Sauerstoff herrschen, so daß trotz der theoretisch genügenden Luftmenge unverbrannte Gase in den Schornstein entweichen. Soll dies verhindert werden, so muß man dem Feuer mehr Luft zuführen, als die theoretische Berechnung ergibt; man muß also mit Luftüberschuß arbeiten. Die Größe dieses Luftüberschusses ist von der Art des Brennstoffes und von der Feuerung abhängig. Der günstigste Luftüberschuß bei einer Abgastemperatur von 180° C ist $\lambda = 1{,}4 - 1{,}5$. Die Größe des Luftverhältnisses λ kann am Kohlensäuregehalt der Abgabe erkannt werden. Bei vollständiger Verbrennung mit der theoretisch not-

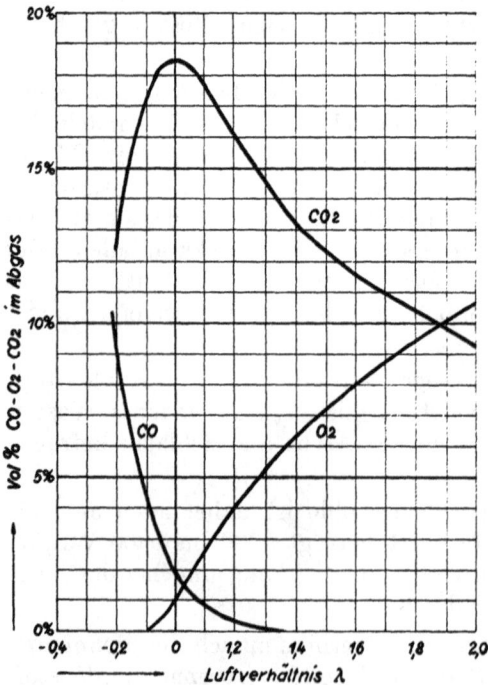

Bild 40. Abhängigkeit der Brennstoffgase vom Luftverhältnis bei Verbrennung von Steinkohle

wendigen Luftmenge mißt man im Abgas den maximalen Kohlensäuregehalt. Dieser Fall ist im Bild 41 dargestellt.

Bild 41. Verbrennungsdiagramm von 1 kg Kohle mit der theoretisch erforderlichen Luftmenge.

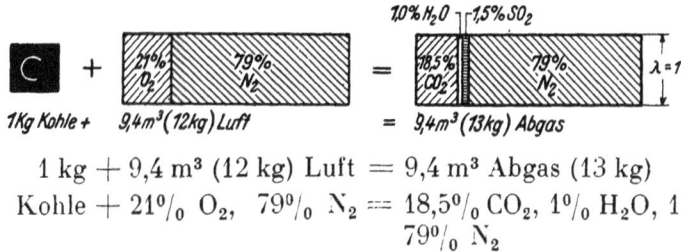

$$1 \text{ kg} + 9.4 \text{ m}^3 \text{ (12 kg) Luft} = 9.4 \text{ m}^3 \text{ Abgas (13 kg)}$$
$$\text{Kohle} + 21^0/_0 \text{ O}_2, \ 79^0/_0 \text{ N}_2 = 18.5^0/_0 \text{ CO}_2, \ 1^0/_0 \text{ H}_2\text{O}, \ 1.5^0/_0 \text{ SO}_2,$$
$$79^0/_0 \text{ N}_2$$

Führt man jedoch eine größere Luftmenge zu, so durchströmt ein
Teil unverbraucht die Feuerung und verdünnt das Rauchgas. Die
Menge der entstandenen Kohlensäure ist ebenso groß wie im ersten
Fall, jedoch ist das gesamte Abgasvolumen größer, und zwar durch den
überschüssigen Sauerstoff und daher wird der Prozentgehalt an Kohlensäure, bezogen auf das größere Abgasvolumen, kleiner als der maximale Gehalt.

Bild 42. Verbrennungsdiagramm von 1 kg Kohle mit der doppelten theoretischen Luftmenge.

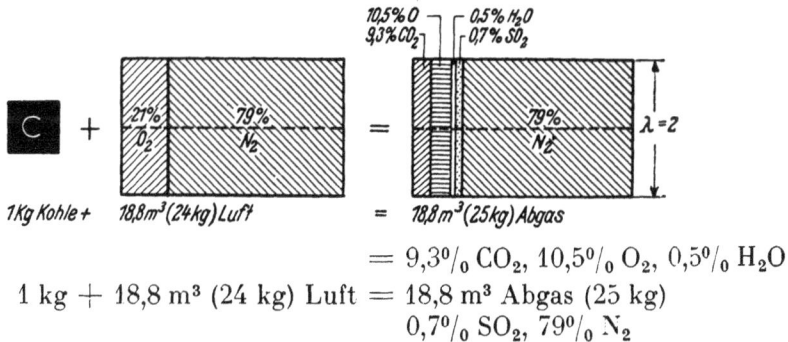

$$\text{Kohle} = 9.3^0/_0 \text{ CO}_2, \ 10.5^0/_0 \text{ O}_2, \ 0.5^0/_0 \text{ H}_2\text{O}$$
$$1 \text{ kg} + 18.8 \text{ m}^3 \text{ (24 kg) Luft} = 18.8 \text{ m}^3 \text{ Abgas (25 kg)}$$
$$0.7^0/_0 \text{ SO}_2, \ 79^0/_0 \text{ N}_2$$

Bild 42 zeigt den Fall, wo die zugeführte Luftmenge d o p p e l t so
groß ist, wie sie theoretisch erforderlich wäre, d. h. das Luftverhältnis
$\lambda = 2.0$. Ist der maximale Kohlensäuregehalt bei der im Diagramm,
Bild 41, zugrunde gelegten Verbrennung 18,5%, so wird im Falle 42
nur mehr die Hälfte des maximalen Gehaltes, also ca. 9% CO_2 gemessen
werden. Der Kohlensäuregehalt fällt in dem Maß, in dem der Luftüberschuß steigt. Die Summe aller Abgasmengen bleibt jedoch in allen
Fällen konstant.

Für eine gegebene Feuerung ist also der K o h l e n s ä u r e -
g e h a l t K e n n g r ö ß e z u r B e u r t e i l u n g d e r A b g a s z u s a m m e n -
s e t z u n g.

Die Schaulinie im Bild 43 zeigt, welcher Kohlensäuregehalt bei voll-kommener Verbrennung dem jeweiligen Luftüberschuß entspricht. Wir erkennen, daß zu einem hohen Luftüberschuß ein niedriger Kohlen-säuregehalt gehört. Ein niedriger Kohlensäuregehalt kann aber auch auf mangelhafte Verbrennung zurückzuführen sein; in diesem Fall tritt Kohlenoxyd auf. Dadurch entstehen Verluste an unverbrannten Gasen. Beispielsweise würde bei vollkommener Verbrennung der Kohle mit einem maximalen Kohlensäuregehalt von 18,5% ein CO_2-Gehalt von 14% dem Luftverhältnis 1,5 zukommen. Der gleiche Kohlensäure-gehalt wird auch erzielt, wenn bei einem Luftverhältnis von nur 1,4 Luftmangel auftritt und dadurch 1% unverbrannte Gase in den Ab-gasen entstehen. Ein zu niedriger Kohlensäuregehalt kann also zwei vollkommen entgegengesetzte Ursachen haben: Den zu hohen Luft-überschuß — aber auch den Luftmangel.

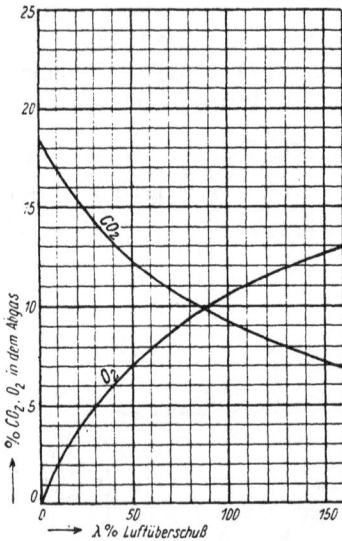

Bild 43. CO_2- und O_2-Gehalt bei verschiedenem Luftüberschuß bei Verbrennung von Kohle; CO-Gehalt = Null angenommen.

Bei zu hohem Luftüberschuß wird Luft unnötig miterwärmt; da die Ab-gase mit einer Temperatur von etwa 200° C abziehen, so bedeutet dies ziem-lich erhebliche Verluste, die als fühlbare Abwärme bezeichnet werden.

Der Wärmeverlust durch Abwärme V läßt sich aus der Siegertschen Formel berechnen, und zwar:

$$V = 0{,}65 \cdot \frac{T - t}{^0/_0\ CO_2}$$

Aus dieser Formel errechnet sich beispielsweise bei einer Rauchgastempe-ratur von 200° C und dem Luftverhält-nis $\lambda = 2{,}0$, also 100% Luftüberschuß ein fühlbarer Abwärmeverlust von 13%; bei normalem Luftüberschuß würde der Wärmeverlust V nur 9,2% betragen. Ziehen die Rauchgase mit höheren Temperaturen in den Kamin, dann stei-gern sich selbstverständlich auch die Abwärmeverluste. Bei 300° C Ab-gastemperatur und einem Luftverhältnis $\lambda = 2{,}0$ betragen die Abgas-verluste 19,5%.

Bei Luftmangel tritt eine unvollkommene Verbrennung zu Kohlen-oxyd ein, wodurch eine beträchtliche Wärmemenge zum Schornstein entweicht. Verbrennt man nämlich 1 kg reinen Kohlenstoff zu Kohlen-säure, so gilt die Gleichung:

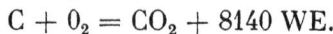

$$C + O_2 = CO_2 + 8140\ WE.$$

Findet jedoch nur eine unvollkommene Verbrennung zu Kohlenoxyd statt, so ergibt sich die Gleichung:

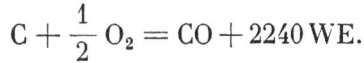

$$C + \frac{1}{2} O_2 = CO + 2240 \, WE.$$

Bei der CO-Bildung gehen also 5900 WE, das sind über $\frac{2}{3}$ der Verbrennungswärme verloren.

Außer Kohlenoxyd ist an brennbaren Stoffen noch Wasserstoff vorhanden. Da beim Verbrennen gleicher Raummengen Wasserstoff oder Kohlenoxyd etwa die gleiche Wärmemenge frei wird, so ist das Auftreten von Wasserstoff bezüglich des Wärmeverlustes dem von CO nahezu gleichwertig.

Wie stark sich bereits ein niedriger $CO + H_2$-Gehalt als Verlust im Rauchgas auswirkt, zeigt folgendes Beispiel: Besteht das Abgas aus 12% CO_2, 1% $CO + H_2$ und 87% $N_2 + O_2$, so bedeutet dies, daß bei $\frac{1}{13}$ des Brennstoffes ein Energieverlust von 70% vorhanden ist. Bezogen auf die gesamte Brennstoffmenge sind das $^{70}/_{13} = 5,4\%$.

Bei 12% Kohlensäuregehalt im Abgas bedeutet also 1% Unverbranntes bereits einen Brennstoffenergieverlust von 5%.

Der Verlust durch Unverbranntes errechnet sich nach der Formel:

$$V_2 = 70 \cdot \frac{CO\%}{CO_2\% + CO\%}$$

in % der Gesamtenergie.

Richtlinien für die Kesselbedienung. Die vorstehenden Ausführungen haben gezeigt, daß sowohl die Verluste durch fühlbare Abwärme wie auch die durch Unverbranntes in den Abgasen selbst bei geringer Änderung des Luftüberschusses bzw. geringem Auftreten von Unverbranntem beachtenswerte Größen annehmen können. Wie bereits ausgeführt, schließen sich beide Verluste nicht gegenseitig aus, obwohl sie von entgegengesetzter Ursache herrühren — Luftüberschuß und Luftmangel —, sondern können sehr wohl nebeneinander bestehen. Dabei gilt allerdings die Regel, daß von einem bestimmten Luftüberschuß an keine unverbrannten Gase mehr auftreten können. Aber wie Bild 44

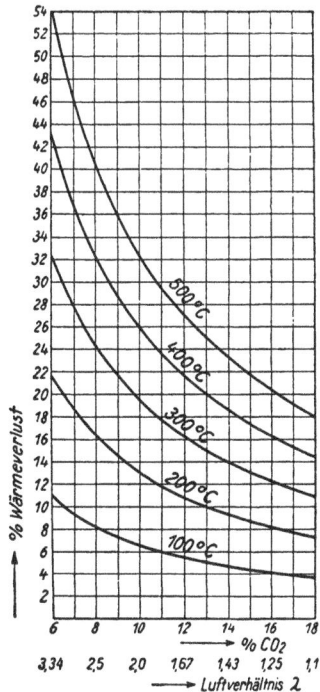

Bild 44. Größe des Wärmeverlustes für verschiedene Abgastemperaturen $(T - t)$ und CO_2-Gehalte bei Verbrennung von Steinkohle mit einem unteren Heizwert von 7500 WE/kg und 20% CO_2 max.

deutlich zeigt, hat eine zu große Steigerung des Luftüberschusses einen großen Energieverlust durch fühlbare Abwärme zur Folge, so daß trotz vollkommener Verbrennung die Feuerungsanlagen mit einem zu kleinen Wirkungsgrad arbeiten. Der günstigste Luftüberschuß wird also nicht immer der sein, bei dem kein $CO + H_2$ mehr im Rauchgas auftritt, sondern der, bei dem der Gesamtverlust, also die Summe der Verluste aus fühlbarer Abwärme und unverbrannten Gasen ein Minimum ist. Die Abhängigkeit dieses Gesamtverlustes vom Luftüberschuß bzw. dem Prozentgehalt an Kohlensäure ist im Bild 45 dargestellt.

Nach vorstehendem kann man die Bedingungen, unter denen die bestmöglichste Ausnützung einer Feuerungsanlage stattfindet, folgendermaßen aussprechen:

Feuere so, daß der CO_2-Gehalt so hoch wie möglich und der $CO + H_2$-Gehalt so klein wie möglich ist. Nimm kleine Mengen von $CO + H_2$ unter 0,2% in Kauf, wenn dadurch der CO_2-Gehalt um mehr als 1% gesteigert werden kann und die Abgastemperatur sich nicht erhöht.

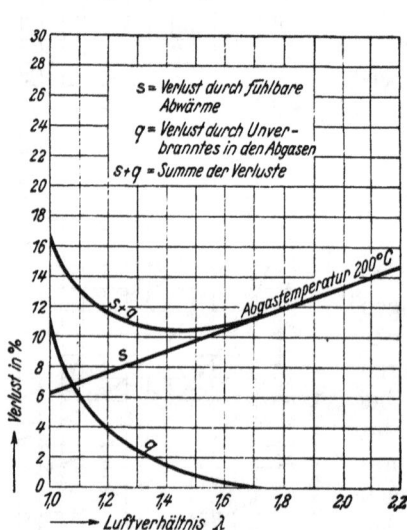

Bild 45. Kesselverluste in Abhängigkeit vom Luftverhältnis.

Aus Bild 45 ergibt sich, daß bei einem 1,4fachen Luftüberschuß, also $\lambda = 1,4$, das wirtschaftlich günstigste Ergebnis erreicht wird, wenn der $CO + H_2$-Gehalt 0,2% nicht überschreitet.

Meßgeräte zur vollständigen Abgasüberwachung. Die genaue Rauchgasprüfung findet durch den Orsat-Apparat statt. Dieser Apparat ist aber für den Betrieb nicht zu verwenden, sondern dient lediglich als Kontrollapparat für den Betriebsleiter. Der Orsat-Apparat zeigt die Rauchgasverhältnisse nicht fortlaufend, sondern nur von Fall zu Fall an. Für den Betrieb benötigt man jedoch ein Instrument, das die Verhältnisse dauernd dem Kesselwärter vor Augen führt. Solche Meßapparate sind aber nur dann brauchbar, wenn sie eine möglichst große Genauigkeit und unbedingte Betriebssicherheit und Einfachheit der Bedienung gewährleisten. Hierfür sind verschiedene Konstruktionen vorhanden. Für die Fernheizwerke der NSDAP. wurden die elektrischen »Siemens«-Rauchgasprüfer verwendet.

Meßverfahren des elektrischen Kohlensäuremessers.
Beim elektrischen CO_2-Messer bedient man sich einer physikalischen
Eigenschaft, nämlich des Wärmeleitvermögens, als Meßgröße für den
Kohlensäuregehalt.

Bringt man einen heißen Körper mit einem Gas, z. B. Luft, in Berührung, so pflanzt sich die Wärme des erhitzten Körpers nach außen
durch die Energieübertragung der Moleküle fort, die durch ständige
Zusammenstöße untereinander und mit dem berührenden warmen und
kalten Körpern einen Ausgleich des Temperaturunterschiedes beider
Körper herbeiführen. Mit dieser Wärmeleistung des Gases hat man
es z. B. allein zu tun, wenn man einen Draht von geringer Übertemperatur in einem engen Rohr ausspannt.

Das Wärmeleitvermögen der Gase ist z. T. erheblich verschieden.
In nachstehender Zahlentafel ist es für einige in der Feuerungstechnik
wichtige Gase angegeben, und zwar als Verhältniszahlen, bezogen auf
Luft = 100, gewählt, da nur diese hier von Belang sind.

Zahlentafel.
Relatives Wärmeleitvermögen (Luft = 100).

Wasserstoff	700	Methan	126
Stickstoff	100	Azetylen	78
Sauerstoff	101	Leuchtgas etwa	260
Kohlensäure	59	Wasserdampf	130
Kohlenoxyd	96		

Die Zahlentafel zeigt ohne weiteres, daß die Kohlensäure im Rauchgas durch Messen der Wärmeleitfähigkeit gut bestimmt werden kann,
wenn man über ein geeignetes Meßverfahren verfügt, da die Kohlensäure
ein von den übrigen Rauchgasbestandteilen, wie Stickstoff, Sauerstoff,
Kohlenoxyd, beträchtlich verschiedenes Wärmeleitvermögen besitzt.

Zu einer sehr einfachen Apparatur für die Messung der Wärmeleitfähigkeit eines Gases gelangt man, wenn man einen dünnen Draht in
der zylindrischen Bohrung eines Metallklotzes ausspannt und ihn dann
elektrisch auf eine gewisse Übertemperatur erhitzt. Für eine gegebene
Strombelastung wird der Draht je nach dem Wärmeleitvermögen des
ihn umgebenden Gases eine verschiedene Temperatur annehmen, und
zwar wird er um so heißer werden, je geringer das Wärmeleitvermögen
des Gases ist. Die Drahttemperatur bildet also ein Maß für die Wärmeleitfähigkeit des zu untersuchenden Gemisches, in diesem Falle des
Rauchgases. Man kann sie elektrisch sehr einfach bestimmen, wenn
man als Drahtmaterial ein Metall von genau bekannten Temperatur-
koeffizienten des elektrischen Widerstandes, am besten Platin, wählt
und in irgendeiner Weise den Widerstand des Drahtes mißt. Hierbei
ist jedoch ein Umstand besonders zu berücksichtigen. Die verhältnis-

mäßig kleinen Temperaturänderungen, die der Draht durch das wechselnde Wärmeleitvermögen des zu untersuchenden Drahtes erfährt, würden sehr leicht durch die in Kesselhäusern recht großen Schwankungen der Raumtemperaturen verdeckt werden, wenn man nicht die Meßanordnung hiervon unabhängig machen würde. Dies kann in einfacher Weise dadurch geschehen, daß man einen genau gleichen, ebenfalls elektrisch geheizten Draht in einer zweiten mit Luft gefüllten Kammer ausspannt und dann den Widerstandsunterschied der beiden Drähte mißt. Dieser ist dann allein durch das verschiedene Wärmeleitvermögen der die Drähte umgebenden Gase hervorgerufen. Die Widerstandsmessung geschieht am bequemsten in der bekannten Schaltung der Wheatstoneschen Brücke. Um eine möglichst große elektrische Empfindlichkeit zu erreichen, ist die Anordnung so getroffen, daß zwei gegenüberliegende Zweige der Brücke von Rauchgas, die beiden anderen von Luft umgeben sind. Es ergibt sich dann allgemein das vorstehende Bild der ganzen Meßanordnung Bild 46 und 47. .

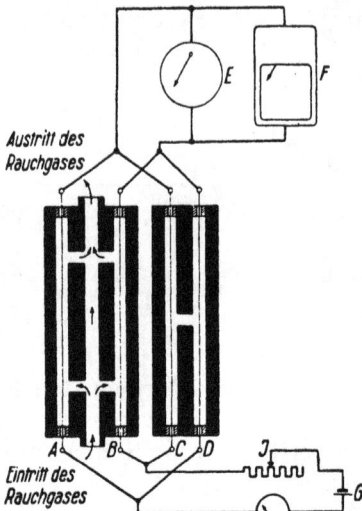

Bild 46. Schnitt durch den CO_2-Geber mit Schaltbild zum Fernschreiber.

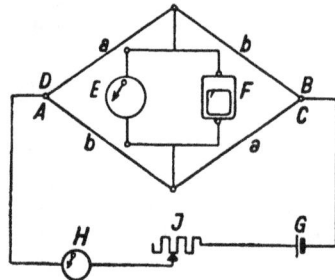

Bild 47. Schaltbild des CO_2-Messers.

In einem zweiteiligen Metallklotz, der einen guten Wärmeaustausch herbeiführt, befinden sich vier zylindrische Bohrungen. In der Achse jeder dieser Bohrungen liegt ein dünner Platindraht. An jedes Ende dieses Drahtes ist eine kleine Platin-Iridium-Feder gelötet, die den Draht unabhängig von seiner Erwärmung stets in seiner zentrischen Lage hält. Das andere Ende des Drahtes bzw. das freie Ende der Feder ist an einen Nickelstift gelötet, der in einer isolierenden Buchse sitzt und die Stromzuführung übernimmt. Die beiden linken Bohrungen bilden die Meßkammern, durch die Rauchgas steigt; die beiden rechten Bohrungen bilden die Vergleichskammern, die mit Luft gefüllt sind. Von der Stromquelle aus werden die Drähte erhitzt. J ist ein kleiner Widerstand zur Einstellung einer konstanten Stromstärke, die an dem Strommesser H

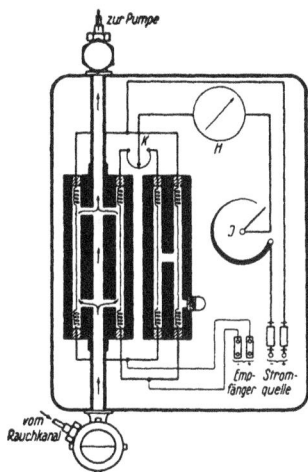

Bild 48. Schnitt durch den CO₂-
Geber mit den Meßdrähten der
Brückenschaltung.

abgelesen werden kann. Als Brückeninstrument dient ein Galvanometer und ein in beliebiger Entfernung von dem Galvanometer parallel geschaltetes Schreibgerät. Beide kann man unmittelbar in %-CO₂ eichen, da die Ausschläge bei den kleinen Widerstandsänderungen, die hier auftreten, diesen unmittelbar proportional sind.

Das Rauchgas muß durch eine Saugvorrichtung aus dem Rauchkanal fortlaufend den Meßkammern zugeführt werden und dabei ein Filter durchströmen, welches es von Ruß und Flugasche befreit. Ferner ist in irgendeiner Form dafür Sorge zu tragen, daß Rauchgas und Vergleichsluft unabhängig von den Schwankungen der Raumtemperatur stets einen gleichmäßigen Wasserdampfgehalt besitzen. Denn auch der Wasserdampf hat, wie die Zahlentafel lehrt, ein von den übrigen Gasbestandteilen abweichendes Wärmeleitvermögen. Es können daher, wenn man diesem Umstande nicht Rechnung trägt, Fehler hervorgerufen werden.

Beschreibung des CO₂-Messers. Zu dem elektrischen CO₂-Messer gehören folgende Teile:

Der Geber, in dem sich das Meßdrahtsystem befindet und daher die eigentliche Analyse erfolgt;

die Rauchgaszuleitung mit Filter und Saugeinrichtung;

die Stromquelle nebst den elektrischen Leitungen;

die als Empfänger dienenden Meßgeräte, d. i. das Anzeigeinstrument Bild 49 und gegebenenfalls das Schreibgerät und der Zähler.

Das eigentliche Meßorgan, der Geber, besteht, wie Bild 48 und 50 zeigen, aus einem wasser- und staubdichten Gehäuse, in dessen Innern sich außer dem eigentlichen Meßdrahtsystem noch der Regelwiderstand J und das Kontrollinstrument H für die Meßstromstärke befinden.

Bild 49. Rundes Anzeigeinstrument
zum CO₂-Prüfer.

Bild 50. CO$_2$-Geber geöffnet.

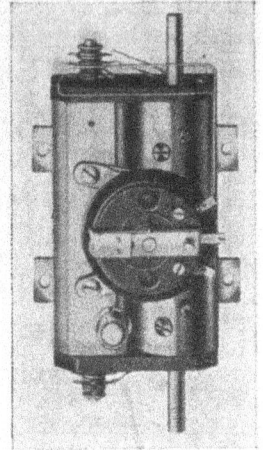

Bild 51. Außenansicht der CO$_2$-Meßkammer.

Die Bedeutung von *H* und *J* geht auch aus Bild 46 und 47 hervor. Der Widerstand *J* wird mittels des im Bild 50 sichtbaren, rechts befindlichen Drehknopfes verstellt, bis der Zeiger des Galvanometers *H* auf einer bestimmten Marke steht. Die Meßkammer ist im Bild 48 im Schnitt wiedergegeben. Wie man erkennt, liegen die eigentlichen Meßkammern im Nebenschluß zur Hauptleitung, da das Gas nur durch zwei enge Bohrungen in die Kammer gelangen kann. Die Querschnitte der engen Bohrungen und des Hauptkanals sind so gewählt, daß die Strömungsgeschwindigkeit innerhalb der gestellten Grenzen schwanken kann, ohne daß sich ihr Einfluß auf die Drahttemperatur störend bemerkbar macht. An den Meßdrähten selbst strömen bei dieser Anordnung nur wenige Kubikzentimeter in der Minute vorbei. Eine Verschmutzung oder sonstige Veränderung der Drähte ist daher völlig ausgeschlossen. Die Übertemperatur der Drähte beträgt nur etwa 100° C. An die Vergleichskammern ist eine kleine Patrone angesetzt, die zur Hälfte mit Watte, darüber mit einem Trockenmittel gefüllt ist. Diese Vorrichtung hat den Zweck, die abgeschlossene Vergleichsluft ein- für allemal trocken zu halten; da andererseits, wie später noch gezeigt wird, auch das Rauchgas getrocknet bzw. auf einen konstanten niedrigen Wasserdampfgehalt gebracht wird, hat dieser keinerlei störenden Einfluß auf die Anzeige.

Auf dem Metallklotz, der das Meßdrahtsystem enthält, ist vorn mittels eines Trägers ein Drehwiderstand *K* aufgesetzt (Bild 48), der dazu dient, die Nullage der ganzen Brückenordnung einzustellen, wenn die Meßkammern von Luft durchströmt werden. Die Verstellung wird durch den im Bild 50 links sichtbaren Drehknopf bewirkt.

In der Regel genügt es, ihn einmal einzustellen, da sich die Nulllage nur selten ändert. Das Meßdrahtsystem trägt an den Enden ein Gas-Zu- und -Abführungsrohr. Diese Rohre sind in Gewindestutzen am äußeren Ende eingeführt.

Wie Bild 50 zeigt, läßt sich der das Gehäuse abschließende Deckel verschließen, so daß man unzulässige Eingriffe in die Apparatur verhüten kann.

Meßverfahren des elektrischen Kohlenoxyd-(Wasserstoff-)Messers. Leitet man ein Gasgemisch, das einen brennbaren Bestandteil wie Kohlenoxyd oder Wasserstoff enthält, gleichzeitig mit Sauerstoff an einem glühenden Draht vorbei, so wird oberhalb einer gewissen Temperatur des Drahtes eine Verbrennung erfolgen. Bei Drähten aus unedlen Metallen liegt diese Temperatur durchwegs sehr hoch (bei Rotglut) und sie entspricht der reinen Verbrennungstemperatur der Gase. Verwendet man aber einen Draht aus Platin oder gewissen anderen Metallen, so findet der Verbrennungsvorgang schon bei wesentlich niedrigeren Temperaturen (400 bis 450° C, also beträchtlich unterhalb Rotglut) statt. Diese Metalle besitzen die Fähigkeit, den Verbrennungsvorgang bereits bei niedriger Temperatur einzuleiten, indem sie die Verbindungsträgheit der Gase vermindern. Stoffe, die hierzu fähig sind, nennt man Katalysatoren; die Verbrennung im Platindraht ist also eine katalytische. Durch sie erfolgt eine Temperaturerhöhung des Drahtes, die bei größerem Prozentgehalt der Rauchgase an unverbrannten Bestandteilen so stark sein kann, daß der vorher dunkle Draht schwach aufleuchtet. Mit der Temperatur vergrößert sich aber der Widerstand, und den Widerstand kann man elektrisch in einer Wheatstoneschen Brückenschaltung messen. Es ergibt sich also, obwohl ein anderer Vorgang zur Grundlage der Messung gemacht wird, ein in seinem ganzen Aufbau mit dem CO_2-Messer sehr ähnliches Meßgerät. Bild 52 zeigt die schematische Anordnung. A bezeichnet den katalytisch wirkenden Draht, B den Vergleichsdraht in Luft, der zum Ausgleich der Schwankungen der Raumtemperatur dient. C und D sind Vergleichswiderstände. H ein Anzeigeinstrument, das am Heizerstand oder an der Schalttafel angebracht

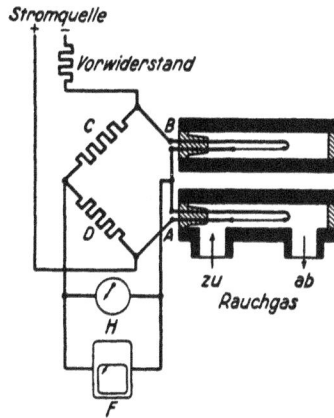

Bild 52. Meßanordnung des elektrischen CO ÷ H_2-Messers.

werden kann; F ein Schreibgerät. Da die Verbrennungswärme von Kohlenoxyd und Wasserstoff nahezu gleich groß ist (S. 96), ist die Temperaturerhöhung des Drahtes bei der Verbrennung von CO und der bei der Verbrennung von H_2 nicht wesentlich verschieden. Man kann daher Instrumente für derartige Feuerungen in %-CO + H_2 eichen, zumals wärmetechnisch kein Interesse daran besteht, die verschiedenen Prozentgehalte der einzelnen Gase zu wissen.

Es sei noch besonders darauf hingewiesen, daß infolge der Bauart der Meßkammer der Einfluß des Wärmeleitvermögens des vorbeigeführten Gases auf die Drahttemperatur sehr gering ist. Er ist so stark unterdrückt, daß die gesamte Kohlensäure, die in den Rauchgasen enthalten ist, geringere Ausschläge ergeben, als $0{,}1^0/_0$ CO + H_2 entsprechen.

Beschreibung des CO + H_2-Messers. Der elektrische CO + H_2-Messer besteht ebenso wie der CO_2-Messer aus dem Geber, in dem sich das Meßdrahtsystem befindet und den als Empfänger dienenden Anzeigeinstrumenten und Schreibgeräten.

Zum Zuleiten und Reinigen des Rauchgases dienen die schon für den CO_2-Messer erforderlichen Teile.

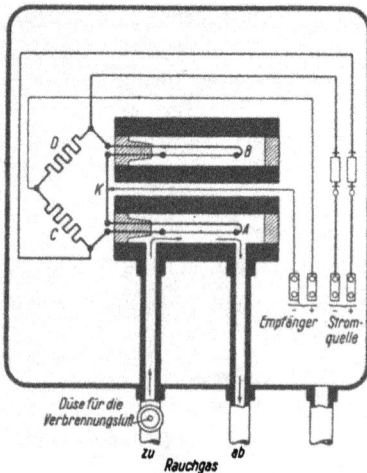

Bild 53. Schnitt durch den CO + H_2- Geber mit den Meßdrähten der Brückenschaltung.

Bild 54. Rundes Anzeigeinstrument zum CO + H_2-Prüfer.

Der Geber besteht, wie die Bilder 53 und 55 zeigen, aus einem rechteckigen, wasser- und staubdichten Gehäuse, in dessen Innern die Meßkammer untergebracht ist. Diese besteht aus einem zweiteiligen Metallklotz; jeder Teil hat eine kurze, weite Bohrung. In den beiden Bohrungen befinden sich die Drähte A und B (Bild 52).

Durch die Bohrung A wird Rauchgas gesaugt, die mit Draht B enthält Luft. Außerhalb der Kammern liegen die beiden temperaturempfindlichen

Bild 55.
CO — H₂-Geber geöffnet.

Vergleichswiderstände *C* und *D*, sowie ein kleiner Drehwiderstand mit einem von außen zu bedienenden Gleitkontakt *K* zum Einstellen des Nullpunktes.

Die Düse zur Luftzuführung ist durch Watte vor Verschmutzung geschützt; sowohl die Gasanschlüsse wie die Stutzen zur elektrischen Leitung liegen unten. Ein auf dem inneren Deckel angebrachtes Schaltbild zeigt die Anordnung der Klemmen.

Rauchgasleitung, Filter und Saugquelle. Das Rauchgas wird mit Hilfe eines keramischen Filters, das unmittelbar in den Kanal eingebaut ist, durch die Entnahmevorrichtung *A* (Bild 57 und 58) entnommen. Das keramische Filter hat vor Watte und anderen Filtern den großen Vorzug, Verstopfungen der Leitungen vollständig auszuschließen und die Anzeigeverzögerung stets klein zu halten. Die Gase werden durch das Filter, welches aus einem porösen Zylinder besteht, vor Durchtritt durch seine Poren von Ruß und Flugasche gereinigt. Ein weiterer Vorzug des keramischen Filters besteht darin, daß bei der hohen Temperatur der Abgase der Ruß sich in diesem Falle flockig absetzt, während er bei außerhalb liegenden Filtern in niedrigen Temperaturen klebrige Eigenschaften aufweist.

Die im Kesselhaus auftretenden kleinen Erschütterungen genügen in den meisten Fällen zur selbsttätigen Reinigung des Filters (Bild 56), so daß sich dessen Durchblasen durchwegs erübrigt. Das Bild läßt erkennen, wie das Filter zum größten Teil noch mit

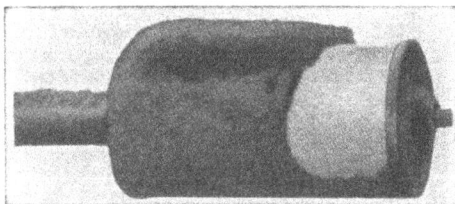

Bild 56. Keramisches Filter.

Flugasche belegt ist; an einer Stelle ist die Verschmutzung von selbst abgefallen.

Von der Entnahmestelle (Bild 57 und 58) gelangt das Gas in den Kühler *B*, durch den man das für die Wasserstrahlpumpe *G* erforderliche Leitungswasser strömen läßt. Hinter dem Kühler vor Eintritt des Rauchgases in den Geber befindet sich das Warnungsfilter *W*. Es ist mit Watte gefüllt und mit einem Glasfenster versehen, so daß man an der Schwärzung der Watte auf Störungen am keramischen Filter schließen kann. Unmittelbar hinter dem Geber ist eine Drosselstrecke eingebaut, durch sie wird eine künstliche Verzögerung des

Strömungswiderstandes erreicht, so daß der Unterdruck eine für die Messung bequeme Größe erreicht. Das Warnungsfilter ist durch eine Bleirohrleitung mit dem CO_2- bzw. $CO + H_2$-Geber, dieser dann ebenfalls durch Bleirohr mit dem Ansaugegerät verbunden. Das Ansauge-

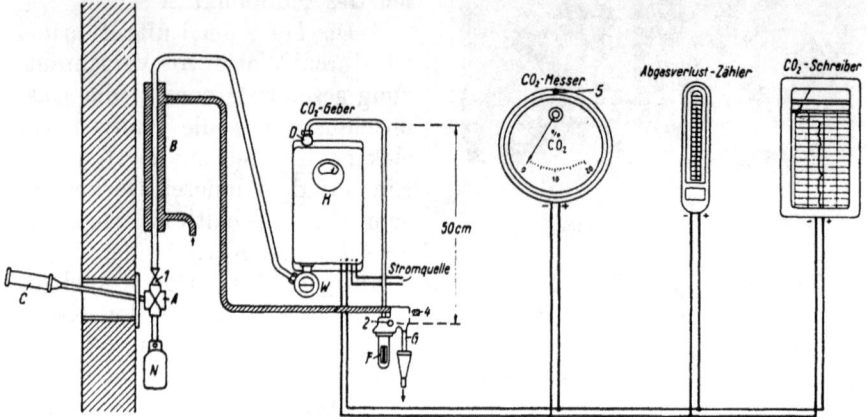

Bild 57. Einbau des CO_2-Messers mit einer Wasserstrahlpumpe als Saugquelle.

A = Gasentnahmevorrichtung   C = Keramisches Filter   D = Drosselstrecke
B = Kühler   W = Warnungsfilter   F = Strömungsmanometer
          G = Wasserstrahlpumpe   N = Kondenswassergefäß
          H = Kontrollinstrument   1, 2, 4 = Absperrhähne.

gerät besteht aus einer Wasserstrahlpumpe G und dem Strömungsmanometer F. Der an diesem ablesbare Unterdruck ist ein Maß für die Geschwindigkeit, mit der das Rauchgas durch die Leitung strömt.

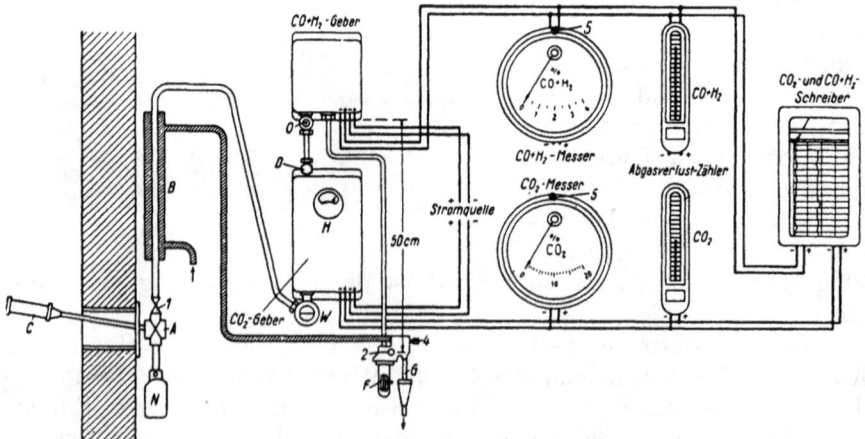

Bild 58. Einbau des CO_2- und $CO + H_2$-Messers mit einer Wasserstrahlpumpe als Saugquelle.

A = Gasentnahmevorrichtung   C = Keramisches Filter   D = Drosselstrecke
B = Kühler   W = Warnungsfilter   F = Strömungsmanometer
          G = Wasserstrahlpumpe   N = Kondenswassergefäß
          H = Kontrollinstrument   Q = Luftdüse
                    1, 2, 4 = Absperrhähne.

Gleichzeitig dient es auch dazu, eine etwa eingetretene Verstopfung der Zuleitung anzuzeigen. In diesem Fall tritt nämlich Luft in das enge Rohr ein, so daß Blasen aufsteigen.

Durch entsprechendes Einstellen des Hahnes *2* und der Wasserstrahlpumpe *G* (Bild 57 und 58) regelt man den Gasstrom so, daß das Manometer *F* einen Unterdruck von 2 cm WS plus Schornsteinzug anzeigt. Hierdurch wird die erforderliche Strömungsgeschwindigkeit von etwa 0,3 l/min erreicht. Die Anzeigeverzögerung, d. h. die Zeit, die bis zum Eintritt des durch *A* angesaugten Gases in die Meßkammer vergeht, beträgt etwa 1 bis 2 min.

Stromquellen. Die Meßstromstärke beträgt beim CO_2-Messer etwa 0,4 A, beim $CO + H_2$-Messer 0,8 A. Die Betriebsspannung ist bei beiden Apparaten 6 V. Zum Ausgleich der Spannungsschwankungen schaltet man Eisendrahtlampen (Variatoren) ein.

Betriebsvorschrift für die Siemens-Rauchgasprüfer.

Erstmalige Inbetriebnahme. Die erstmalige Inbetriebnahme (Bild 57 und 58) ist in nachstehender Reihenfolge im Bereich eines Vertreters der Fa. Siemens & Halske vorzunehmen.

1. Füllung des Strömungsmanometers am Ansaugegerät. Hahn *1* an der Entnahmevorrichtung und Wasserhahn *4* am Strömungsmanometer schließen. Mittels der mitgelieferten Gummiballspritze das Manometer am Ansaugegerät bis zum mittleren Strich der Skala mit Glyzerinwasser füllen. (2 Teile Glyzerin, 1 Teil Wasser.)

2. Dichtigkeitsprobe. Hahn *1* an der Entnahmevorrichtung schließen.
   Wasserhahn *4* öffnen.
   Luftdüse *O* am $CO + H_2$-Geber mit dem Finger zuhalten.
   Hahn *2* am Strömungsmanometer vorsichtig öffnen, bis sich ein Unterdruck von etwa 5 cm bemerkbar macht, dann Hahn *2* sofort wieder schließen.

   Der auf diese Weise erzeugte Unterdruck muß bei dichten Rohrleitungen bestehen bleiben bzw. er darf höchstens um 1 cm in der Minute absinken. Bei etwa festgestellter Undichtigkeit ist die Anlage streckenweise auf den Sitz der Undichtigkeit zu untersuchen und diese dann zu beseitigen.

3. Einstellen der richtigen Strömungsgeschwindigkeit. Bei abgenommenem Kondenswassertopf *N* Hahn *1* an der Entnahmevorrichtung öffnen, dann Wasserhahn *4* je nach Wasserdruck so öffnen, daß ein starker Wasserstrahl fließt.

Drosselhahn *2* des Strömungsmanometers vorsichtig öffnen, bis das Strömungsmanometer einen Unterdruck von 2 cm angibt. Kondenstopf mit Wasser füllen und an die Entnahmevorrichtung ansetzen.

Das Strömungsmanometer zeigt dann einen Unterdruck an, der je nach Größe des Kesselzuges und der Reinheit des Filters verschieden groß ist und bei weiterem Verschmutzen des Filters sich allmählich vergrößert. Bei dieser Einstellungsart hat die Wasserstrahlpumpe so hohe Saugkraft, daß allmähliches leichtes Verschmutzen des Filters oder Schwankungen im Kesselzug keine Änderung der Strömungsgeschwindigkeit ergeben. Auch Änderungen des Wasserdruckes von 25% haben infolge der günstigen Bauart der Pumpe keine nennenswerten Änderungen der Strömungsgeschwindigkeit des Gases zur Folge. Nach Einstellung der Strömungsgeschwindigkeit sollen die Hähne *2* und *4* nicht mehr betätigt werden.

4. Vorbereiten der Instrumente zur Inbetriebnahme. Kurzschlußverbindungen an den Anschlußklemmen der Anzeiger entfernen (bei etwaigem Ausbau der Apparate zwecks Verwendung an anderen Stellen bzw. zwecks Reparatur ist die Kurzschlußverbindung wieder herzustellen).

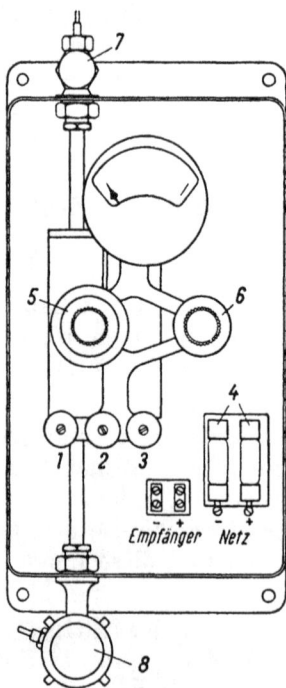

Bild 59. Schematische Darstellung des CO_2-Messergebers.

Instrumente auf den Nullpunkt einstellen. Nullpunkteinstellung bei den Anzeigeinstrumenten durch die nach Entfernung der Lasche zugängliche Nullpunktschraube *5*.

5. Einstellen des Meßstromes für die Geber. Meßstrom einschalten.

Mittels des Regelwiderstandes *6* im CO_2-Geber den Zeiger des Stromanzeigers genau auf die rote Marke einstellen. Bei CO_2-Gebern, die vom Netzstrom oder Batterie gespeist werden, ist die Spule *1* in Bild 59 durch Abkneifen der Verbindungsleitung zu unterbrechen.

6. Elektrische Nullpunkteinstellung. Kondenswassertopf *N* an der Entnahmestelle abnehmen und anstatt Rauchgas Luft ansaugen (es soll sich dann ein Unterdruck von 2 cm am Strömungsmanometer ergeben).

Nach einiger Zeit müssen sich die Instrumente auf den Nullpunkt einstellen. Ist dies nicht der Fall, so müssen in den
Gebern die mit rechts- und linksläufigem Pfeil gekennzeichneten
Nullpunktwiderstände solange gedreht werden, bis die Instru-
mentenzeiger auf Null gehen.

7. **Prüfen der Anzeigeverzögerung.** Die Anzeigeverzögerung
kann durch wechselweises Ansaugen von Rauchgas und Luft
durch Wegnahme des Kondenstopfes festgestellt werden.

Sie soll möglichst gering sein; bei Anlagen mit normaler
Rohrleitungslänge etwa 1 bis 1½ min.

Wartung der Apparate im Dauerbetrieb. Die nachfolgenden Arbeiten sind gewissenhaft durchzuführen, damit ein dauernd einwandfreier Betrieb gewährleistet ist.

1. **Täglich:**

   a) Kontrolle der Meßstromstärke am Stromanzeiger des CO_2-
   Gebers und Einstellen des Zeigers auf die rote Marke.

   b) Kontrolle der richtigen Strömungsgeschwindigkeit.

2. **Wöchentlich:**

   a) Kontrolle der Anzeigeverzögerung (siehe »Erstmalige Inbetriebsetzung« Absatz 7). Bei verunreinigtem Rauchgas empfiehlt sich eine tägliche Prüfung.

   b) Kontrolle des Nullpunktes. Bei abgeschalteter Meßstrom-
   quelle sind, falls erforderlich, die Anzeigeinstrumente mittels
   der Nullpunktschraube auf den Nullpunkt einzustellen. Ebenfalls ist die mechanische Nullpunkteinstellung der Schreiber
   zu prüfen. Danach ist gemäß Absatz 6 auch der elektrische
   Nullpunkt zu berücksichtigen.

   c) Kontrolle, ob Luftdüse des $CO + H_2$-Gebers wieder frei ist;
   dazu Düse mit dem Finger verschließen. Die Zuganzeige am
   Strömungsmanometer muß dann um etwa 30% größer sein.
   Ist dies nicht der Fall, dann ist die Düse verstopft und muß
   mit einem dünnen Draht, nachdem sie herausgeschraubt
   wurde, gereinigt werden.

3. **In größeren Zeitabständen:**

   a) Kontrolle auf Verstopfungen.

   Diese zeigen sich dadurch an, daß die Flüssigkeit im
   rechten Schenkel des Strömungsmanometers herausgezogen
   wird und Luftblasen durchperlen. Der Ort von Verstopfungen ist dadurch zu finden, das stellenweise die Verschrau-
   bungen gelöst werden. Der Beginn der Verstopfung ist durch
   allmähliches Größerwerden der Anzeigeverzögerung bei normaler Einstellung des Unterdruckes zu erkennen.

b) Keramisches Filter durch vorsichtiges Durchblasen mit Luft oder Dampf bei geschlossenem Ventil *1* (Bild 57 und 58) reinigen. Mutter des Filters nachziehen und gegebenenfalls Dichtungen erneuern.

c) Drosselstrecke nachsehen und gegebenenfalls reinigen.

Die Drosselstrecke befindet sich im Gasaustrittsstutzen des CO_2-Gebers. Es ist die Kappenmutter *7* (Bild 59) abzuschrauben, wonach der Drosseleinsatz ausgeschraubt werden kann. Die unter Umständen erforderliche Säuberung der Drosselstrecke hat mit Hilfe eines 0,8 bis 0,9 mm dünnen Drahtes zu erfolgen. Jede Erweiterung der Drosselöffnung ist unzulässig. Außerdem ist das Reinigen der Drossel in eingeschraubtem Zustand unzulässig, weil dadurch der Schmutz in die Meßkammer gestoßen werden kann.

d) Dichtigkeitsprobe durchführen (siehe Absatz 2).

e) Kühler mittels warmen Wassers, Soda und Sand reinigen.

N. Einmauerung.

Die Einmauerung der Kessel erfolgte unter Berücksichtigung der gesetzlichen Vorschriften und der technischen Bestimmungen für die Einmauerung von Dampfkesseln nach DIN 19 durch Spezialfirmen. Die Hängedecken, deren es eine Reihe bewährter Konstruktionen gibt, wurden von den Kesselfirmen selbst geliefert und von den Spezialfachfirmen eingemauert. Die Kessel des Fernheizwerkes Braunes Haus erhielten außer der Einmauerung noch Blechverkleidungen aus 5 mm starkem Schwarzblech.

Im allgemeinen wurden nachstehende Vorschriften zur Bedingung gemacht:

Polizeiliche Vorschriften. Zwischen dem Mauerwerk, das den Feuerraum und die Feuerzüge feststehender Dampfkessel einschließt, und dem dieses umgebenden Wänden muß ein Zwischenraum von mindestens 80 mm verbleiben, der oben abgedeckt und an den Enden verschlossen werden kann. Die Feuerzüge müssen durch genügend weite Einfahröffnungen zugängig und in der Regel so groß bemessen sein, daß sie befahrbar sind. Werden die Feuerzüge benachbarter Kessel durch eine gemeinsame Mauer getrennt, so ist diese mindestens 340 mm stark herzustellen. Das Kesselmauerwerk darf nicht zur Unterstützung von Gebäudeteilen benützt werden.

Allgemeine Vorschriften.

1. Die Lieferung umfaßt eine vollständig betriebsfertige, also im ausgetrockneten Zustand zu übergebende Ausmauerung der Kesselanlage, wobei unter Kesselanlage das aus Feuerung,

Kessel, Überhitzer, Rippenrohrvorwärmer bestehende Kesselaggregat zu verstehen ist. Von der Lieferung ausgeschlossen ist die Hängedecke unterhalb der Vorderwand und die Gaslenkwände an der Heizfläche, welche von den Kesselfirmen zu liefern sind. Die Austrocknung mit Holz muß in völlig sachgemäßer Weise erfolgen und darf eine Dauer von 14 Tagen nicht unterschreiten.

2. Die Ausmauerung der Kesselanlage beginnt an der Oberkante des Fundamentes und umfaßt die gesamte Ausmauerung und Isolierung aller Teile des Kessels.

3. Die Ausmauerung erfolgt nach aufgelegter Zeichnung, ferner nach den allgemeinen technischen Bestimmungen für Einmauerung von Dampfkesseln DIN 19, sowie nach den Vorschriften des Technischen Überwachungsvereins.

4. Es finden nur geübte Facharbeiter Verwendung.

5. Schamottematerialien werden für die Schüre *SK 34/35*, für den ersten Rauchzug *SK 33*, für die übrigen Rauchzüge je nach Temperatur der Abgase, jedoch nicht unter *SK 31* verwendet. Zur Erhöhung der Haltbarkeit des Schamottematerials der Feuerwände ist Bindeflex als Mörtel zu verwenden.

6. Die Schamotteausmauerung des Feuerraumes und des ersten Kesselzuges ist mit senkrechten wie auch waagerechten wirksamen Dehnungsfugen zu versehen, so daß das feuerfeste Mauerwerk ohne jede Beanspruchung der übrigen Mauerwerkspartien den auftretenden Wärmespannungen nach jeder Richtung Folge leisten kann. Die großen Wandflächen sind durch besonders konstruierte Ankersteine, welche mittels Anker an dem Kesselgerüst befestigt sind, zu befestigen, damit den inneren Wänden ein genügender Halt gegeben ist, um Verwerfungen oder Ausbauchungen zu verhindern.

7. Alle Rohrdurchdringungen sowie Schauöffnungen, Luftdüsen und Rußbläserdurchdringungen sind mittels passender Formsteine herzustellen, so daß ein Behauen der Steine, besonders an den dem Feuer zugekehrten Flächen nicht notwendig ist.

8. Das Kesselgerüst wie auch die Mauerwerksverankerung im Bereich des Feuerraums und des ersten Kesselzuges sind mit gebrannten, hochporösen Kieselgursteinen zu isolieren.

9. Die Kesseltrommel, soweit sie sich innerhalb der Einmauerung befindet, ist mit gutgebrannten, hochporösen Kieselgursteinen zur Verhinderung der Wärmeabstrahlung zu isolieren.

10. Alle, das Mauerwerk durchdringenden und berührenden Kesselteile sind mit entsprechender Dehnungsfuge zu versehen und

diese mittels Asbestschnur und Schlackenwolle abzudichten. Die Einmauerungsarmaturen, wie Reinigungstüren, Schau- und Meß-öffnungen sind sachgemäß zu verlegen und einzumauern; die Lieferung derselben erfolgt durch die zuständige Kesselfirma.

11. Die Kesselplattform ist mit Hartsteinplatten zu pflastern und die Fugen sind mit reinem Zementmörtel zu vergießen.

12. Die sichtbaren Ansichtsflächen der Kesseleinmauerung sind mit weißglasierten Verblendsteinen zu verkleiden und zwar die Seitenwände ½-Steinstark ohne Verband mit dem dahinter-liegenden Ziegelmauerwerk, alle übrigen Flächen mit $\frac{1}{4}$- und ½-Steinen im Verband mit dem Ziegelmauerwerk. Alle An-sichtsflächen sind nach Fertigstellung mit verdünnter Salzsäure abzuwaschen und sauber zu verfugen.

13. Die Armaturen, wie Drehklappen und Einsteigetüren, sind sach-gemäß zu verlegen und einzumauern. Die Rauchkanalanschluß-öffnung ist anzulegen, wobei die Anschlußstellen zu dem Rauch-kanal mit entsprechender Verzahnung anzubringen sind.

Technische Angaben. Die betriebsmäßig auftretenden Rauchgas-temperaturen betragen:

im Feuerraum	ca. 1250° C,
vor dem Überhitzer	» 650° C,
nach dem Überhitzer	» 600° C,
vor dem Rippenrohrvorwärmer . .	» 300° C,
nach dem Rippenrohrvorwärmer .	» 180° C.

Garantieverpflichtungen. Die Einmauerungsfirma verpflichtet sich, während der Dauer von 7000 Betriebsstunden eine Garantie in der Weise zu übernehmen, daß sie für alle Fehler und Mängel aufkommt, welche aus der Wahl unrichtigen oder ungenügenden Materials oder in-folge unzweckmäßiger oder fehlerhafter Konstruktion, Herstellung oder Montage bei irgendeinem Teil ihrer Lieferung entstehen. Die Garantie beginnt mit der betriebsfertigen Übergabe der Anlage.

Die Einmauerungsfirma garantiert ferner dafür, daß die Tempera-turen sämtlicher Außenflächen der Kesselanlage nicht höher als hand-warm werden und nur an einzelnen, örtlich begrenzten Stellen 60° C nicht überschreitet. Sie garantiert ferner dafür, daß der Abfall des CO_2-Gehaltes von der Oberkante Rost bis hinter dem Ekonomiser nicht mehr als 1% beträgt.

O. CO_2-Brandschutz-Anlagen.

Wenngleich die Kohlenbunkeranlagen technisch einwandfrei aus-geführt sind und die Einwurföffnungen der Tiefbunkeranlagen gegen Regen- oder Schneedurchfall vollständig gesichert sind, und wenn auch die Wahl der zu verfeuernden Kohle die Gefahr einer Selbstentzündung derselben nach Möglichkeit ausschließt, so muß doch in Anbetracht der teilweise gasreichen Kohle und des unvermeidlichen Griesanfalles mit einer solchen gerechnet werden. Um einen auftretenden Brand rasch und ohne Schaden anzurichten löschen zu können, wurden in sämtlichen Kesselhäusern der NSDAP., in der Nähe der Kohlenbunker Kohlensäure-Feuerlöschanlagen, System Walther & Cie., eingebaut. An diese Feuerlöschanlage ist sowohl die Tief- wie auch die Hochbunkeranlage angeschlossen. Nachstehendes Bild 60 zeigt die generelle Anordnung einer solchen Anlage. Sie besteht aus 18 paarweise hintereinander aufgestellten Flaschen, von denen die vordere Reihe durch Seilzug einzeln ausgelöst werden kann, während die hintere Reihe durch Betätigung eines Fallgewichtes gemeinsam ausgelöst wird.

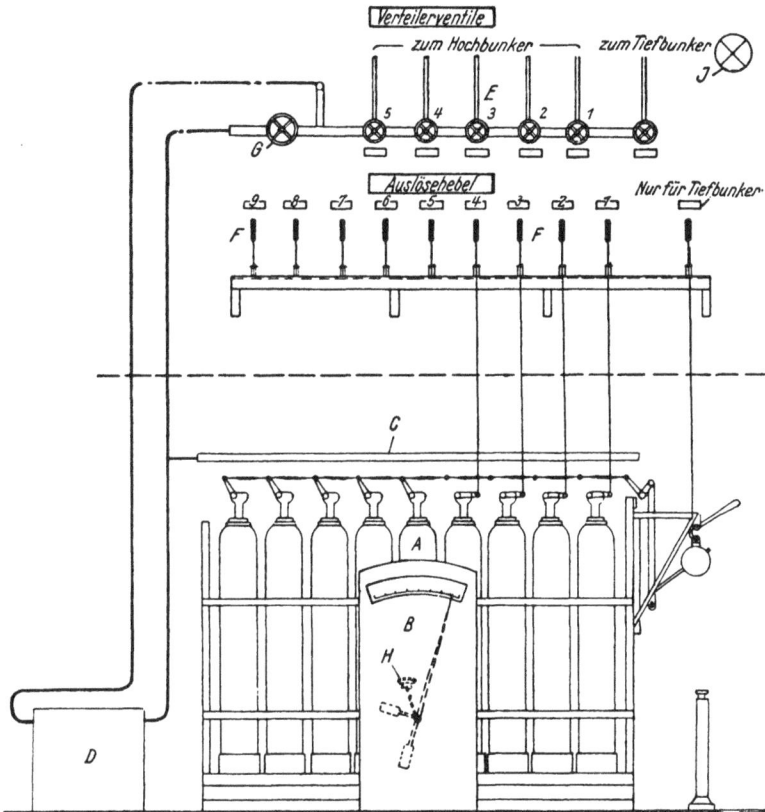

Bild 60. Schema einer Kohlensäurefeuerlöschanlage der Kohlenbunker, System Walther & Cie.

In diesem Bild bedeutet:

  A die CO_2-Flaschenbatterie, bestehend aus 18 Kohlensäureflaschen, paarweise hintereinander aufgestellt,

  B die Neigungswaage,

C das Sammelrohr,

D der Nachblasebehälter,

E der Verteiler auf der Ventilstation,

F die Handhebel zum Auslösen der Einzelflaschen,

G das Schnellstromventil,

H den Schwundmeldeschalter,

J die Schwundmeldelampe.

Betriebsvorschrift
für die Kohlensäure-Feuerlöschanlage der Kohlenbunker.

Allgemeines. Für den Feuerschutz stehen 18 Kohlensäureflaschen *A* mit je 30 kg Inhalt löschbereit und sind weitere 18 Flaschen in Reserve aufbewahrt.

Die 18 löschbereiten Flaschen sind im unteren Kellerflur auf einer Waage *B* aufgebaut.

Die Flaschenventile münden über Kupferrohre in das Sammelrohr *C*, das über den Nachblasebehälter *D* und über die Ventile am Verteiler *E* zu den Löschleitungen mit den Entspannungsrohren führt. Aus diesen tritt die Kohlensäure in Schnee-Nebelform auf den Brandherd.

Die hinteren 9 Flaschen der Batterie werden von der Ventilstation aus gemeinsam gelöst und dienen zum Schutz der Tiefbunker. Die vorderen, weiteren 9 Flaschen werden einzeln geöffnet und sind zum Schutze der Hochbunker vorgesehen. Das Auslösen der Flaschen geschieht durch kräftiges Ziehen an den Handhebeln *F* der Ventilstation.

Sämtliche Ventile am Verteiler *E* sowie das Schnellstromventil *G* sind stets geschlossen zu halten.

Im Brandfalle ist nur das Ventil, dessen Löschung zum Brandherd führt, zu öffnen.

Das Abblasen der Flaschen geschieht bei Schwelbränden gedämpft über den Nachblasebehälter, um Wirbelungen zu vermeiden.

Bei Bränden mit hellodernder Flamme ist gleichzeitig mit dem zugehörigen Ventil auf dem Verteiler *E* das Schnellstromventil *G* zu öffnen. Dadurch wird der Nachblasebehälter überfüllt, so daß die Kohlensäure augenblicklich auf den Brandherd abströmt.

Falls die Temperatur des Brandgutes nach einiger Zeit nicht genügend gesunken sein sollte, so ist zum mindesten noch eine Flasche (bei Bränden des Tiefbunkers noch 3 weitere) zu öffnen. Die 9 Einzelflaschen der Hochbunker sind daher gleichzeitig eine Reserve bei Bränden der Tiefbunkeranlage.

Im Brandfall.

Hochbunker.

1. Das zugehörige Ventil am Verteiler des brennenden Bunkers öffnen.
2. Einen der Auslösehebel *1* bis *9* nach vorne reißen, bei Bedarf noch weitere Hebel.

Bild 61. Kesselhaus Braunes Haus.

Tiefbunker.

1. Am Verteiler *E* das Ventil »Zum Tiefbunker« öffnen. (Bei hellodernden Bränden das Schnellstromventil *G* öffnen.)

2. Den Auslösehebel »Nur für Tiefbunker« nach vorne reißen. Bei stärkeren Bränden noch einige Auslösehebel der Gruppen *1* bis *9* auslösen.

Wartung der Anlage. Die Waage *B* zeigt das Gewicht des Kohlensäurevorrates an. Das Leergewicht wird durch das Schiebegewicht ausgeglichen. Mit dem Zeiger der Waage steht der Schwundmeldeschalter *H* in Verbindung; dieser unterbricht bei einem etwa eintretenden Gewichtschwund von mehr als 10% des Kohlensäurevorrates den Stromkreis durch grüne Meldelampe *J* und bringt diese dadurch zum Erlöschen.

Alle Flaschenventile sind mit einer Sicherheitseinrichtung ausgestattet.

Bei den wöchentlich stattfindenden Kontrollgängen ist die Anzeige der Waage nachzuprüfen und in ein Buch einzutragen. Der Vorrat an Kohlensäure soll 540 kg betragen. Tritt ein Verlust von mehr als 10% ein, also von mehr als 54 kg, so sind die Flaschen einzeln zu prüfen. Das Gewicht einer Flasche mit Ventilschutzhaube soll 30 kg zuzüglich Leergewicht (auf dem Flaschenhals eingeprägt) betragen. Flaschen mit einem größeren Verlust als 3 kg sind nachzufüllen oder durch gefüllte Flaschen zu ersetzen. Die Reserveflaschen sind ½ jährlich nachzuwiegen. Der Inhalt der Nachblaseeinrichtung ist jährlich zu überprüfen. Die Flüssigkeit soll über den Anschlußstutzen stehen. Eventuell erforderliches Nachfüllen kann durch Wasser geschehen.

Bei abnormaler Erwärmung der Flaschen über 50^0 C spricht die Sicherheitsscheibe an und läßt die Kohlensäure in die Luft entweichen. Ersatzdichtungsscheiben mit den dazugehörigen Dichtungsringen werden mitgeliefert.

Die in den Flaschen befindliche Kohlensäure ist mit einem Riechstoff durchsetzt, der austretende Kohlensäure durch eventuelle Undichtigkeiten an den Flaschen erkennen läßt.

Bild 6?. Kesselhaus Tegernseer Landstraße.

Bild 63. Kesselhaus ⚡-Junkerschule Bad Tölz.

Bild 64. Antriebsvorrichtung des Weiherhammer-Zonenwanderrostes
und Stellvorrichtung der Rauchklappe hinter dem Ekonomiser
Fernheizwerk Braunes Haus.

Bild 65. Zugmesseranlage des Wanderrostes
Fernheizwerk Braunes Haus.

Bild 66. Vorderansicht der beiden Hochdruckdampfkessel
Fernheizwerk Braunes Haus.

Bild 67. Vorderansicht eines Hochdruckheißwasserkessels
Fernheizwerk Braunes Haus.

Bild 68. Vorderansicht der Kesselanlage — Fernheizwerk Tegernseer Landstraße.

Bild 69. Seitenansicht der Hochdruckdampfkesselanlage
Fernheizwerk Braunes Haus.

Bild 70. Anschluß der Heißwasserrücklaufleitung mit Umführungsvorrichtung
an den Ekonomiser eines Heißwasserkessels
Fernheizwerk Braunes Haus.

Bild 71. Rückwärtige Ansicht der Kesselanlage
Fernheizwerk Braunes Haus.

9*

Bild 72. Ansicht auf die Kesseldecke — Fernheizwerk Braunes Haus.

III. Maschinenzentrale.

Die Maschinenzentrale ist das Herz des Fernheizwerkes. In diese wird die Wärmeenergie der Kesselanlage geleitet; von hier aus findet die Speisung der Kessel statt; sie ist der Sitz der Wärmeregulierung und Wärmeverteilung zu den einzelnen Bedarfsstellen. Die Kontroll- und Meßinstrumente dienen dem Maschinisten zur Überwachung eines sachgemäßen und wirtschaftlichen Betriebes.

Die Maschinenzentrale umfaßt:

1. Die Kesselspeiseanlage mit Zubehör,
2. die Wärmeverteilungsanlage,
3. die Überwachung der Wärmeverteilung,
4. die zentrale Warmwasserversorgung,
5. sonstige Betriebseinrichtungen.

A. Die Kesselspeiseanlage.

Allgemeines. In den Dampffernheizwerken wird das wertvolle Kondensat gesammelt und wieder zur Kesselspeisung verwendet. Durch Wrasenbildung in den Kondensatbehältern der einzelnen Unterstationen lassen sich Verluste nie vermeiden, so daß stets Frischwasser zugesetzt werden muß. Solange die Kondensatverluste 4 bis 5% nicht übersteigen, sind sie als normal zu betrachten. Bei größeren Verlusten ist der Betriebsleiter unter allen Umständen verpflichtet, den Ursachen nachzugehen und die geeigneten Maßnahmen zur restlosen Beseitigung zu treffen. Die Ursachen der Verluste können verschiedenartig sein; sie können darin liegen, daß die Kondenstöpfe an den Entwässerungsstellen nicht einwandfrei funktionieren und Frischdampf über das Kondensatsammelgefäß nach dem Freien entweichen lassen; außerdem können sie auf Undichtigkeiten der Kondenswassersammel- und -rückspeiseleitungen infolge Korrosion zurückzuführen sein. In ausgedehnten Fernheizwerken, in denen eine Anzahl Kondensatsammelgefäße aufgestellt sind, kann es vorkommen, daß bei gleichzeitiger Betätigung der Rückspeisepumpen die Menge des zurückgeführten Kondensates von dem im Kesselhaus aufgestellten Hauptkondensatbehälter nicht mehr aufgenommen werden kann, wobei das überschüssige Kondensat in die Kanalisation abfließt und verlorengeht. Schließlich können die Verluste auch auf das Versagen der Ent- und Belüftungsventile in den

Heizungsanlagen der einzelnen Unterstationen oder der Speiseventile der Kesselanlage selbst zurückgehen. Ein gewissenhafter Betriebsleiter wird daher bei auffallend hohem Zusatzwasserverbrauch den Ursachen persönlich nachgehen. Das Betriebspersonal ist verpflichtet, stündlich Aufzeichnungen über die gesamten Betriebsverhältnisse, also auch über die Menge der Dampfabgabe und der zugeführten Speisewassermenge, zu machen und die dafür vorgesehenen Formulare sind täglich dem Betriebsleiter vorzulegen, so daß eintretende Störungen nach Prüfung dieser Formulare in kürzester Zeit ermittelt und behoben werden können.

Bei Fernheißwasserheizungen wird das heiße Wasser durch Pumpen umgewälzt und in der vollen Menge direkt in die Kesselanlage zurückgespeist, so daß eine Nachspeisung eigentlich nicht notwendig ist. Muß trotzdem Wasser nachgespeist werden, so können auch hier verschiedene Ursachen vorhanden sein. Entweder handelt es sich um äußere Undichtigkeiten der Fernleitungen, die durch tägliches Begehen der Fernkanäle (soweit dieselben begehbar sind) leicht festgestellt werden können, oder um Undichtigkeiten in den Umformern (Gegenstromapparaten und Dampfumformern), wobei das Hochdruckwasser infolge mangelhafter Abdichtung des Röhrenbündels teilweise in das Niederdrucksystem abfließt. Dieser Defekt kann durch Beobachtung der Überlaufleitung des Expansionsgefäßes und des Wasserstandes der Dampfumformer in den Unterstationen ohne weiteres festgestellt werden. Es kann aber auch vorkommen, daß infolge fehlerhafter Berechnung der Expansionsraum der Kesselanlage zu klein bemessen ist, so daß beim Hochheizen der Kessel auf den vorgeschriebenen Druck das expandierende Wasser der gesamten Anlage so hoch ansteigt, daß der höchst zulässige Wasserstand überschritten wird und die überschüssige Wassermenge durch die Entleerungsleitung abgelassen werden muß. Bei sinkendem Betriebsdruck und dementsprechend zurückgehender Temperatur kann sich in diesem Fall der Wasserstand unter Umständen so weit senken, daß die Heißwasservorlaufleitung teilweise außer Wasser kommt, wobei durch eintretenden Dampf starke Wasserschläge auftreten, die eine Zerstörung der Leitungen und Armaturen herbeiführen können. In einem solchen Fall ist der Kesselwärter verpflichtet, so rechtzeitig nachzuspeisen, daß der vorgeschriebene Mindestwasserstand niemals unterschritten werden kann, falls die selbsttätige Speisewasserregelung versagen sollte.

Nicht bei allen Heißwasserfernheizungen sind die Kessel direkt als Heißwasserkessel ausgebildet, sondern dienen zur indirekten Beheizung. In diesem Fall arbeiten sie als Dampfkessel auf einen oder mehrere Heißwassererzeuger.

Aus alldem ergibt sich, daß bei einwandfrei ausgeführten und betriebenen Anlagen die zusätzliche Frischwasserspeisemenge außerordentlich gering ist, so daß man von großen Wasseraufbereitungsanlagen Abstand nehmen kann. Wasseraufbereitungsanlagen können jedoch bei Hochdruckkesselanlagen niemals entbehrt werden, da zur Verhütung von Kesselsteinbildung die Verwendung härtefreien Speisewassers eine Selbstverständlichkeit ist.

Das von den Gebrauchskaltwasserleitungen oder aus Brunnen entnommene Speisewasser enthält Lösungen von verschiedenen Stoffen, je nach den Erd- oder Steinschichten, mit denen diese Wässer bei der Gewinnung in Berührung kamen. Wenn ein solches Wasser in rohem Zustand in den Kessel kommt, so können Störungen verschiedener Art entstehen.

Die Verunreinigungen des Zusatzspeisewassers setzen sich im Kesselinnern als Schlamm oder Stein an; die im Wasser enthaltenen Gase verursachen Korrosionen, organische Schwebeteile begünstigen das Schäumen oder Spucken der Dampfkessel. Durch die im Wasser enthaltenen fremden Bestandteile wird nicht nur die Dampferzeugung behindert, sondern auch das Baumaterial des Kessels gefährdet. Bei Schäumen oder Spucken werden Wasserteile in den Überhitzer mitgerissen, sodaß durch Wasserschläge Explosionen im Überhitzer hervorgerufen werden können. Auf alle Fälle wird durch solche Bestandteile des Wassers die Betriebssicherheit der Kesselanlage erheblich gefährdet.

Das Rohwasser enthält je nach der geologischen Beschaffenheit der Entnahmestelle eine Reihe von Salzen aufgelöst, wie Kalzium- und Magnesium-Bikarbonate, Sulfate und Chloride, Nitrate, Silikate, Eisenoxydul, Tonerde usw. Außerdem enthält das Wasser, namentlich wenn es aus dem Gebirge kommt, stets freie Kohlensäure und mitunter auch organische Substanzen (Algen).

1. Die Wasserhärte.

Die Härte des Wassers wird gebildet durch den Gehalt an gelösten Kalzium- und Magnesiumsalzen, und zwar entsprechen:

10,0 mg Kalzium-Oxyd/l Wasser   = 1^0 d (deutscher Härtegrad)
7,10 » Magnesium-Oxyd/l Wasser = 1^0 d   »   »

Die gesamte Härte ergibt sich demnach aus dem Gehalt an festgestellten Kalzium- und Magnesiumsalzen.

Die Bikarbonate, wie Kalzium- und Magnesium-Bikarbonate bilden die vorübergehende Härte. Sie zersetzen sich beim Erhitzen des Wassers und gehen in Karbonate über, welche unlöslich sind und als Schlamm ausfallen.

Sulfate und Chloride usw. bilden die bleibende Härte. Kalzium-Sulfat, Magnesium-Sulfat, Kalzium-Chlorid, Magnesium-Chlorid, Magnesiumnitrat usw. sind Salze, die sich auch beim Erhitzen des Wassers im Kessel nicht verändern. Sie bilden, vor allem im Beisein von Kalzium-Sulfat (Gips), den festen Kesselstein.

Falls nur leicht lösliche Chloride und Nitrate die bleibende Härte bilden, dann setzt sich an den Kesselwänden fester Stein nicht an.

Die Härteverhältnisse lassen sich am besten aus den Werten einer Gesamtanalyse errechnen.

Die Kalkhärte findet man, indem man die in 1 l festgestellten mg Kalzium-Oxyd durch 10 dividiert.

Die Magnesiumhärte erhält man, indem man die in 1 l gefundenen mg Magnesium-Oxyd durch 7,19 teilt. Die Gesamthärte ist dann die Summe der Kalk- und Magnesiumhärte.

Zur Feststellung der Härte eines Wassers gibt es verschiedene Methoden, von welchen nachstehend eine beschrieben sei:

Probewasser 100 cm³ von 15⁰ C im Erlenmeyer-Meßkolben,

+ einige Tropfen Methylorange (Gelbfärbung),

hierzu titrieren $\dfrac{n \text{ cm}^3}{10}$ Salzsäure, bis die gelbe Farbe umschlägt auf schwachrot,

abgelesene verbrauchte Salzsäure in cm³ multipliziert mit 2,8 gibt die Gradzahl der vorübergehenden Härte.

Zu diesem Wasser werden jetzt zugesetzt:

20 cm³ · $\dfrac{1}{10}$ Soda-Natronlauge, wodurch die Farbe wieder auf gelb umschlägt.

Diese Probe läßt man dann aufkochen und abkühlen auf 15⁰ C, dann wird destilliertes Wasser zugegeben, bis der Gesamtinhalt 200 cm³ beträgt. Davon sind 100 cm³ zu filtrieren und in den Erlenmeyerkolben einzufüllen. Hierauf sind wieder $\dfrac{n \text{ cm}^3}{10}$ Salzsäure zu titrieren, bis die gelbe Farbe wieder umschlägt auf schwachrot. Die verbrauchte Salzsäure in cm³ ist mit 2 zu multiplizieren. Dieser Wert ist von 20 abzuziehen.

Beispiel: Betrug der Verbrauch an Salzsäure bei der Methylorangeprobe 1,5 cm³, so errechnet sich daraus 1,5 · 2,8 = 4,2⁰ d vorübergehende Härte. Ergab sich bei der Weiterbehandlung mit Natronlauge ein Verbrauch von 9 cm³ Salzsäure, so errechnet sich eine Gesamthärte von (20 cm³ — 9 · 2) · 2,8 = 5,6⁰ d; die bleibende Härte ist demnach 5,6⁰ — 4,2⁰ = 1,4⁰ d.

2. Der Kesselstein.

Der Kesselstein kann aus verschiedenen Salzen bestehen wie:

$$\text{Gips} \ldots \ldots \ldots \ldots (CaSO_4),$$
$$\text{Kalzium-Karbonat} \ldots (CaCO_3),$$

Magnesium-Hydrat . . . $(MgOH_2)$,

Magnesium-Karbonat . . $(MgCO_3)$,

Kalzium-Silikat . . . . . $(CaSiO_3)$,

Magnesium-Silikat . . . . $(MgSiO_3)$.

Außerdem finden sich im Kesselstein noch organische Beimengungen und von Anrostungen herrührend Eisenoxyd.

Je nach der Beschaffenheit des Wassers kann Kesselstein einen Gipsgehalt bis über 90% besitzen. Ein solcher Stein ist fest und dicht. Er bildet Kristalle, die senkrecht zur Kesselwand gerichtet sind. Steine unter 90% Gips bilden ebenfalls noch einen dichten Belag, aber ohne sichtbare Kristalle.

Reine Karbonatsteine sind solche mit einem Gehalt von über 90% $CaCO_3$, sie bilden meist eine weiche, pulverförmige Auflage. Man findet aber auch Beläge gleicher Zusammensetzung mörtelartig als senkrechte Kristalle oder als schwammartig weichen Stein.

Steine gemischter Art sind härter oder weicher, je nachdem Gips oder Kalzium, Magnesium in dem Gemisch überwiegen.

Silikatsteine sind besonders hart und sehr dicht, haben eine besonders geringe Wärmeleitfähigkeit und sind daher gefürchtet.

3. Der Kesselschlamm.

Der Kesselschlamm rührt in der Hauptsache von dem im Kessel pulverförmig ausgefällten Karbonaten her, meist ist hierbei Kalzium-Karbonat in hohem Maß beteiligt. Diesen Schlamm kann man im Betrieb periodisch ablassen oder durch teilweises oder gänzliches Erneuern des Kesselinhaltes genügend entfernen. Bei den von Zeit zu Zeit (alle 4000 Betriebsstunden) vorzunehmenden Kesselreinigungen läßt er sich durch leichtes Abstoßen und Auswaschen gut entfernen. Dieser Schlamm ist daher am wenigsten gefährlich.

Der Schlamm darf keine größeren Mengen Gips enthalten; er brennt sonst an stark beheizten Stellen fest oder bildet feste Klumpen. Im Schlamm finden sich oft noch organische Beimengungen und Kieselsäure.

Es ist bekannt und durch Versuche erwiesen, daß die Löslichkeit des Gipses durch steigende Temperatur des Kesselwassers nachläßt, wogegen Karbonate mit höherer Temperatur stärker in Lösung bleiben. Man findet bei verunreinigten Kesseln an den am stärksten beanspruchten Heizflächen festen Kesselstein mit vorwiegendem Gipsgehalt und Silikatverbindungen; an den kälteren Stellen herrscht weicher Karbonatstein oder Schlamm vor.

Allgemein kann gesagt werden, daß der Kesselstein um so härter ist, je mehr Gips oder Kieselsäure sich im Wasser befinden. Je mehr Bikarbonate im Wasser enthalten sind, desto weicher und schlammartiger werden die Absetzungen.

Ätznatron und Soda im Kesselwasser tragen ebenfalls zu Schlamm-
bildung bei.

Man findet in Kesseln mit schlecht aufbereitetem Wasser auch oft
den Stein in mehr oder weniger starken Schichten übereinander gelagert.
Dicke und Anzahl dieser Schichten entsprechen den periodischen Betriebsverhältnissen.

4. Die Wasserdichte.

Durch Schlämmen der Kessel läßt man die Dichte des Wassers
ein bestimmtes Maß nicht überschreiten. Bei Teilkammerkesseln bis
15 atü Betriebsdruck läßt man die Dichte bis 0,35° Bé kommen. Die
Bauméspindeln (Aräometer) sind für 15° oder 20° C geeicht; man muß
also die zu messende Lösung auf diese Temperatur bringen.

Jeder Kessel muß daher während des Betriebes von Zeit zu Zeit abgeschlämmt werden (siehe Kesselbedienungsvorschriften). Hierbei ist noch zu
berücksichtigen, daß für den Korrosionsschutz zum Ausfällen der Rest-
härte eine bestimmte Askalität, Natronzahl eingehalten werden muß.

Die Menge des abzuschlämmenden Kesselwassers zur Vermeidung
der Überschreitung einer bestimmten Dichte errechnet sich aus der Formel:

$$x = \frac{100 \cdot a}{A - a} \text{ in } \% \text{ der Dampferzeugung.}$$

Darin bedeutet: $a =$ Salzgehalt des Speisewassers,
$A =$ Salzgehalt des Kesselwassers,
$x =$ abzuschlämmende Kesselwassermenge in %
der Dampferzeugung.

Der Salzgehalt des Kesselwassers wird in Baumé gemessen:
1° Bé = 10000 mg/l.

Beispiel: Der Salzgehalt des Speisewassers $a = 125$ mg/l; der
Salzgehalt des Kesselwassers $A = 0,35°$ Bé $= 3500$ mg/l.

$$x = \frac{100 \cdot 125}{3500 - 125} = 3,7\%$$

Bei einem Dampfkessel von einer Leistung von 5 t/h und 17 stün-
diger täglicher Betriebszeit sind demnach täglich 3145 l Kesselwasser
abzulassen. Diese Menge wird natürlich nicht auf einmal abgelassen,
sondern in jeder Betriebsschicht die Hälfte.

In den Fernheizwerken wird, wie bereits erwähnt, der Kessel hauptsächlich mit Kondensat gespeist. Nachdem Kondensat und Frischzusatz-
wasser einen verschiedenen Salzgehalt haben, so muß dies auch in der
Formel berücksichtigt werden. Die genaue Formel lautet für diesen Fall:

$$x = \frac{(s \cdot a) - (s \cdot b)}{A - a}$$

Legen wir vorstehendes Beispiel der Berechnung zugrunde; es sei in diesem Fall der Salzgehalt des Frischwassers $a = 280$ mg/l, der Salzgehalt des Kondensates $b = 10$ mg/l, die Zusatzmenge $= 10\%$, die Kondensatmenge $= 90\%$, der Salzgehalt A des Teilkammerkessels $= 0,35^0$ Bé $= 3500$ mg/l, dann ergibt sich:

$$x = \frac{(10 \cdot 280) + (90 \cdot 10)}{3500 - 280} = 1,1\%$$

Das täglich abzulassende Wasser, verteilt zu gleichen Teilen auf zwei Betriebsschichten, beträgt in diesem Fall nur 935 l.

5. Alkalität und Natronzahl.

Wasser löst jedes Metall, d. h. es greift es an, und zwar ist der Angriff = das Lösungsvermögen um so stärker, je salzärmer das Wasser und je unedler das Metall ist. Kondensat oder destilliertes Wasser greifen daher eiserne Rohrleitungen und Behälter außerordentlich stark an. Um den Kessel also gegen Zerstörungen zu schützen, muß das Kesselwasser eine bestimmte Mindestmenge an aufgelöstem Salz besitzen, was man als Mindestalkalität bezeichnet. Es darf aber auch nicht zuviel an Salz enthalten. Die Mindestalkalität wird nach den »Richtlinien der Vereinigung der Großkesselbesitzer« durch die Natronzahl gemessen. Die Natronzahl ist abhängig vom Kesseldruck und von der Dampfleistung und soll mindestens 400 und höchstens 2000 betragen. Bei Teilkammerkesseln, wie sie in den Fernheizwerken der NSDAP. zur Ausführung kamen, soll eine Natronzahl von 400 nicht überschritten werden. Sie gibt den Gehalt des Kesselwassers an Ätznatron und Soda an, und zwar entspricht eine Natronzahl von 400 einem Ätznatrongehalt von 400 g je m³ Kesselwasser oder einem Sodagehalt von 1800 g je m³. Nachdem immer beide Salze — Ätznatron ($NaOH$) und Soda (Na_2CO_3) — gleichzeitig im Kesselwasser vorhanden sind, so errechnet sich die

$$\text{Natronzahl} = \text{Ätznatron} + \frac{\text{Soda}}{4,5} \text{ in mg/l oder in g/cbm.}$$

Bei Verwendung permutierten Zusatzwassers entsteht nun aus dem Natrium-Bikarbonat im Kessel Soda und Ätznatron. Die Natronzahl wird also bei permutiertem Wasser gewissermaßen kostenlos erhalten. Bei hoher vorübergehender oder Karbonathärte entsteht die Mindestnatronzahl schneller als bei geringer vorübergehender Härte des Rohwassers. Enthält das Rohwasser überhaupt keine vorübergehende Härte, so muß die Natronzahl durch Zusatz von Natronlauge geschaffen werden.

Bei Neufüllung eines Kessels ist stets ein Zusatz von Natronlauge zu empfehlen, um von Anfang an den notwendigen Kesselschutz zu haben. Wendet man Natronlauge von 50° Bé an, so ist je m³ Wasser-inhalt des zu füllenden Kessels 0,8 kg Natronlauge zuzufügen, wenn man eine Natronzahl von ca. 400 erhalten will.

Zur Bestimmung der Natronzahl im Kesselwasser wird eine Wasser-probe am unteren Wasserstandshahn nach Abschließen des oberen Wasserstandshahnes und vorherigem gründlichen Ausblasen in einem sauberen Metallgefäß entnommen und auf 15° C abgekühlt. Stark ge-trübtes oder gefärbtes Wasser wird zweckmäßig filtriert.

Die Natronzahlbestimmung wird nun folgendermaßen durchgeführt:

100 cm³ Kesselwasser werden in einem Erlenmeyer-Kolben mit 2 Tropfen Phenolphthalein 1 : 100 versetzt, wodurch eine intensive, ins bräunlich gehende Rotfärbung eintritt. Hierauf gibt man aus der Bürette so viel $\frac{n}{10}$ Salzsäure tropfenweise hinzu, bis die Rötung eben verschwindet. Die Anzahl der verbrauchten cm³ Salzsäure stellen den Phenolphthaleinwert »p« dar.

Zu dieser gleichen Wasserprobe werden nun 1 bis 2 Tropfen Methyl-orange (1 : 1000) zugegeben, wodurch die Flüssigkeit eine gelbe Fär-bung annimmt. Nun wird wieder erneut so lange tropfenweise $\frac{n}{10}$ Salz-säure zugesetzt, bis die Gelbfärbung in orange umschlägt. Die erneut verbrauchten cm³ $\frac{n}{10}$ Salzsäure, vermehrt um die mit Phenolphthalein verbraucht, also die insgesamt verbrauchten cm³, stellen den Methyl-orangewert »m« dar.

Man kann bei stark eingedickten Kesselwässern an Stelle von 100 cm³ auch nur 10 cm³ verwenden; in diesem Falle müssen aber die verbrauchten Salzsäuremengen jeweils mit 10 multipliziert werden, um die p- und m-Werte zu erhalten.

Will man aus den p- und m-Werten den Ätznatron- und Sodagehalt des Wassers, also die Natronzahl ermitteln, so verwendet man folgende Formeln:

1. **2 · p größer als m**
   Ätznatron mg/l . . . . $= (2\,p - m) \cdot 40$
   Soda . . . . $= (m - p) \cdot 106$
2. **2 · p = m**
   Ätznatron in mg/l . . . . $= 0$
   Soda . . . . $= p \cdot 106$
3. **2 · p kleiner als m**
   Ätznatron in mg/l . . . . $= 0$
   Soda . . . . $= p \cdot 106$
   Natrium-Bikarbonat in mg/l . . . . $= (m - 2\,p) \cdot 84.$

Die Natronzahl ergibt sich als Summe von:

$$\text{Ätznatron mg/l} + \frac{\text{Soda}}{4,5}\ \text{mg/l}$$

Beispiel: Es wurde gefunden $p = 10,5,$
$$m = 11,8,$$

dann ist: der Ätznatrongehalt $= (2 \cdot 10,5 - 11,8) \cdot 40 = 368$ mg/l,
der Sodagehalt $\quad = (11,8 - 10,5) \cdot 106 \quad = 137,8$ mg/l.

Daraus die Natronzahl: $368 + \dfrac{137,8}{4,5} = \underline{398,6}$ mg/l.

6. Die Permutitanlage.

Wie bereits eingangs erwähnt, findet in den Fernheizwerken der NSDAP. die Wasseraufbereitung mit Permutit statt.

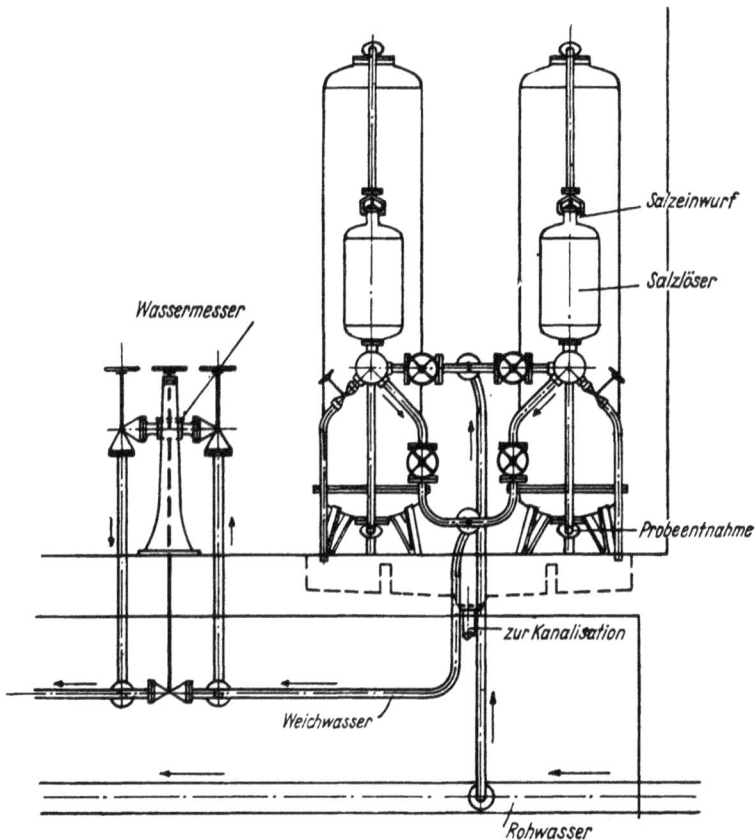

Bild 73. Permutitanlage.

Bei diesem Verfahren werden die Härtebildner nicht in einem Reiniger ausgefällt, wie dies bei dem Kalksodaverfahren der Fall ist, sondern nur ausgetauscht. Permutit besteht aus natürlichen oder künstlichen Zeolithen. Erstere werden aus amerikanischem Rohstoff, dem Grünsand, gewonnen, letztere werden aus Silikaten und Alkalien geschmolzen bzw. synthetisch hergestellt.

Die Austauschstoffe sind ein grünschwarzer, harter, körniger Grieß, Schüttgewicht ca. 1,5 kg/l. Permutitfilter werden wie Kiesfilter hergerichtet. Unten im Boden liegen Verteilerdüsen, darüber drei dünne Lagen Kies, die feinste Körnung 1 bis 2 mm oben, dann kommt die Permutitmasse in Schütthöhe von 1 m und darüber.

Die Wirkungsweise des Permutitfilters ist wie folgt:

Beim Durchgang durch die Austauschstoffe findet ein Basenaustausch der Salze des Wassers mit den Permutitbasen statt.

Die Kalzium-Magnesium-Bikarbonate, Sulfate und Chloride werden in gleichwertige Natriumsalze verwandelt.

Nach einer gewissen Zeit, wenn eine bestimmte Menge Wasser von einer bestimmten Härte durchgeflossen ist, ist die Wirkung des Permutits erschöpft. Die Masse wird dann mit einer Kochsalzlösung regeneriert. Das Kochsalz treibt das am Permutit angelagerte Kalzium und Magnesium wieder aus und lagert Natrium wieder an. Kalzium und Magnesium verbinden sich mit dem Chlor des Kochsalzes und fließen, beim nachfolgenden Spülen in umgekehrter Richtung mit dem Spülwasser als Kalzium- bzw. Magnesium-Chlorid ab. Beim Nachspülen muß darauf geachtet werden, daß Kochsalzreste aus dem Permutitlager unbedingt entfernt werden. Die Regenerationszeit dauert ca. 1 h. Um während des Regenerierens stets permutiertes Wasser zur Verfügung zu haben, werden zwei Permutitbehälter gleicher 100proz. Leistung aufgestellt. Der Basenaustausch findet nur bei Temperaturen unter 40° C statt, weil bei höherer Temperatur das Permutit zerfällt. Eine Vorwärmung des Wassers muß nachher vorgenommen werden; die Enthärtung kommt bis auf 0,1° d Härte.

In den Kessel gelangen Natrium-Karbonate und Bikarbonate, soweit sie nicht bei starker Wasservorwärmung zerfallen sind, ferner Natriumsulfate, Chloride und CO_2 (Kohlensäure). Der Salzgehalt des Speisewassers ist also ungefähr so groß, wie der des Rohwassers. Aus diesem Grunde muß der Kessel zur Vermeidung einer zu großen Natronzahl kontinuierlich oder mindestens bei jeder Schicht geschlämmt werden. Kieselsäure wird bei diesem Verfahren nicht entfernt.

Betriebsvorschrift für die Permutitanlage.

Das Umschalten des Fünfweghahnes (Bild 74) muß stets langsam und vorsichtig erfolgen, damit Wasserschläge vermieden werden.

1. Betrieb. Man schließe das Regulierventil und stelle den Hebel des Fünfweghahnes auf Nr. 1 »Weich«.

2. Spülung. Man stelle den Hebel des
Fünfweghahnes auf Nr. 2 »Spülen«
und stelle den Zeiger des Regulierventils entsprechend ein, so daß die
für die jeweilige, am Apparat be-
rechnete Spülwassermenge durch
das Filter fließen kann. Man spüle
so lange, bis das abfließende
Wasser klar wird, was ungefähr
5 bis 8 min Zeit in Anspruch
nimmt. Bei der Spülung ist darauf zu achten, daß Permutit
nicht mit herausgespült wird.

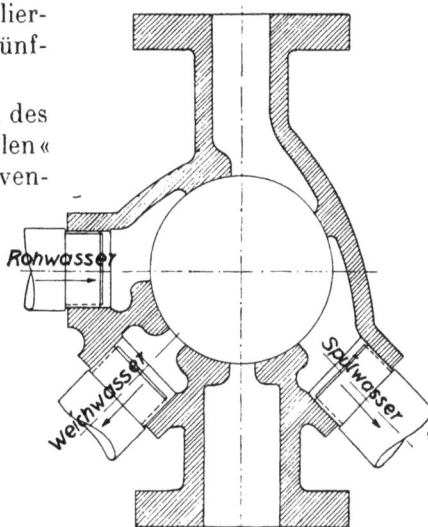

3. Regeneration und Auswaschen.
Vor jeder Regeneration ist der
Enthärter Absatz 2 zu spülen.

Bild 74. Rohranschluß am Fünfwege-
hahn der Permutitanlage.

Man stelle den Hebel nach des Fünfweghahnes auf Nr. 3 »Zu«, öffne
das Regulierventil voll und löse den Bügelverschluß. Sobald der
Wasserspiegel bis Unterkante Salztopf gefallen ist, schließe man das
Regulierventil und fülle die für die entsprechende Größe vorgesehene
Salzmenge mittels des Trichters ein, hierauf schließe man den
Bügelverschluß, öffne das Regulierventil so weit, daß die ent-
weichende Regenerierflüssigkeit in ca. 45 min abfließt, wobei
der Hebel des Fünfweghahnes auf Nr. 4 »Regeneration« eingestellt ist. Sobald das abfließende Wasser keinen Salzgeschmack
mehr zeigt, ist das Regulierventil entsprechend der Filterleistung
einzustellen und nach einiger Zeit eine Härteprobe zu machen.
Ergibt diese nullgrädiges Wasser, so ist die Regeneration beendet
und wenn das Wasser farblos abfließt, der Apparat wieder betriebsfertig, also wieder nach Absatz 1 — Betrieb — einzustellen.

4. Härteprobe. Man fülle die Schüttelflasche bis zur 40-cm³-
Marke mit Weichwasser, das am Probierhahn des Fünfweghahnes entnommen wird, füge vier Tropfen Seifenlösung hinzu
und schüttle kräftig um. Bildet sich ein dichter, ca. 2 min
stehenbleibender Schaum, dann ist das Wasser weich.

5. Entleerung. Soll der Enthärter entleert werden, dann stelle man
den Hebel des Fünfweghahnes auf Nr. 5 »Leer«, öffne das Regulierventil, löse den Bügelverschluß, alsdann erfolgt eine Entleerung
bis zur Höhe des Fünfweghahnes. Durch Lösung des am unteren
Kreuzstück befindlichen Stopfens wird das Filter völlig entleert.

Zur Beachtung! Bei Frostgefahr ist der Enthärter völlig zu entleeren. Bei Wiederaufsetzen des Deckels am Bügelverschluß beachte man, daß die Dichtung sorgfältig aufgelegt und nicht beschädigt wird, ebenso muß die Oberfläche sauber und frei von Salz sein, bevor der Bügelverschluß verschraubt wird. Durch einige Tropfen Öl auf das Schraubgewinde und die beweglichen Teile des Bügelverschlusses ermöglicht man eine leichte Beweglichkeit derselben und die Verhinderung von Rostbildung.

Umlauf. Um während der Regeneration die Wasserversorgung nicht zu unterbrechen, ist im Fünfweghahn ein Umlauf eingebaut, der es ermöglicht, während der vier Stellungen, »Spülen«, »Regenerieren«, »Leer« und »Zu«, Rohwasser direkt in die Weichwasserleitung zu leiten.

Die Umstellung auf die Umführung, wobei der Kesselanlage direktes Rohwasser zugespeist wird, ist überflüssig, wenn ein zweiter Permutitbehälter aufgestellt wird und die Verwendung der beiden Behälter so stattfindet, daß einer immer in Betrieb ist, während der andere regeneriert wird. Dies ist bei allen Hochdruckkesselanlagen der Fernheizwerke der NSDAP. der Fall. Die Temperatur des Roh- bzw. Reinwassers darf 40° C nicht überschreiten; die Aufwärmung des Speisewassers darf also erst nachträglich erfolgen.

Die Kondensatrückspeisung. Die Zusatzspeisung mit permutiertem Wasser spielt, wie bereits erwähnt, hinsichtlich der erforderlichen Gesamtspeisewassermenge bei Fernheizwerken nur eine untergeordnete Rolle. Durchschnittlich 95% der gesamten erforderlichen Speisewassermenge liefert das angefallene Kondensat aus den Heizungsanlagen der Unterstationen und aus der Warmwasserbereitungsanlage. Das Kondensat wird in den einzelnen Unterstationen in schmiedeeisernen Behältern gesammelt und selbsttätig durch Zentrifugalpumpen mit Schwimmeranlassern in den Hauptsammelbehälter des Kesselhauses gepumpt. Normal ist dieses Kondensat völlig enthärtetes Wasser, so daß alle Maßnahmen getroffen werden müssen, dasselbe in voller Menge wieder für die Kesselspeisung zu gewinnen.

Der Hauptkondensatbehälter im Kesselhaus befindet sich gewöhnlich an der tiefsten Stelle, und zwar so, daß das Kondensat aus den Fernleitungen mit natürlichem Gefälle in den Behälter zufließt. Nachdem sich aber die Kesselspeisepumpen in der Regel auf der Höhe des Heizerstandes befinden, wird das in dem Hauptbehälter sich ansammelnde Kondensat wie in den Unterstationen nach den Speisewasserhochbehältern, die sich im Kesselhaus oder in der Maschinenzentrale befinden, gepumpt. Diesen Behältern wird dann auch das erforderliche enthärtete Zusatzwasser beigemischt.

7. Die Entgasung des Speisewassers.

So wertvoll das Kondensat als Kesselspeisewasser ist, weil es keine Härtebildner besitzt, so kann es sich doch äußerst schädlich auf die Berohrung und Kesselbaustoffe auswirken, da es sehr reich an Sauerstoff, Kohlensäure und anderen Gasen ist, welche die Rohrleitungen und das Kesselmaterial angreifen und zerstören. Je tiefer die Temperatur des Kondensates ist, desto stärker ist das Absorptionsvermögen des Wassers an Gasen. Man muß deshalb bereits am Entstehungsherd des kondensierenden Wassers das Gas entfernen, um die zum Teil sehr langen Fernkondensleitungen gegen Verrostung zu schützen. Dies geschieht am zweckmäßigsten durch Rostex-Filter, welche unmittelbar an den Kondensatbehältern der Unterstationen, und zwar in die Kondensat-Rückspeisepumpenleitung eingebaut werden (siehe Bild 75).

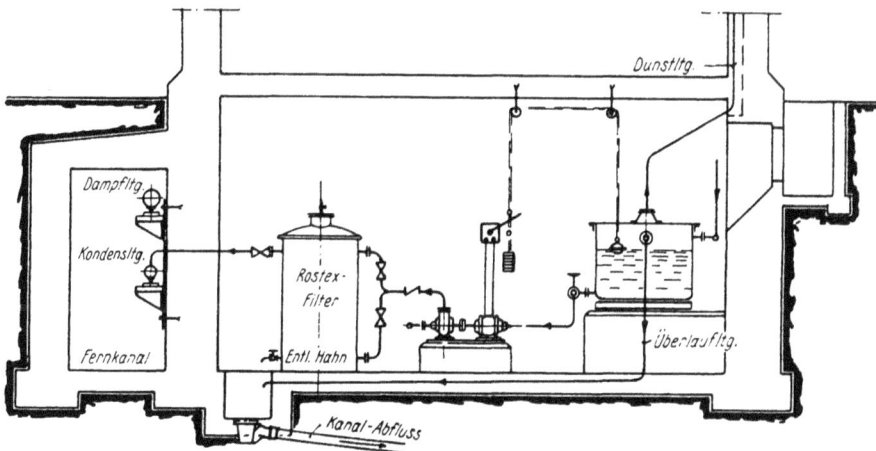

Bild 75. Kondensat-Rückspeiseanlage mit Rostex-Filter System Christ. Hülsmeyer, Düsseldorf.

Diese Filter sind Behälter, die mit Mangan-Stahlwolle gefüllt sind. Der im Kondensat enthaltene Sauerstoff zerstört die Mangan-Stahlwolle und verwandelt sie in Rostschlamm, wobei der im Wasser enthaltene Sauerstoff fast restlos verbraucht und dadurch unschädlich gemacht wird. Der zerstörte Teil der Mangan-Stahlwolle wird abgeschlämmt und durch neue ersetzt. An dem Verbrauch an Mangan-Stahlwolle, der teilweise sehr erheblich sein kann, läßt sich ohne weiteres die im Kondensat ursprünglich enthaltene Sauerstoffmenge feststellen. Die Betriebserfahrungen haben gezeigt, daß die Rostex-Filter außerordentlich nützlich sind, indem sie das Kondenswasserleitungsnetz gegen Zerstörungen schützen.

Betriebsvorschrift für die Rostex-Filteranlage.

Das Rostex-Filter ist, wie nachstehendes Bild 76 zeigt, in die Kondensatrückspeiseleitung unmittelbar nach der Pumpe eingebaut.

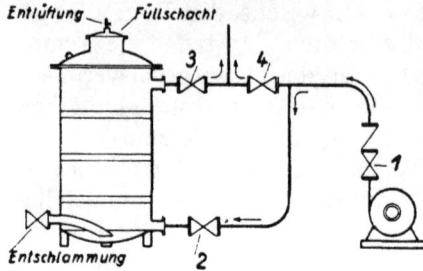

Bild 76. Rostex-Filter.

Wird das Filter in Betrieb gehalten, so müssen die Schieber 1, 2 und 3 geöffnet sein, wogegen der Schieber 4 geschlossen bleibt.

Die Entschlammung des Filters muß alle 2 bis 3 Monate vorgenommen werden. Dabei ist zu beachten, daß der Schieber 4 geöffnet wird. Schieber 2 und 3 bleiben geschlossen. Der Schieber 1 bleibt geöffnet. Die Entfernung des Schlammes erfolgt durch den dafür vorgesehenen Entleerungshahn.

Gleichzeitig mit der Entschlammung ist die Nachspülung vorzunehmen. Nach Wegnahme des Füllschachtdeckels wird die verbrauchte Stahlwolle herausgenommen und dann die neue Stahlwolle zuerst ausgezupft und in Schichten gleichmäßig eingedrückt.

Nach Beendigung der Arbeiten werden Schieber 2 und 3 wieder geöffnet und der Schieber 4 geschlossen. Der am Filter angebrachte Lufthahn oben am Deckel ist dabei zu öffnen und erst zu schließen, wenn Wasser austritt. Das Öffnen des Lufthahnes soll allmonatlich vorgenommen werden.

Betriebsvorschrift für die Natriumsulfit-Dosierungsanlage der Permutit A.G.

Diese Anlage, die auf Bild 77 dargestellt ist, besteht im wesentlichen aus einem offenen Lösegefäß A und einem darunter angeordneten, geschlossenen Dosierungsbehälter B. Letzterer ist sowohl mit dem Lösegefäß, als auch mit dem Hauptwasserdruckrohr durch Rohrleitungen von engem Durchmesser verbunden.

Das Dosierungsgefäß B wird von dem Lösegefäß A aus durch das Ventil Fd mit Lösung gefüllt und alsdann durch Öffnen der Ventile Dz und Lz an die Wasserdruckleitung geschaltet. Zwischen den beiden Anschlußstellen des Dosierungsgefäßes ist in die Hauptwasserdruckleitung eine Stauscheibe Sth eingebaut, mittels der ein Differenzdruck erzeugt wird, der den Zufluß vom Wasser durch die Abzweigleitung I nach dem Dosierungsgefäß bewirkt und aus diesem eine gleich große Menge Lösung herausdrängt, die durch das Ventil Lz in die Hauptwasserdruckleitung gelangt und hier dem Wasser beigemischt wird. An der Meßvorrichtung M kann die mit dem Ventil Dz eingestellte Zusatzmenge abgelesen werden.

In dem Flüssigkeitsstands-
anzeiger F am Dosierungsgefäß B befindet sich ein kleiner
Glasschwimmer, der so justiert
ist, daß er im Wasser unter-
sinkt, während er auf der spezifisch etwas schwereren Lösung
schwimmt. An der Stellung
dieses Schwimmers kann somit beobachtet werden, wenn
die Lösung im Dosierungsgefäß
B verbraucht ist. Man schaltet
dann dasselbe durch Schließen
der Ventile Dz und Lz von der
Hauptleitung ab und füllt es
von dem Gefäß A durch Öffnen
des Ventiles Fd mit frischer
Lösung. Das im Dosierungsgefäß B befindliche Wasser wird
durch Öffnen des Ventiles Da
nach dem Ablauftrichter her-
ausgedrückt. Die Gefäße A und
B können durch die Ventile Da
und Ed entleert werden, um
eine Reinigung der Gefäße
vornehmen zu können. Alle
Ventile sind ohne Anwendung
von Gewalt zu öffnen und

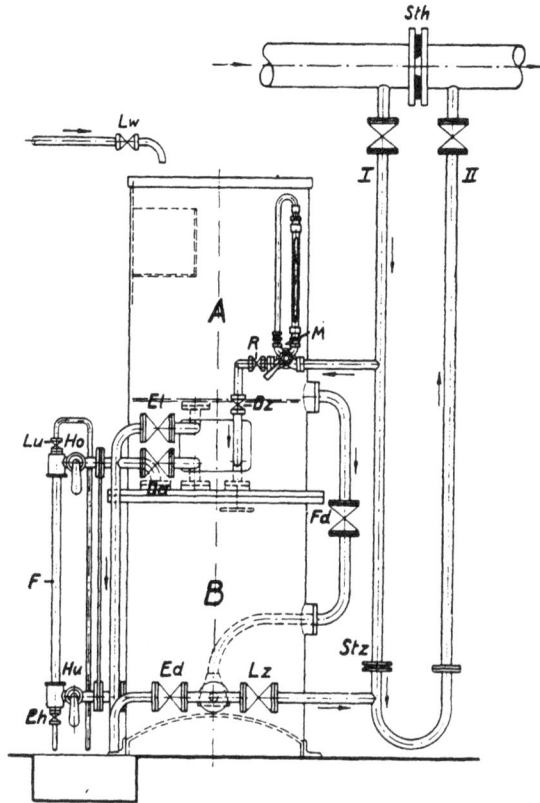

Bild 77. Natrium-Sulfitanlage der
Permutit A.-G. Berlin.

zu schließen. Die Hahnkegel sind öfters einzufetten, damit sie gangbar
bleiben.

1. Allgemeines. Zur Bindung des Sauerstoffes im Speisewasser
   wird demselben Natriumsulfit (Na_2SO_3) in entsprechender Lösung zugesetzt. Die erforderliche Menge des Zusatzes richtet
   sich nach dem Sauerstoffgehalt des Wassers. Für je 1 mg/l
   Sauerstoff sind für jeden m³ Wasser 8 g wasserfreies Natriumsulfit erforderlich, zuzüglich eines Überschusses von 50%, also
   12 g je 1 m³. Es ist aber zweckmäßig, den Gesamtüberschuß
   nicht kleiner als 20 g/m³ vorzusehen.

2. Aufbereitung der Lösung. Das Lösegefäß wird mit etwa
   ⅔ Wasser gefüllt, dann schüttet man langsam unter dauerndem
   Umrühren 18 kg Natriumsulfit in das Wasser und löst es auf.
   Nach Auffüllen des Lösebehälters auf ca. 7 cm unter dem oberen
   Rand erhält man 180 l 10proz. Lösung. Vor dem Füllen des

Dosierungsgefäßes ist die Lösung gut von unten nach oben aufzurühren. Nun schließe man *Dz* und *Lz* und öffne *Fd*, *Hu*, *Da* und *Lu*. Die spezifisch schwerere chemikalische Lösung fließt von unten in das Dosierungsgefäß ein und verdrängt das im Dosierungsgefäß vorhandene Druckwasser, das bei *Da* zum Abfluß kommt. Ist das Dosierungsgefäß vorher durch *Ed* entleert worden, dann ist *M*, *R*, *Dz*, *Ho* und *Lu* voll zu öffnen und so viel Wasser in das Dosierungsgefäß einzulassen, daß noch ein kleiner Überschuß beim Einlauf der Lösung aus *Da* zum Abfluß kommt.

Nach jeder Aufbereitung der Lösung ist das Lösegefäß gut auszuspülen, wobei *El* zu öffnen ist.

3. Betrieb. In die Weichwasser-Hauptdruckleitung ist die Stauscheibe *Sth* eingebaut, durch die eine Druckminderung im Rohr hinter *Sth* entsteht. Der Druck in der Rohrleitung *I* ist deshalb größer als der in der Rohrleitung *II*. Durch diese Druckdifferenz wird die Lösung aus dem Dosierungsgefäß heraus und in die Rohrleitung hinter der Stauscheibe *Sth* gedrückt. In der Rohrleitung *I* ist noch eine kleine Stauscheibe *Stz* eingebaut, durch die ein Druckausgleich und Verdünnung aus der Lösung erfolgt.

Bei Inbetriebsetzung des Dosierungsgefäßes öffne man *Lz* und *Dz* ganz, ebenso müssen die Absperrventile in den Leitungen *I* und *II* ganz geöffnet sein.

Die zuzusetzende Chemikalienmenge wird mit dem Mengenmesser und dem Hahn *R* reguliert.

Für die Einstellung des Mengenmessers beachte man diesem Messer beigegebene Bedienungsvorschrift.

Die Dosierungsmenge kann nach folgendem Beispiel errechnet werden: Bei einem Speisewasser mit 10 mg/l Sauerstoff wäre nach Absatz 1 »Allgemeines« ein Zusatz von $Lo \cdot 8 = 80$ g zuzüglich 50% Überschuß, also 120 g Natriumsulfit für 1 m³ erforderlich. Nachdem die Natriumsulfitlösung nur 10prozentig ist, beträgt daher die Menge der Lösung $120 \cdot 10 = 1200$ g je 1 m³ Speisewasser; bei 5 m³ stündlicher Leistung also $1200 \cdot 5 = 6000$ g bzw. 6 l. Auf diese Menge wäre dann der Mengenmesser einzustellen.

Nach richtiger Einstellung arbeitet die Dosierungsanlage automatisch.

Die Menge der aus dem Dosierungsgefäß verdrängten Chemikalienlösung läßt sich auch an dem Sinken des im Höhenstandsglas befindlichen Glasschwimmers feststellen.

Betriebsvorschrift für den Mengenmesser der
Natriumsulfitanlage.

1. Allgemeines. Der Mengenmesser laut nachstehendem Bild 78 mißt die Strömungsgeschwindigkeit in der Zeiteinheit (l/h) mittels drehenden Schwimmers in einem nach oben konisch erweiterten Glasrohr. Bei dem Zusammenbau des Mengenmessers ist darauf zu achten, daß das Instrument in den Gewindestutzen eingeschraubt wird, der auf der Wasserseite liegt, d. h. erfolgt der Wassereintritt von rechts, so muß das Instrument auf dem rechten Gewindestutzen, erfolgt der Eintritt von links, muß das Instrument auf dem linken Gewindestutzen stehen. Die nachstehende Zeichnung zeigt den Mengenmesser in Rechtsausführung. Die Ausführung des Mengenmessers, die sich nach den örtlichen Verhältnissen richtet, bleibt auf die Bedienung des Einstellhebels ohne Einfluß.

2. Bedienung.

Stellung 1: Einstellhebel nach links; Einstellen und Messen der Durchflußmenge.

Stellung 2: Einstellhebel senkrecht nach unten; Hahn geschlossen.

Stellung 3: Einstellhebel nach rechts; Durchfluß direkt bzw. Ausschalten des Instrumentes ohne Stillegen der Anlage.

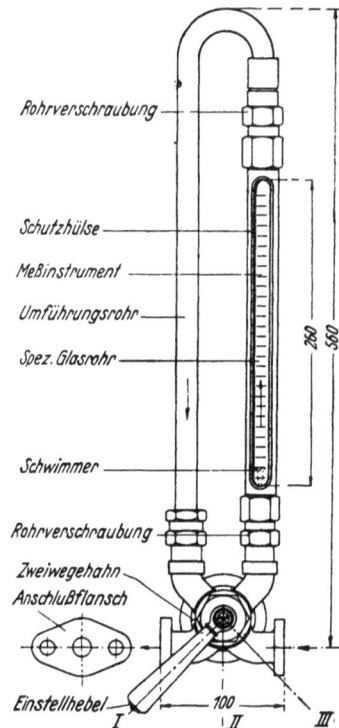

Bild 78. Mengenmesser der
Natrium-Sulfit-Anlage.

3. Arbeitsweise. Zur Einstellung auf eine bestimmte Leistung wird der Einstellhebel von Stellung 2 langsam ohne Gewaltanwendung nach links gedreht, bis der Schwimmer in dem geeichten Glasrohr auf der gewünschten Leistung bzw. Durchflußmenge steht. Bei Außerbetriebsetzung der Anlage ist der Hebel in Stellung 2 zu bringen. (Schließstellung.)

4. Reinigung. Von dem Zusammenbau des Mengenmessers sind die einzelnen Teile gründlich zu reinigen. Auch später, je nach den Betriebsverhältnissen muß die Armatur gegebenenfalls ge-

reinigt werden. Bei eintretender Trübung des Glasrohres ist eine innere Reinigung mit einem mit verdünnter Schwefelsäure angefeuchteten Wattebausch zu empfehlen, wobei zu vermeiden ist, daß die Flüssigkeit mit der äußeren Glasrohroberfläche in Berührung kommt, da sonst eine Beschädigung der aufgetragenen Einteilung eintritt. Soll eine Reinigung des Instrumentes, ohne die Anlage stillzulegen, durchgeführt werden, so ist der Einstellhebel von links über die Stellung *2* hinaus nach rechts zu drehen, und zwar um den gleichen Winkelausschlag auf Stelle *2* bezogen, damit bei Betrieb ohne Meßeinrichtung die gleiche Betriebswassermenge durch den Hahn fließt.

Zum Ausbau des Instrumentes sind lediglich die drei Rohrverschraubungen zu lösen. Eine Korrektur der Hahnkückenreibung oder Kückenabdichtung ist mit der hinteren, im Hahngehäusedeckel befindlichen Stellschraube unter vorheriger Entfernung der Klappenmutter durchzuführen.

Errechnung der Zusatzmenge in Gramm pro m³ Wasser. Die Leistung der Anlage betrage 5 m³/h, die Konzentration der Lösung 5%; sie enthält also auf 100 Teile 5 Teile oder pro Liter 50 g. Angenommen, es werden 4 l Dosierungsflüssigkeit pro Stunde dem Wasser zugesetzt, so beträgt die Zusatzmenge $4 \cdot 50 = 200$ g, also pro m³ den fünften Teil von $200 = 40$ g.

8. Die Speisewasserbehälter.

Das im gesamten Fernheizwerk anfallende Kondensat wird in den Kondenswassersammelbehältern der einzelnen Unterstationen gesammelt und von dort aus durch Elektrozentrifugalpumpen selbsttätig zu dem im Kesselhaus angeordneten Hauptkondensatbehälter geführt.

Die Anordnung der Kondenswassersammelanlagen in den Unterstationen ist aus Bild 75, S. 145, ersichtlich.

Bezüglich der Saugfähigkeit der Zentrifugalpumpen spielt die Temperatur des Kondensates eine wesentliche Rolle. Während bei einer Temperatur von 60° C die geodätische Saughöhe 4 m WS beträgt, geht sie bei 90° C bereits auf Null zurück und bei noch höheren Temperaturen muß das Wasser der Pumpe mit einem Überdruck zulaufen, andernfalls sich in der Saugleitung teilweise Dampf bildet (Kavitation), wodurch nicht nur die Förderleistung außerordentlich zurückgeht, sondern auch Anfressungen im Material hervorgerufen werden. Die Abhängigkeit der zulässigen Saughöhe bzw. Zulaufhöhe von der Wassertemperatur ist aus nachstehendem Bild 79 ersichtlich.

Die wirkliche Saughöhe bzw. die Zulaufhöhe vermindert oder erhöht sich in letzterem Falle um die Widerstandshöhe der Saugleitung.

Die Temperatur des Kondensates ist davon abhängig, ob es sich um Niederdruckkondensat einer Heizungsanlage oder um Hochdruckkondensat von Umformern oder dampfbeheizten Apparaten wie Wasch-

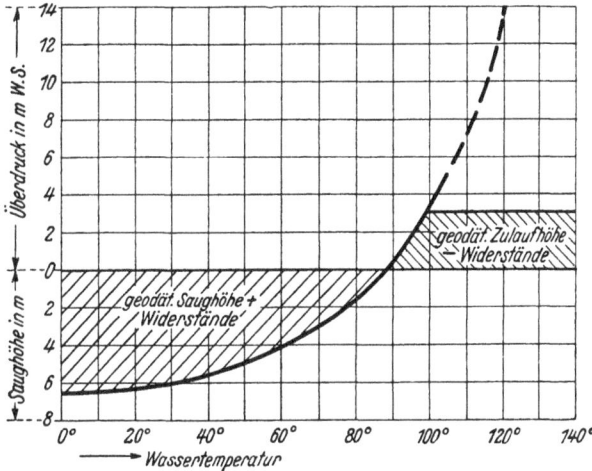

Bild 79. Abhängigkeit der Saughöhe bzw. der Zulaufhöhe der Speisepumpe von der Wassertemperatur.

und Bügelmaschinen handelt. In ersterem Fall beträgt die Temperatur ca. 70⁰ C während die Temperatur des Hochdruckkondensates oft 90⁰ C und darüber beträgt. Es ist daher allenfalls notwendig, den Kondenswasserbehälter so hoch zu stellen, daß das Kondensat mit einem Druck von ca. 1 m WS der Pumpe zufließt.

Der Kondensatbehälter, der entweder zylindrisch oder rechteckig in starkem Eisenblech ausgeführt wird, muß vollständig geschlossen sein, wobei selbstverständlich ein Mannlochdeckel oder ein verschließbarer Flachdeckel zum Befahren des Gefäßes notwendig ist. Der Überlauf soll so hoch wie möglich liegen (ca. 10 cm unter Oberkante Gefäß), um den Luftraum so klein als möglich zu gestalten. Die in dem Gefäß sich bildenden Wrasen sind an eine Abzugsleitung, die über Dach zu führen ist, anzuschließen.

Die Größe des Behälters beträgt das 1½- bis 2fache des stündlichen Kondensatanfalls.

Die Elektrozentrifugalpumpen sind in doppelter Ausführung und mit elektrischer Schwimmerschaltvorrichtung so vorzusehen, daß die zweite Pumpe erst in Tätigkeit tritt, wenn aus irgendwelchen Gründen die erste versagt und daher der Wasserstand um weitere 5 bis 10 cm gestiegen ist. Jede Pumpe muß in der Lage sein, das stündlich anfallende Kondensat in 10 min durch die Fernleitung zum Hauptkondensatbehälter zu speisen. Dabei ist es zweckmäßig, die Seilnocken am Schalter so einzustellen, daß nicht der gesamte Nutzinhalt des Behälters, sondern nur jeweils ein Drittel desselben entleert wird.

Die Rückspeisung des Kondensats erfolgt über die Rostexfilteranlage (siehe Bild 75, S. 145).

Der Hauptsammelbehälter im Kesselhaus soll so tief aufgestellt werden, daß das Kondensat in den Fernleitungen mit freiem Gefälle nach demselben zufließt. Diese Anordnung ist besonders dann erforderlich, wenn die Heizung in den Unterstationen an die Benützer verrechnet wird; in diesem Fall ist in den Unterstationen ein Kondenswassermesser mit einzubauen. Befindet sich der Hauptkondensatbehälter höher als die Sammelbehälter in den Unterstationen, so kann sehr leicht der Fall eintreten, daß bei mangelhaftem Abschluß der Rückschlagventile ein Teil des Kondensats nach Stillstand der Pumpe wieder in die Behälter der Unterstationen zurückfließt und dadurch doppelt gemessen wird. Solche Vorkommnisse haben schon zu großen Unannehmlichkeiten geführt.

Der Hauptsammelbehälter im Kesselhaus muß natürlich so reichlich bemessen sein, daß er das zurückgepumpte Kondensat aus den Unterstationen aufnehmen kann, so daß keine Verluste entstehen. Aus diesem Grunde sind auch, wie bereits erwähnt, die Behälter in den Unterstationen nicht ganz auszupumpen, sondern nur ein Drittel ihres Inhaltes, damit das gesamte gleichzeitig zurückgespeiste Kondensat im Hauptbehälter Platz hat. Bei einer größeren Anzahl von Unterstationen wird praktisch immer der Fall eintreten, daß zu irgendwelcher Zeit sämtliche Pumpen gleichzeitig in den Hauptbehälter speisen.

Die Kesselspeisepumpen befinden sich bei kleineren Anlagen auf Heizerstand neben der Kesselanlage, bei größeren Anlagen in der Maschinenzentrale. Es ist deshalb notwendig, noch einen weiteren Speisewasserhochbehälter vorzusehen, der unmittelbar hinter den Speisepumpen zur Aufstellung kommt. Bei größeren Anlagen wird die Aufstellung von zwei oder drei Speisewasserhochbehältern erforderlich sein.

Die Speisewasserhochbehälter werden gewöhnlich zylindrisch in stehender Form ausgeführt. Bei einer Höchstspeisewassertemperatur von 90° C haben diese Behälter eine Höhe von 6 bis 7 m, wobei der tiefste Wasserstand auf ca. 3,50 m gehalten werden soll, damit den Speisepumpen das Wasser unter Druck zufließt (siehe Bild 80, S. 153).

Der Fassungsraum des Hochbehälters beträgt normal das Doppelte der maximalen stündlichen Speisewassermenge. Es empfiehlt sich jedoch, den Fassungsraum so groß zu halten, um einen Hochdruckkessel, der wegen einer Reparatur entleert werden mußte, sofort wieder auffüllen zu können. Nach diesen Richtlinien wurden sämtliche Speisewasserhochbehälter in den Fernheizwerken der NSDAP. ausgeführt.

Das Kondensat aus dem darunter befindlichen Kondensathauptbehälter wird dem Hochbehälter von oben zugeführt, damit sich letzterer bei Undichtigkeiten des Rückschlagventils nicht nach dem Kondensatbehälter entleeren kann. An dem Hochbehälter ist die Permutitanlage so angeschlossen, daß permutiertes Wasser zufließt sowie der Wasserstand des Hochbehälters die Mindesthöhe unterschreitet. Der Wasserstandshöhenanzeiger, der in Kopfhöhe am Hochbehälter angebracht wird, muß die jeweilige Wasserstandshöhe sicher und deutlich erkennen lassen. Gewöhnlich werden pneumatische Wasserstandsmesser mit Tauchglocken nach beiliegendem Bild 80 verwendet.

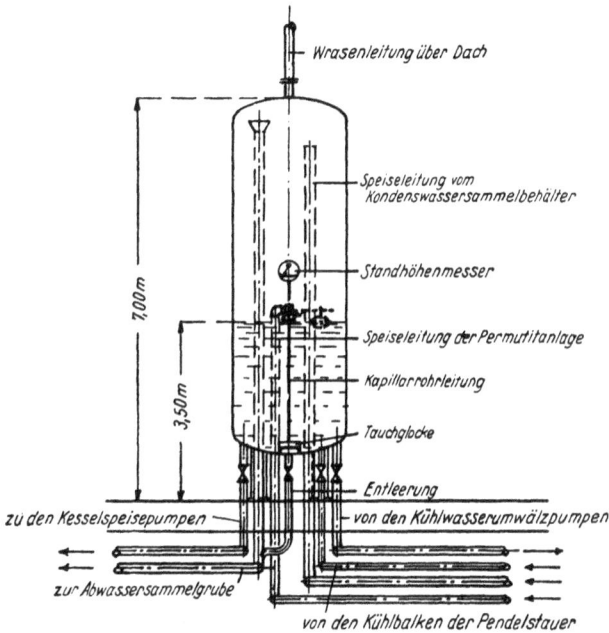

Bild 80. Speisewasserhochbehälter für die Kesselanlage.

Die Speisewasserhochbehälter erhalten eine abnehmbare Hochglanz-Stahlblechverkleidung mit Blechsockel, wobei der Zwischenraum zwischen dem Behälter und dem Blechmantel mit Schlackenwolle ausgefüllt wird (siehe Bilder von Maschinenzentralen).

9. Die Speisewasserpumpen.

Nach den gesetzlichen Vorschriften muß jeder Dampfkessel mit mindestens zwei zuverlässigen Speisevorrichtungen, die nicht von derselben Betriebsvorrichtung abhängig sind, versehen sein. Jede der Speisevorrichtungen muß imstande sein, dem Kessel doppelt soviel Wasser zuzuführen, als seiner normalen Verdampfungsfähigkeit entspricht.

Heißwasserhochdruckkessel, in denen das heiße Wasser der Fernheizung in eigenen Heißwasserbereitern durch Dampf erzeugt wird, gelten selbstverständlich als Dampfkessel. Heißwasserkessel, bei welchen das Heizwasser direkt im Umlauf entnommen wird und eine zusätzliche Kesselspeisung nicht erforderlich ist, gelten eigentlich als Heißwasserbehälter und haben hierfür die Vorschriften bezüglich Zahl und Größe der Kesselspeisepumpen keine Gültigkeit. Leider ist diese Auffassung noch nicht gesetzlichgeregelt und es gelten daher die Anordnungen des zuständigen technischen Überwachungsvereins.

Handpumpen sind nur zulässig, wenn das Produkt aus Kesselheizfläche in Quadratmetern mit der Dampfspannung in Atmosphärenüberdruck die Zahl 120 nicht übersteigt.

Die unmittelbare Benützung einer Wasserleitung an Stelle einer der Speisevorrichtungen ist zulässig, wenn der nutzbare Druck der Wasserleitung im Kessel jederzeit mindestens 2 atü höher als der genehmigte Dampfdruck im Kessel ist.

Kesselspeiseeinrichtungen werden eingeteilt in:

>Kolbenpumpen,
>
>Dampfstrahlpumpen oder Injektoren und
>
>Kreiselpumpen.

Die Kolbenpumpen, deren es eine Reihe von bewährten Konstruktionen gibt, werden im allgemeinen nur für kleinere Leistungen bis zu 3 t/h verwendet. Der Nachteil dieser Pumpen besteht darin, daß der Abdampf nicht ölfrei ist und bei Wiederverwertung des Kondensates Ölabscheider eingebaut werden müssen.

Die Injektoren arbeiten sehr zuverlässig, jedoch nur bei verhältnismäßig niedrigen Speisewassertemperaturen bis zu 65º C. Außerdem ist ihre Leistung bis 10 t/h begrenzt.

Die Kreiselpumpen eignen sich für jede Speisewassermenge und für jeden Kesseldruck. Nur nach abwärts findet die Leistung eine Begrenzung, weil die Regelfähigkeit der elektrisch angetriebenen Pumpen bei Leistungen unter 3 t/h sehr schwierig ist.

In den Fernheizwerken der NSDAP. sind durchwegs mehrstufige Hochdruckkreiselpumpen vorgesehen, die zur einen Hälfte von Elektromotoren, zur anderen von Gegendruckdampfturbinen angetrieben werden. Der Dampfturbinenantrieb kommt hauptsächlich während des Winterbetriebes in Betracht, weil hier der Abdampf restlos für Heizzwecke verwendet werden kann. Auf diese Weise wird die Betriebskraft kostenlos gewonnen, wodurch erhebliche Einsparungen erzielt werden. Die jährlichen Einsparungen in den Fernheizwerken Braunes Haus und Tegernseer Landstraße an elektrischem Strom durch den Dampfturbinenantrieb der Pumpen betragen in jedem Fall weit über RM. 10000,—. Der elektromotorische Antrieb der Speisepumpen findet hauptsächlich während der Sommermonate statt, nachdem in dieser Zeit für den Abdampf nicht volle Verwendung vorhanden ist.

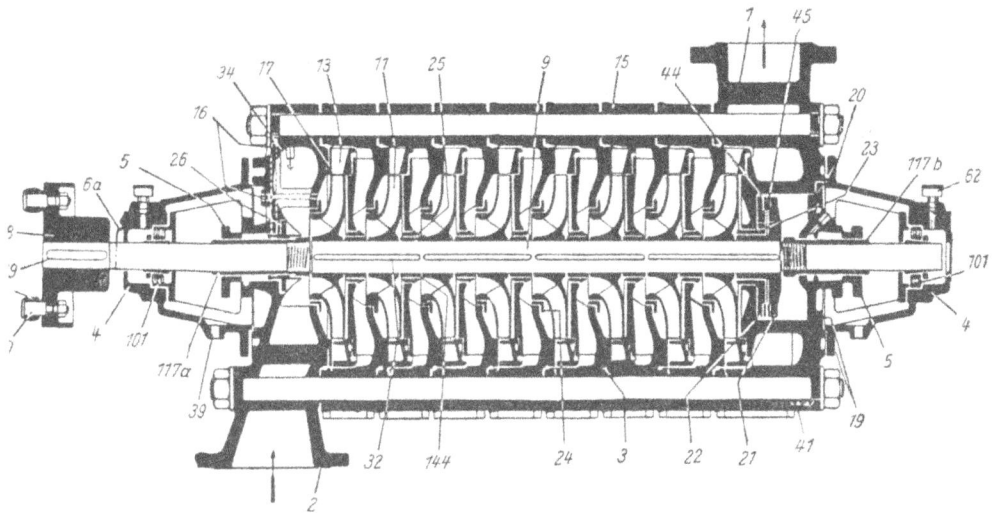

Bild 81. Achtstufige Hochdruck-Kreiselpumpe — Halberg, Ludwigshafen a. Rh.

Bezeichnung der Pumpenbestandteile:

1 Druckstück	24 Dichtungsring zum Laufrad
2 Saugstück	25 Dichtungsbüchse zum Zwischenstück
3 Gummiring dazu	26 Dichtungsbüchse zum Saugstück
4 Lagerbügel	32 Keile zu den Laufrädern
5 Stopfbüchsbrille	34 Entlüftehahn
6 Lagerdeckel	39 Tropfwasserablauf
9 Welle	41 Abwasserleitung der Entlastung
6a Wellenmarkierungsanzeiger	44 Entlastungsring zur Einsatzbüchse
11 Laufrad	45 Entlastungsring zur Entlastungsscheibe
13 Leitrad	62 Fettschmierbüchse
15 Zwischenstück	78 Elastische Kupplung (zwei Hälften)
16 Verschlußschrauben zu den Stopfbüchskanälen	79 Keil dazu
17 Armierungsplatte	80 Stifte dazu
19 Deckel zum Entlastungsraum	81 Gummipuffer dazu
20 Gummiring dazu	101 Wälzlager
21 Entlastungsscheibe	117a Gewindebüchse am Saugstück
22 Einsatzbüchse	117b Gewindebüchse am Druckstück
23 Dichtung zur Einsatzbüchse	144 Distanzbüchse

Wirkungsweise der Kreiselpumpen. Aus den Speisewasserbehältern tritt das Wasser unmittelbar an der Nabe in das Laufrad ein,
das im Innern hohl und mit gekrümmten Schaufeln versehen ist. Durch
die Drehung des an einer schnellaufenden Welle befestigten Laufrades
wird das im Innern des Rades befindliche Wasser in kreisende Bewegung
gesetzt, so daß es infolge der Fliehkraft nach außen geschleudert wird
und mit großer Geschwindigkeit im Umfang des Laufrades austritt.
Hier trifft es auf das Leitrad auf, das mit dem Gehäuse fest verbunden
ist, also stillsteht und in dem die Geschwindigkeit des Wassers in Druck
umgesetzt und das Wasser zum Druckstutzen oder durch ein Gehäuse-
zwischenstück zum nächsten Laufrad geleitet wird. Entsprechend dem
Laufraddurchmesser und der Umdrehungszahl der Pumpenwelle kann
mit einem Laufrad nur ein bestimmter Druck erzeugt werden. Je nach

dem erforderlichen Kesselspeisedruck müssen daher eine entsprechende Anzahl von Laufrädern samt Leiträdern hintereinander geschaltet werden. Der Speisedruck in den Fernheizwerken beträgt 17 atü, wofür je nach der Größe der Pumpe 5 bis 8 Druckstufen erforderlich sind. Die Turbopumpen werden von Gegendruckturbinen von 10 bis 12 atü Betriebsdruck und 250° C Überhitzungstemperatur betrieben. Der Abdampf von 3 atü geht über einen Dampfkühler zum Mitteldruckverteiler, von welchem die Ferndampfleitungen abzweigen. In den Fällen, in denen der Dampfverbrauch größer ist, als Abdampf von den Turbinen anfällt, wird durch einen Alloregler reduzierter Frischdampf von 3 atü Betriebsdruck nachgespeist. Dieser reduzierte Frischdampf wird ebenfalls in dem Dampfkühler auf nahezu Sättigungstemperatur herabgekühlt, um Korrosionserscheinungen in den Fernleitungen nach Möglichkeit zu vermeiden.

Betriebsvorschrift für die Kesselspeise-Kreiselpumpen.

1. Wartung. Die Stopfbüchsen sind mit gut in heißem Talg getränkten Baumwollzöpfen zu verpacken und nur leicht anzuziehen, so daß Wasser noch tropfenweise austritt. Die Zöpfe sind von Zeit zu Zeit zu erneuern.

In den Ringschmierlagern ist das Öl rechtzeitig zu erneuern, bevor es schwarz wird; vorher sind die Ölkammern zu reinigen.

Bei direktem Antrieb ist auf genaue Ausrichtung von Pumpen- und Motorwelle an der Kupplung zu achten, ebenso auf vorschriftsmäßigen Abstand der Kupplungshälften (je nach Größe 4 bis 6 mm).

Bei Riemenantrieb sollen nur ganz dünne (3 bis 4 mm) geschmeidige Riemen bester Qualität (Verbindungen bestens angeschärft und geleimt, in feuchten Räumen mit dünnen Nähriemen genäht) verwendet werden. Der Riemen darf nicht zu stark gespannt werden und ist von Zeit zu Zeit mit Riemenfett nachzufetten. Keine Riemenschlösser verwenden!

Damit die Pumpen dauernd ohne Störung arbeiten, sollen sie zirka alle vier Wochen (sandhaltigem Wasser öfter) in bezug auf guten Zustand und insbesondere auf richtige Lage der inneren Organe (vgl. Betriebsanleitung für Hochdruckkreiselpumpen: Winkelriß »⌐ R«) nachgesehen werden.

2. Inbetriebsetzung. Die Pumpe darf nie ohne Wasser laufen. Muß der Motor für sich allein probiert werden, so ist er von der Pumpe abzukuppeln.

Die Pumpe und die Saugleitung sind zuerst, bis zum geschlossenen Regulierschieber hinauf, vollständig mit Wasser zu füllen und dabei gut zu entlüften.

Wenn von der Druckleitung aus aufgefüllt wird, sind die Umlaufleitungen an der Rückschlagklappe und dem Schieber nur wenig zu öffnen, so daß das Manometer bei Hochdruckkreiselpumpen höchstens 2 bis 3 at Druck anzeigt.

Die Lufthahnen sind zu öffnen, bis das Wasser aus denselben ohne Luftblasen austritt.

Vor dem Anlassen ist die Welle von Hand zu drehen, um sicher zu sein, daß sie leicht läuft.

Das Anlassen hat bei geschlossenem Regulierschieber (ohne jedoch die vom Füllen her offenen Umlaufleitungen zu schließen) zu erfolgen, und es ist dabei das Manometer bzw. das Amperemeter zu beobachten. Erst nachdem die volle Tourenzahl erreicht ist, darf der Regulierschieber langsam geöffnet werden bis zur Vollbelastung des Motors. Dann sind die Umlaufleitungen zu schließen.

Der Anlasser und der Schieber sind stets so zu handhaben, daß der Motor nie überlastet wird. Die Pumpe darf nur mit geschlossenem Schieber arbeiten, solange die Pumpe nicht heiß wird.

Sollte der Zeiger des Manometers beim Anlassen mit wachsender Tourenzahl nicht richtig ansteigen, sondern zurückbleiben, so ist Luft in der Pumpe. Die Pumpe ist dann sofort abzustellen und nochmals sorgfältig aufzufüllen und zu entlüften.

3. Abstellen. Zuerst ist stets der Regulierschieber (wie auch dessen Umlaufleitung und die der Rückschlagklappe) vollständig zu schließen; dann erst wird der Motor abgestellt.

Beschreibung und Betriebsvorschrift der Dampfturbine zum Antrieb der Speisewasserpumpe.

1. Allgemeines. Sämtliche Turbinen für die Speise- wie auch Umwälzpumpen der Fernheizwerke der NSDAP. sind als Gegendruckturbinen ausgeführt. Sie arbeiten mit überhitztem Dampf von 10 bis 12 atü und 250° C Dampftemperatur. Der Abdampfdruck richtet sich nach dem Verwendungszweck des Abdampfes und beträgt in den Fernheizwerken Braunes Haus und Tegernseer Landstraße 3 atü.

Die Turbine arbeitet mit 1 Druckstufe und 3 Geschwindigkeitsstufen in radialer Beaufschlagung. Der aus der Frischdampfdüse austretende, auf den Gegendruck entspannte Dampf wird nach dem Durchgang durch den ersten Laufschaufelkranz durch die nachfolgenden Umkehrschaufeln umgelenkt und dem zweiten Laufschaufelkranz zugeführt; dasselbe wiederholt sich zwischen

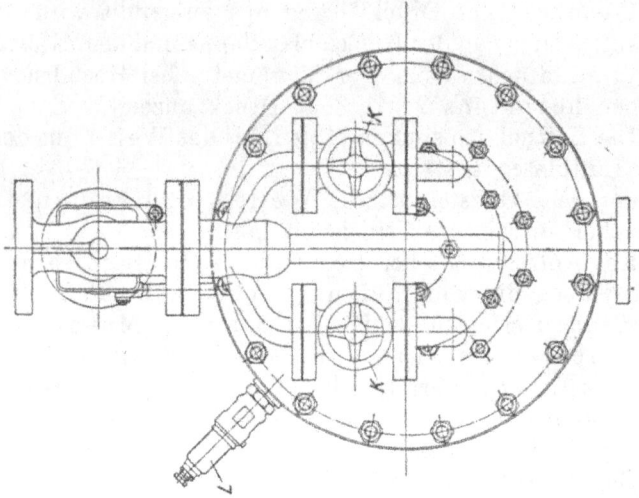

Ansicht.

Längsschnitt.

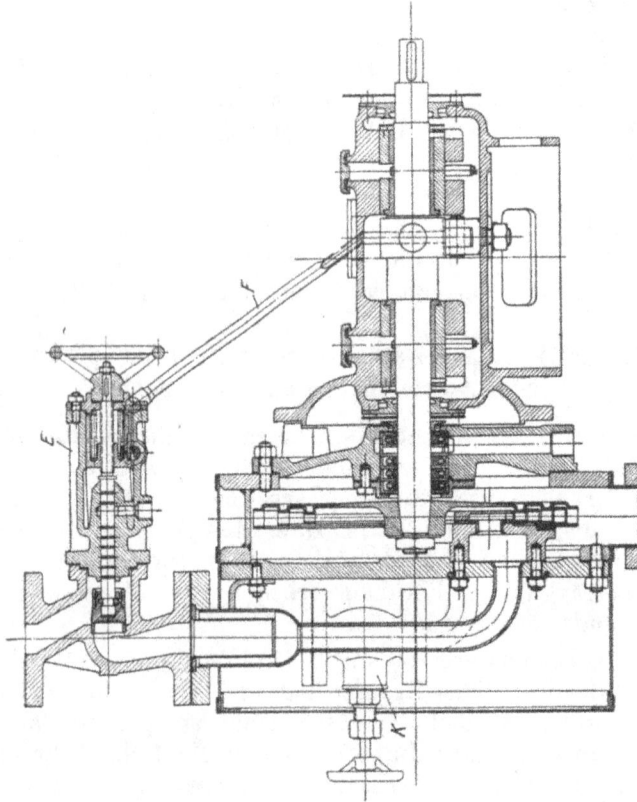

Bild 82. Dampfturbine Modell FRT 25/3.

dem zweiten und dritten Laufschaufelkranz. Nach Durchgang durch den dritten Laufschaufelkranz hat der Dampf seine Arbeit abgegeben und verläßt durch den Abdampfstutzen das Gehäuse.

Das Gehäuse ist als Schweißkonstruktion ausgeführt und mit dem Lagerbock verschraubt. Der nach vorne abnehmbare Deckel (Bild 82) trägt die Düse und die Umkehrschaufeln. Die Dampfzuführung von den Ventilen zu den einzelnen Düsengruppen erfolgt durch in den Gehäusedeckel eingeschweißte Flußstahlrohre. Seitlich am Gehäuse sitzt ein Alarmsicherheitsventil zur Anzeige eines zu hohen Dampfdruckes im Abdampfraum des Gehäuses (siehe Ventil L, Bild 82a).

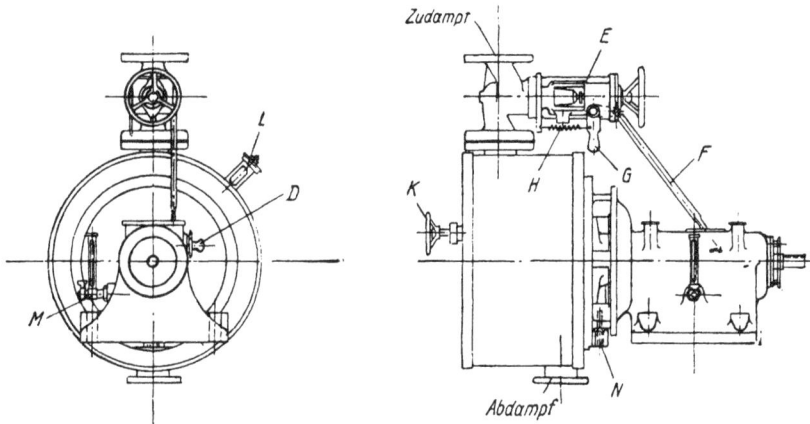

Bild 82a. Betriebsvorschrift für die Dampfturbine Modell FRT 25/3

$A.$ Manometer für Frischdampf (sitzt an der Dampfleitung).
$B.$ Manometer für Abdampfdruck (sitzt an der Dampfleitung).
$C.$ Frischdampfthermometer (sitzt an der Dampfleitung).
$D.$ Griff zur Handauslösung.
$E.$ Hauptabsperr- und Schnellschlußventil.
$F.$ Ausklinkstange.
$G.$ Hebel zum Wiedereinklinken.
$H.$ Zugfeder.
$J.$ Tachometer (sitzt an der Pumpe).
$K.$ Überlastventile.
$L.$ Alarmventil.
$M.$ Ölstandsanzeiger mit Ablaßhahn.
$N.$ Stopfbüchsen-Leckdampfanschluß.

Die Kohlestopfbüchse (Bild 81) dient zur Abdichtung der Welle beim Austritt aus dem Gehäuse. Sie besteht aus einer Anzahl von dreiteiligen, durch Schlauchfedern zusammengehaltenen Kohlenmengen, die in einzelne Kammerringe eingebaut und darin gegen Drehung gesichert sind. Die Ringe sind in zwei Gruppen angeordnet. Der aus der inneren Gruppe austretende Leckdampf wird durch die Stopfbüchsen-Leckdampfleitung N, Bild 82, abgeführt. Der äußere Ring verhindert den Dampfaustritt nach außen. Unter dem äußeren Kammerring und dem

Stopfbüchsendeckel ist je eine Dichtung von gleicher Stärke untergelegt. Die Stopfbüchse ist nach Abnahme des Gehäusedeckels und Abziehen des Turbinenrades von der Gehäuseinnenseite aus zugänglich.

Die Lager sind im Lagerbock eingebaut. Es sind einteilige, mit Weißmetall ausgegossene, gußeiserne Lagerbüchsen. Sie sind mit einer Anlauffläche versehen, gegen die sich zwei Bunde der Welle legen und diese gegen axiale Verschiebungen halten.

Die Schmierung der Lager erfolgt durch je einen mit der Welle sich losdrehenden Schmierring, der in den Ölspiegel eintaucht und Öl von oben aus in das Lager fördert. Der Lagerkörper ist als Ölbehälter ausgeführt, ein seitlich am Lager angebrachtes Ölstandsglas M, Bild 82a, zeigt die Höhe des Ölstandes an. Zu verwenden ist gutes Turbinenöl wie Gargoyle DTE mittelschwer oder ein anderes Turbinenöl mit den gleichen Eigenschaften. Der Ölvorrat ist von Zeit zu Zeit zu ergänzen, das Öl öfters auf seine Güte zu prüfen und eventuell abzulassen, der Ölraum gründlich zu reinigen und neues Öl einzufüllen. Sich im Öl sammelndes Wasser ist abzuiassen. Das Schnellschlußventil E ist als Absperrventil mit Schnellschlußvorrichtung ausgebildet. Beim Öffnen des Ventils durch Linksdrehen des Handrades schraubt sich die Ventilspindel in einer federbelasteten Mutter, die auf einer Raste ruht, hoch. Tritt die Schnellschlußvorrichtung in Tätigkeit, so wird die Raste freigegeben und das Ventil fällt durch den Federdruck zu. Um das Ventil nun wieder öffnen zu können, muß durch Rechtsdrehen des Handrades bei geschlossenem Ventil die federbelastete Mutter erst wieder hochgeschraubt werden.

Die Sicherheitsauslösung wird durch den in die Turbinenwelle eingebauten Sicherheitsregler in Tätigkeit gesetzt. Dieser besteht aus einem exzentrisch gelagerten Bolzen, dessen Zentrifugalkraft eine Feder entgegenwirkt. Bei etwa 10- bis 15proz. Überschreitung der normalen Drehzahl überwiegt die Zentrifugalkraft den Federdruck, der Bolzen schlägt aus und verdreht einen in dem Lagerbock befestigten Klinkhebel. Dadurch verliert die Ausklinkstange F ihren Stützpunkt, die Zugfeder H (Bild 82a) verdreht im Schnellschlußventil eine Welle und gibt die Raste frei, wodurch, wie oben beschrieben, das Ventil geschlossen und die Dampfzufuhr abgestellt wird. Im Falle der Gefahr kann die Vorrichtung durch Ziehen am Knopf D (Bild 82a) betätigt werden.

Ist die Schnellschlußvorrichtung in Tätigkeit getreten, so muß, um wieder anfahren zu können, die Ausklinkstange mittels des Hebels G in Betriebsstellung gebracht und dadurch die Zug-

feder *H* gespannt werden. Ebenfalls muß die Schnellschluß-
ventilfeder, wie bereits erwähnt, wieder gespannt werden.

Die Dampfdüse ist in drei Gruppen unterteilt (Bild 82).
Die mittlere Gruppe erhält den Dampf direkt durch das Dampf-
schnellschlußventil; die beiden äußeren können je nach den
Betriebsverhältnissen durch die Überlastungsventile *K* noch zugeschaltet werden.

Die Regulierung der Turbine erfolgt durch einen in die
Frischdampfleitung eingebauten Hannemann-Differenzdruckregler (Bild 83).

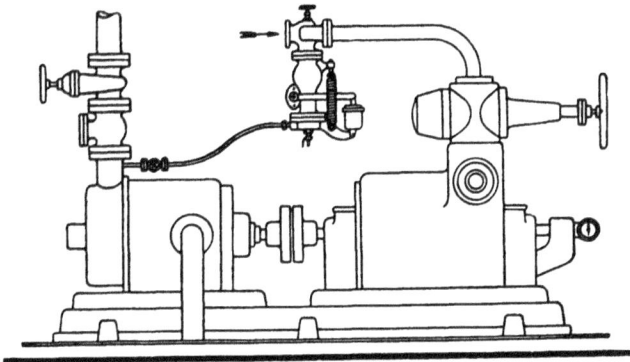

Bild 83. Differenzdruckregler — System »Hannemann«
für die Regulierung der Dampfturbine.

In die Dampfleitung soll möglichst noch ein weiteres Absperrventil eingebaut werden und zwischen diesem und der Turbine ein genügend großer Wasserabscheider mit Kondenstopf
(siehe Rohrleitungsschema im Anhang). Bei längerem Stillstand
der Turbine soll dieses Ventil geschlossen und das Entwässerungsventil am Wasserabscheider geöffnet werden, damit keine
Dampfschwaden in die Turbine gelangen. Die Stopfbüchsen-
Leckdampfleitung muß für sich ins Freie geführt werden und darf
in dieser Leitung kein Gegendruck entstehen. In die Abdampfleitung soll, wenn der Abdampf für besondere Zwecke verwendet
wird, ein sicherwirkendes Ausblaseventil eingebaut werden (siehe
Schema im Anhang). Sämtliche Leitungen sind so zu verlegen,
daß sie die Turbine nicht verspannen.

2. Betriebsvorschrift.

a) Inbetriebsetzung:
Ölstand prüfen;
Frischdampfleitung gut entwässern;

Absperrorgan in der Abdampfleitung, wenn vorhanden, öffnen
und Entwässerung öffnen;

Nachsehen, ob Schnellschlußauslösung eingestellt ist, wenn
nötig, mittels Einklinkhebel G (Bild 82a) einstellen;

Schnellschlußventil durch Linksdrehen des Handrades etwas
öffnen;

beobachten, ob Schmierringe mitlaufen;

Drehzahl während 2 bis 3 min langsam steigern, bis der Druckregler eingreift;

dann Ventil ganz öffnen;

Entwässerungen an Frisch- und Abdampfleitungen schließen;
die Überlastventile sollen nicht dauernd, sondern nur nach
Bedarf geöffnet werden.

b) **Abstellen**:

Maschine entlasten durch Abschalten der Pumpe;

Schnellschlußventil schließen;

von Zeit zu Zeit Turbine durch Betätigung der Schnellschlußvorrichtung stillsetzen (ziehen am Handgriff D, Bild 82a, oder
durch Steigern der Drehzahl — dabei Tachometer beobachten);
bei längerem Stillstand Turbine von den Dampfleitungen
durch besondere Ventile trennen; Entwässerungen öffnen.

c) **Wiederanfahren nach Abschalten durch den Sicherheitsregler**:

Schnellschlußvorrichtung mittels Einklinkhebel G, Bild 82a,
einstellen, Feder im Schnellschlußventil durch Rechtsdrehen
des Handrades bei geschlossenem Ventil spannen, dann normal anfahren wie bei Absatz a) »Inbetriebsetzung«.

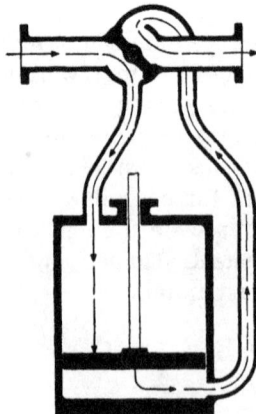

Bild 84. Schaltbild 1
des Speisewassermessers.

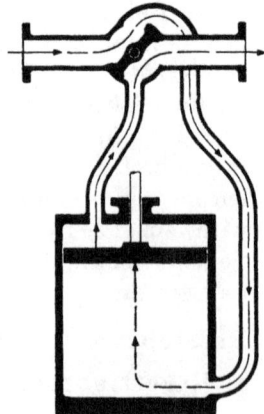

Bild 85. Schaltbild 2
des Speisewassermessers.

10. Der Speisewassermesser.

Aus Gründen der Betriebskontrolle für die Überprüfung der Wirtschaftlichkeit der Anlage ist es unbedingt notwendig, die Menge des dem Kessel zugeführten Speisewassers zu messen.

Die genaueste Methode, Flüssigkeiten zu messen, ist, diese in ein geeichtes Gefäß zu leiten und jeweils die Füllhöhe zu bestimmen. Nach dieser Methode arbeitet der Kolbenwassermesser, System »Eckardt«. Das Schemabild dieses Messers wird durch die Bilder 84 und 85 gekennzeichnet.

Der Meßvorgang geht wie folgt vor sich:

Es wird beispielsweise der Raum unterhalb des Kolbens (Bild 84) über einen Umsteuerhahn mit der zu messenden Flüssigkeit gefüllt, wobei die Flüssigkeit bei E in Pfeilrichtung eintritt; hierbei wird der vollkommen dichtschließende Kolben von der zuströmenden Flüssigkeit hochgehoben. Der Hub des Kolbens H, multipliziert mit dem Zylinderquerschnitt, ergibt die Flüssigkeitsmenge. Nachdem der Zylinder gefüllt ist, wird der Flüssigkeitszulauf abgesperrt und der Ablauf für den gefüllten Zylinderraum geöffnet; gleichzeitig wird durch die Umsteuerung der Zulauf der Flüssigkeit in den Zylinderraum oberhalb des Kolbens

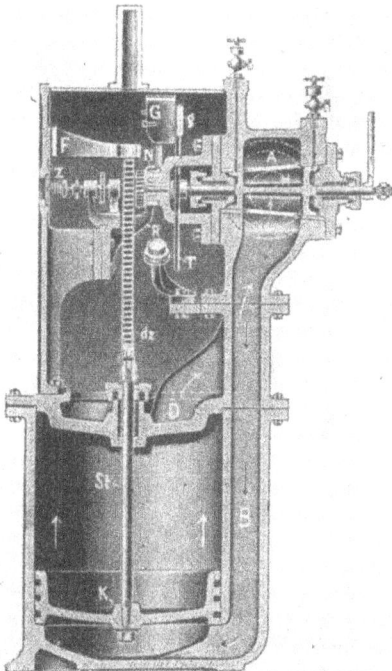

Bild 86. Schnitt durch den Eckardtschen Speisewassermesser.

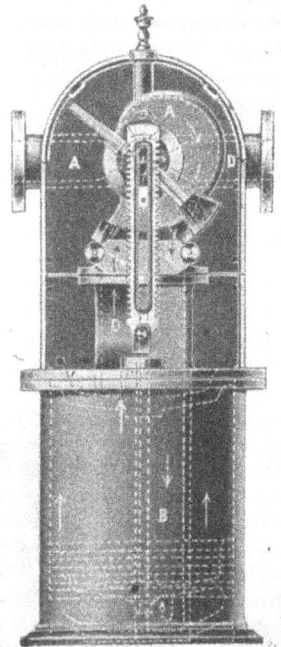

Bild 87. Ansicht des Eckardtschen Speisewassermessers.

11*

geleitet. Die nun über dem Kolben eintretende Flüssigkeit drückt den Kolben abwärts und schiebt das bereits gemessene Flüssigkeitsquantum in die Ablaufleitung. Das Maß für die über dem Kolben eintretende neue Flüssigkeit ist ebenfalls wieder der gleiche Kolbenhub. Dieses Spiel wiederholt sich ununterbrochen. Ein Zählwerk addiert die Kolbendrücke, die den Füllhöhen entsprechen und zeigt die durch den Messer geleitete Flüssigkeitsmenge vollkommen genau an. Die genaue Konstruktion ist aus den vorhergehenden Bildern 86 und 87 ersichtlich.

Beim Messen von heißen Flüssigkeiten muß beachtet werden, daß die abgelesene Menge mit dem der Temperatur entsprechenden spezifischen Gewicht multipliziert wird, da man sonst falsche Resultate bekommt. Selbstverständlich muß der Wassermesser eine Umführungsleitung besitzen, damit die Kesselspeisung direkt erfolgen kann, falls der Messer nicht in Ordnung ist. Diese Umführungsleitung ist aus dem Rohrschema des Anhangs ersichtlich.

11. Die Kühlwasserumwälzpumpe.

Die Kühlwasserumwälzpumpe hat die Aufgabe, die Pendelstauer des Wanderrostes gegen Überhitzung zu schützen, dadurch, daß dieselben durch einen vorgelagerten Hohlbalken C, der vom Umwälzwasser der Pumpe durchflossen ist, mit einer entsprechenden niedrigen Temperatur bestrahlt werden.

Der Pendelstauer, Bild 88, ist der hintere Abschluß des Wanderrostes, er staut die auf dem Wanderrost nach Verbrennung der Kohle entstehende Schlacke an und läßt sie nach Erreichung einer bestimmten Stauhöhe nach dem darunter befindlichen Schlackenbunker abgleiten. Er verhindert nicht nur den Eintritt der Luft am hinteren Ende des Wanderrostes in den Feuerraum, sondern bewirkt auch eine Verbesserung der Luftverhältnisse im Feuerraum selbst und damit eine Erhöhung des CO_2-Gehaltes, dadurch, daß dem noch unausgebrannten Brennstoff durch Anstauen Gelegenheit zum völligen Ausbrand gegeben wird.

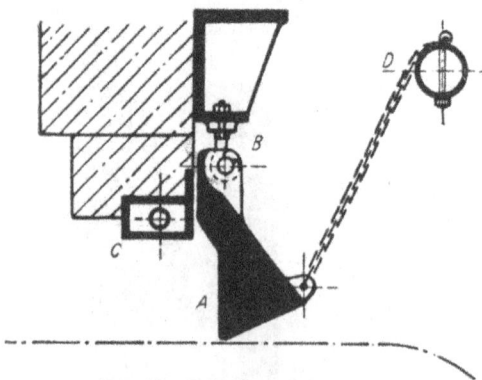

Abb. 88. Babcock-Pendelstauer.

Der Pendelstauer besteht aus einer Anzahl massiver Körper A, die an der Tragkonstruktion B beweglich aufgehängt sind und einzeln oder in Gruppen auspendeln können. Die Einstellung der Pendel erfolgt

durch eine Hubeinrichtung *D*, mit der die Pendel angehoben werden
können, falls aus irgendwelchen Gründen die Notwendigkeit besteht,
daß der Wanderrost schnell leergefahren werden soll.

Die Sicherung des Wasserdurchflusses erfolgt auf verschiedene Art
und erscheint es als notwendig, auf dieselben näher einzugehen.

Nachstehendes Bild 89 zeigt den Anschluß des Kühlbalkens für den
Pendelstauer an die Kaltwasserleitung nach System »Weiherhammer«.

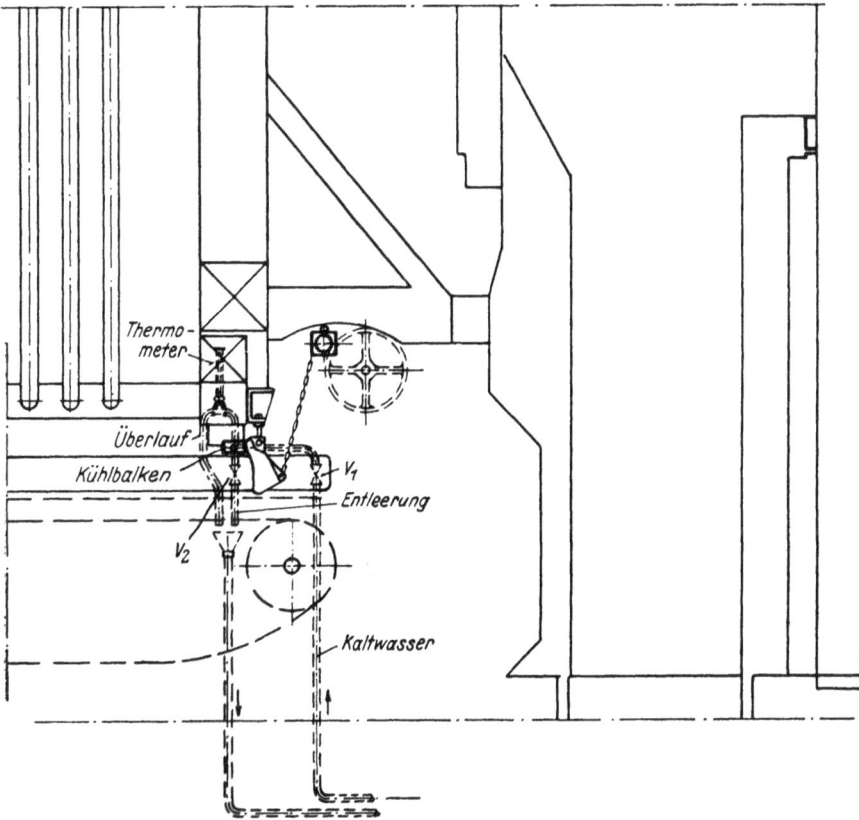

Bild 89. Anschluß des Kühlbalkens für den Pendelstauer an die Kaltwasserleitung
(nach Weiherhammer).

Der Kühlbalken hat eine rechteckige Form; er liegt auf den seitlichen Kühlbalken des Kesselsystems auf und ragt auf einer Seite aus
dem Kesselmauerwerk heraus. Das Kaltwasser wird durch ein Rohr in
der Mitte des Kühlbalkens eingeführt, strömt am anderen Ende aus,
füllt den Kühlbalken auf und läuft durch einen Überlauf in die Abwasser-
sammelleitung ab. In die Überlaufleitung ist ein Thermometer eingebaut;
die Überlauftemperatur soll 80° C nicht überschreiten. Durch die Kon-

trolle des Thermometers ist es möglich, den Kaltwasserzufluß am Ventil *V 1* zu regulieren. Auf der unteren Seite des Kühlbalkens außerhalb des Kessels ist eine Entleerungsvorrichtung zum Durchspülen und Abschlämmen des Balkens vorgesehen.

Diese Anordnung ist nicht besonders günstig, da die von dem Kühlbalken aufgenommene Wärmemenge nutzlos in die Kanalisation verloren geht. Die Speisung des Kühlbalkens darf auch nicht mit Rohwasser vorgenommen werden, sondern ist Weichwasser zu verwenden, da sonst in kurzer Zeit sich Kesselstein ansetzt, wodurch der Schutz des Balkens verlorengeht. Der einzige Vorteil ist die absolute Betriebssicherheit, da der Heizer jederzeit das aus dem Überlauf in den Entleerungstrichter einfließende Wasser sehen und seine Temperatur kontrollieren kann. Selbstverständlich bedarf es keiner besonderen Erwähnung, daß der Kessel erst unter Feuer genommen werden darf, wenn die Kühlanlage in Betrieb ist und aus dem Überlaufrohr dauernd Wasser abfließt.

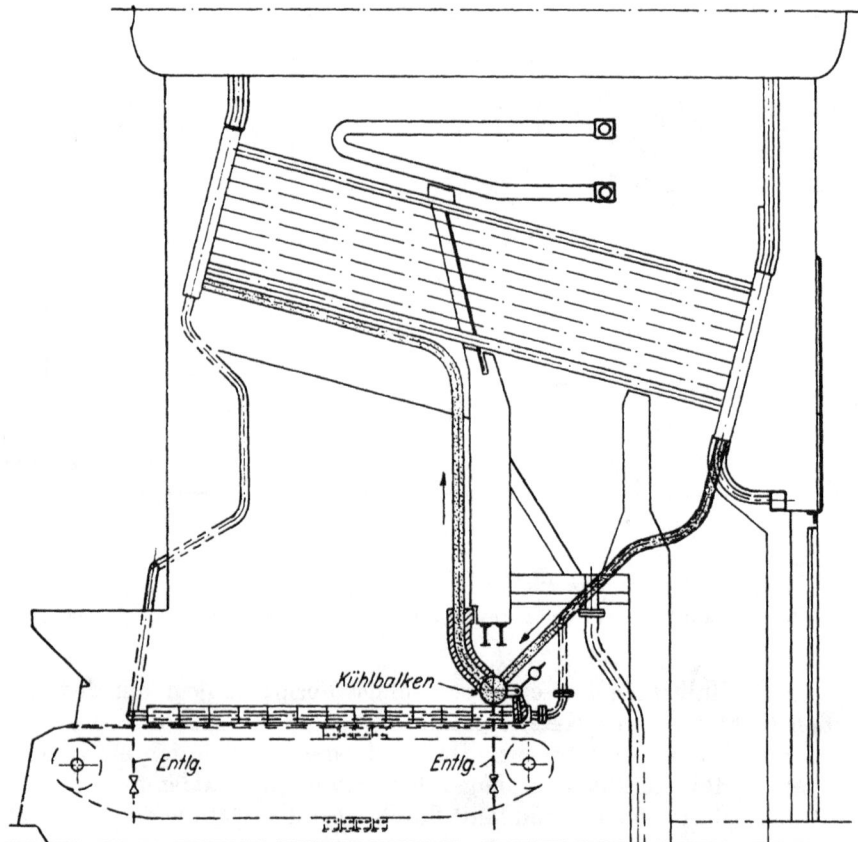

Bild 90. Anschluß des Kühlbalkens für den Pendelstauer an das Heizsystem (nach Borsig, Berlin-Tegel).

Eine andere Anordnung zeigt Bild 90, bei welcher der Kühlbalken nach System »Borsig« an das Kesselheizsystem angeschlossen ist. Das Kühlwasser wird den hinteren Sektionskammern entnommen und dem Kühlbalken zugeführt. Das erwärmte Wasser wird durch die gleiche Anzahl von Rohren, die an der rückwärtigen Wand des Feuerraums verteilt sind, hochgeführt und den vorderen Sektionskammern wieder zugeleitet.

Durch diese Anordnung ergeben sich zwei Vorteile: Die vom Kühlbalken aufgenommene Wärmemenge wird restlos ausgenützt und dem Kessel zugeführt; die hintere Wand des Feuerraums wird gegen Überhitzung geschützt und dadurch geschont.

Der Kühlbalken wird auf der einen Seite über das Mauerwerk herausgeführt und an eine Abschlämmleitung angeschlossen. Der Nachteil dieser Anordnung besteht darin, daß bei nicht einwandfreier und sorgfältiger Abschlämmung der im Kühlbalken sich ansammelnde Schlamm festbrennt, wodurch nicht nur die Festigkeit des Balkens leidet, sondern auch die Gefahr einer Explosion besteht.

Bei den Fernheizwerken der NSDAP. wurde der dritte Weg gewählt, der darin besteht, daß enthärtetes Wasser, welches dem Speisewasserbehälter entnommen wird, durch eine eigene Pumpe nach dem Kühlbalken geführt und dort in dauerndem Kreislauf umgewälzt wird (siehe Bild des Rohrschemas im Anhang). In diesem Fall muß an jedem Kühlbalken ein Sicherheitsventil vorgesehen werden, damit bei einem Bedienungsfehler Überdruckwasser entweichen kann.

Bei letzterer Anordnung wird die vom Kühlbalken aufgenommene Wärme dem Speisewasserbehälter und damit auch der Kesselanlage wieder zugeführt. Durch die Verwendung von vollständig enthärtetem Wasser ist auch die Gefahr der Kesselsteinbildung im Kühlbalken ausgeschlossen. Die von dem Kühlbalken aufgenommene Wärmemenge ist nicht unbeträchtlich und kann auch zur Beheizung des Aschenkellers oder des Kohlentiefbunkerraums (untere Bekohlungsanlage) ausgenützt werden, indem die Rücklaufleitung als Heizrohr entsprechend verlegt wird.

Bei dieser Anordnung der Zirkulationswasserkühlung darf das Kühlwasser höchstens auf 92° C erwärmt werden. Dies ist dann der Fall, wenn die Temperatur des Speisewassers im Hochbehälter 85° C nicht überschreitet. Sollte eine Überschreitung stattfinden, was der Maschinist jederzeit feststellen kann, so wird die Kühlwasserumwälzpumpe abgestellt und erfolgt die Kühlung der Balken durch ein Umgehungsventil mit permutiertem Kaltwasser, wobei das Überlaufwasser durch ein weiteres Umgehungsventil in den Abwasserbehälter abgeleitet wird (siehe Rohrschema im Anhang). Solche Fälle, daß das Wasser im Speisewasserhochbehälter Temperaturen über 85° C besitzt, treten selten auf, aber nachdem sie doch auftreten können, muß auch die Möglichkeit geschaffen sein, den Kühlbalken an Wasser von entsprechend niedriger Temperatur anzuschließen.

Bild 91. Permutitanlage — Fernheizwerk Braunes Haus.

Bild 92. Speisewasserhochbehälter und Speisepumpenanlage — Fernheizwerk Braunes Haus.

Bild 93. Speisewassermesser der Kesselanlage — Fernheizwerk Braunes Haus.

Bild 94. Umwälzpumpenanlage mit Elektro- und Turboantrieb — Fernheizwerk Braunes Haus.

Bild 95. Seitenansicht der Umwälzpumpen der Heißwasserfernheizungsanlage
Fernheizwerk Tegernseer Landstraße.

Bild 96. Heißwasserverteilungsanlage — Fernheizwerk Tegernseer Landstraße.

Bild 97. Hochdruckdampf- und Heißwasserverteilungsanlage. — Fernheizwerk Tegernseer Landstraße.

B. Die Wärmeverteilungsanlage.

Die Wärmeverteilungsanlage umfaßt die Zuführung der erzeugten Wärme in Form von Dampf oder Heißwasser zu den Wärmeverteilern in der Maschinenzentrale und die Rückführung des Kondensates durch die Speisepumpen oder die Heißwasserrücklaufleitung von den Rücklaufsammlern der Maschinenzentrale zur Kesselanlage. Zu diesem Abschnitt gehört auch die indirekte Beheizung der Heißwasserkessel durch Dampf von der Hochdruckdampfkesselanlage aus. Die gesamte Wärmeverteilung zeigen die farbigen Tafeln I mit V, welche im Anhang gebracht sind. Die nicht farbig gezeichneten Leitungen sind dem jeweiligen Betriebszustand entsprechend ausgeschaltet. Es ist unmöglich, die Verteilungspläne aus allen Fernheizwerken der NSDAP. darzustellen und die Tafeln beschränken sich daher nur auf die Anlage Tegernseer Landstraße, weil diese Anlage die ausgedehnteste ist und alle Betriebsarten vereinigt. Wegen Platzmangel mußten Apparate, die zu einer bestimmten Tafel gehören, auf einer anderen gebracht werden, und dies ist in nachstehender Beschreibung der einzelnen Tafeln vermerkt.

Tafel I: Schaltbild der Dampfverteilungs-, Entleerungs-, Dampfwasser-, Abwasser- und Kaltwasserleitungen. Für die Dampferzeugung dienen die beiden Teilkammerkessel I und II, von denen jeder so groß bemessen ist, daß er den gesamten Dampfbedarf decken kann, so daß ein Kessel als vollwertige Reserve dient. Im Interesse der gleichmäßigen Abnützung der beiden Kessel und auch aus sonstigen Betriebgründen werden die Kessel wechselweise in Betrieb genommen und zwar so, daß alle 500 Betriebsstunden gewechselt wird.

Der im Kessel erzeugte Sattdampf von 12 atü strömt durch die Leitung A durch den Überhitzer und tritt durch die Leitung B aus letzterem aus. Die Temperatur des überhitzten Dampfes, welche normal 250° C beträgt, kann durch Zumischen von Sattdampf durch die Leitung A 1 nach abwärts reguliert werden. Während des Anheizens wird kein Dampf an den Hochdruckverteiler abgegeben und bleiben daher die Ventile zu diesem Verteiler geschlossen. Um den Überhitzer gegen Ausglühen während der Anheizzeit zu schützen, wird derselbe mit Wasser aus der Kesseltrommel gefüllt, zu welchem Zweck die Ventile 1 geöffnet werden. Ist der Kessel hochgeheizt, dann wird der Überhitzer durch Öffnen des Ventiles 2 entleert, wobei die Ventile 1 wieder geschlossen werden. Hierauf wird das Dampfventil 60 zum Hauptverteiler vorsichtig und allmählich geöffnet und das Ventil 2 geschlossen. Am Hauptdampfverteiler werden nun die für den jeweiligen Dampfverbrauch bestimmten Ventile geöffnet. Es sind dies vor allem die Ventile zu den Dampfturbinen der Speisewasser- und Umwälzpumpen sowie zu den Rußbläsern der gesamten Kesselanlage, wobei die einschlägigen Betriebsvorschriften im Abschnitt II, ferner im Abschnitt III genau zu beachten sind. Sämtliche Turbinen arbeiten auf Gegendruck von 3 atü und der Abdampf wird durch die Leitung D über den Dampf- sammler zum Mitteldruckverteiler, von welchem die Leitungen des Fern- verteilungsnetzes abzweigen, geführt. Durch das Öffnen der Ventile am Mitteldruckverteiler zu den Verbrauchsstellen, soweit sie benötigt werden, ist erst der Kessel betriebsfertig eingeschaltet.

In den Übergangszeiten oder im Sommer kann es vorkommen, daß der Dampfbedarf nicht so groß ist, als Abdampf von den Dampftur- binen zur Verfügung steht. In diesem Falle dürfen nur so viele Turbinen in den Betrieb geschaltet werden, daß der Abdampf derselben mit Sicherheit restlos und wirtschaftlich ausgenützt werden kann. Ein Teil der Pumpen muß in diesem Falle elektromotorisch betrieben werden. Im Sommer kann der Verbrauch an den Fernstellen so gering sein, daß sämtliche Pumpen elektromotorisch betrieben werden müssen; nachdem jedoch stets zu verschiedenen Tageszeiten ein Dampfverbrauch anfällt, wie z. B. für den Betrieb der Dampfkochküchen, Warmwasser- bereiter usw., so wird in diesem Falle der Mitteldruckdampfverteiler von einem Allodruckregler, der an den Hochdruckverteiler über den Dampf- sammler durch die Leitung $C\,4$ angeschlossen ist, gespeist. Dieser Allo- regler hat im Winter bei großem Dampfverbrauch an den Verbraucher- stellen auch die Aufgabe, selbsttätig zusätzlichen Dampf an den Dampf- sammler zu liefern, falls der Turbinenabdampf für den gesamten Dampf- bedarf nicht ausreichend sein sollte. Für den Fall einer Betriebsstörung des Alloreglers wird während der Reparatur desselben Dampf durch die Umführungsleitung $C\,5$ vom Hauptverteiler über den Dampfsammler zum Mitteldruckverteiler geführt, wobei die Minderung des Dampf- druckes auf 3 atü durch Beobachten des Mitteldruckmanometers, wel- ches neben dem Hochdruckdampfverteiler angebracht ist, von Hand eingestellt wird. Der Dampfsammler hat nicht nur die Aufgabe, den Mitteldruckdampf zur Verhütung gegen Korrosionen im Fernleitungs- netz auf Sattdampf zu bringen, sondern dient auch gleichzeitig als Speicher und Druckausgleicher.

Das Kondensat, welches in den Dampfverbrauchsstellen des Fern- leitungsnetzes anfällt, wird als wertvolles Speisewasser in den Unter- stationen gesammelt und nach dem Hauptdampfwassersammler des Kesselhauses gepumpt. Von letzterem aus wird das Kondensat durch die Elektropumpen $P\,1$ und $P\,2$ selbsttätig nach den Speisewasser- hochbehältern I und II gedrückt. Die unvermeidlichen Kondensat- verluste in den Unterstationen werden durch enthärtetes Wasser der Permutitanlage ersetzt. Der Kaltwasseranschluß an die Permutitanlage erfolgt durch den Kaltwasserverteiler K, welcher an das städtische Lei- tungsnetz angeschlossen ist. Das städtische Leitungswasser wird an zwei in verschiedenen Straßenzügen gelegenen Stellen abgezapft, so daß bei einem eventuellen Rohrbruch an einer Stelle des städtischen Leitungsnetzes Wasser von der anderen Stelle entnommen werden kann. Wiederholt aufgetretene Rohrbrüche haben die Notwendigkeit des doppelten Anschlusses bestätigt. An den Kaltwasserverteiler ist auch eine Feuerlöschleitung angeschlossen, die zu einer Anzahl Hydranten im Kesselhause führt, wobei die zugehörigen Schläuche in einem Schrank im Kesselhause bereitstehen, so daß im Brandfalle alles zur sofortigen Löschung zur Verfügung steht. Über die Löschung von Bunkerbränden siehe Abschnitt II, Absatz O »Brandschutzanlagen«.

Die Tafel I zeigt auch die sämtlichen Kesselabschlämm- und -ablaßleitungen, wobei jeder Kessel an eine eigene Entleerungsleitung angeschlossen ist. Die Entleerungsleitungen führen zu einem Abwasserschacht, der normal ständig mit Wasser gefüllt ist und mit einem Überlaufschacht in Verbindung steht. Letzterer ist an die städtische Kanalisation angeschlossen. Da das Abwasser bei Einführung in die Kanalisation eine Temperatur von 36° C nicht überschreiten darf, steht der Abwasserschacht durch zwei ausreichend große Düker so mit dem Überlaufschacht in Verbindung, daß stets nur das unterste, abgekühlte Wasser des Schachtes in die Kanalisation abfließen kann. Aus diesem Grund wurde der Abwasserschacht, der einen Nutzinhalt von 40 m³ besitzt, reichlich groß bemessen. Außerdem kann durch eine Fernthermometeranlage die Abwassertemperatur jederzeit festgestellt und je nach der Meßangabe die Temperatur des Ablaufwassers durch entsprechende Zumischung von Kaltwasser auf die erforderliche Temperatur herabgesetzt werden. Solche Ausnahmefälle treten jedoch nur dann ein, wenn plötzlich ein Betriebskessel entleert werden muß.

Tafel II: Dampfkessel I und Heißwasserkessel III feuerbeheizt. Dies ist der Betriebszustand an einem mäßig kalten Wintertag.

a) Dampfkesselanlage: Das Speisewasser fließt aus dem Speisewasserbehälter I oder II durch die Leitung 57 zur kleineren Turbospeisepumpe und wird von derselben über den Speisewassermesser durch den Ekonomiser in die Kesseltrommel geführt. An die Speisepumpe ist noch eine Hilfsspeiseleitung angeschlossen, welche ebenfalls über den Wassermesser führt und am Heizerstand vor dem Kessel absperrbar gemacht ist. Sollte der Speisewasserregler C aus irgendwelchem Grunde versagen, so wird der Kesselwärter bei sinkendem Wasserstand durch die Alarmpfeife D auf den Wassermangel aufmerksam gemacht und ist dann in der Lage, durch Öffnen des Ventiles der Hilfsspeiseleitung den Kessel nachzufüllen bis der Speisewasserregler wieder in Funktion gebracht ist. Neben dem normalen, gesetzlich vorgeschriebenen Wasserstand an der Trommel, besitzt der Kessel auch einen herabgezogenen Wasserstand F, System Hannemann, und derselbe arbeitete bis jetzt absolut zuverlässig.

b) Heißwasserkesselanlage: Die Turbinenumwälzpumpe saugt das Heißwasser des Kessels III aus den unteren Trommelanschlüssen ab und drückt es über den Vorlaufverteiler in das Fernleitungsnetz. Der Rücklauf strömt über den kleinen Venturimesser durch den Ekonomiser und von dort aus zu den beiden Kesseltrommeln. Die Speisung des Kessels bei Wassermangel erfolgt selbsttätig durch einen Hannemannregler. Auch dieser Kessel besitzt eine Hilfsspeiseleitung, welche so geschaltet ist, daß das Speisewasser entweder durch den Ekonomiser oder auch direkt zu den Trommeln geführt werden kann. Eine Alarm-Hannemann-Wasserstandspfeife tritt in Kraft, wenn bei Versagen des Speisewasserreglers der Wasserstand auf die unterste zulässige Grenze sinkt, so daß der Kesselwärter jederzeit in der Lage ist, durch die Hilfsspeiseleitung den Kessel nachzuspeisen. Das Abschlämmen des Kessels erfolgt durch die braun gezeichneten Abschlämmleitungen nach den Kesselbedienungsvorschriften.

Tafel III: Heißwasserkessel III dampfgeheizt vom Dampfkessel I (oder II). In den Übergangszeiten ist der Wärmebedarf der Heißwasserfernheizung nur in den ersten Morgenstunden verhältnismäßig groß, während er bereits schon vormittags 9 Uhr so weit herabsinkt, daß der anfallende Wärmebedarf ohne weiteres durch den Betriebsdampfkessel gedeckt werden kann, wodurch bedeutende Mengen Brennmaterial eingespart werden. Zu diesem Zweck werden die Trommeln des Heißwasserkessels durch Dampfdüsen (siehe Bild 98) beheizt. Diese Dampfdüsen sind durch ein eigenes Leitungsnetz an die Dampfkesselanlage angeschlossen. Durch die Erwärmung des Wassers in den Trommeln des Heißwasserkessels dehnen sich die Trommeln aus, während das an die Trommeln angeschlossene Heizsystem von der Zirkulation nicht erfaßt wird und kalt bleibt. Dadurch entstehen gefährliche Wärmeschubspannungen, die zu Undichtigkeiten der Anschlüsse der Sektionskammern an die Trommeln führen. Um dies zu

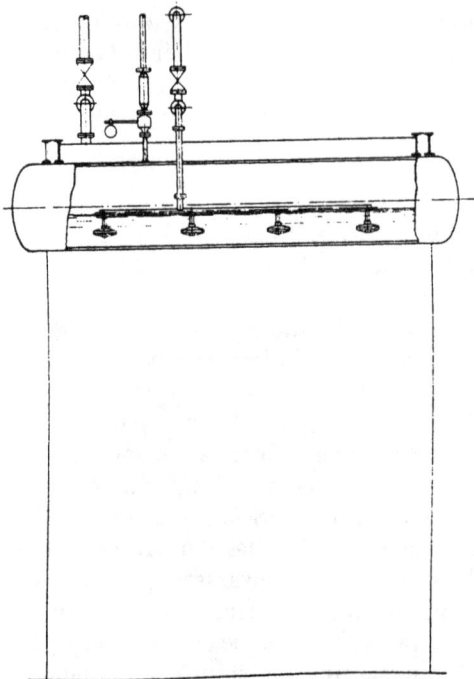

Bild 98. Dampfbeheizter Hochdruck-
heißwasserkessel.

vermeiden, muß das Heizsystem ebenfalls erwärmt werden und dies geschieht durch die untere Einspritzleitung der Heißwasserheizung. Damit diese Einspritzleitung eine möglichst hohe Temperatur erreicht, muß das Mischventil an der Heißwasserumwälzpumpe (siehe Tafel IV) geschlossen sein. Die Umwälzpumpe der Heißwasserheizung drückt über die Heißwasserverteiler durch die Einspritzleitung Wasser von Kesseltemperatur in die seitlichen Kühlbalken der Kühlrohrsysteme sowie in den Schlammsammler, an welchen die Sektionskammern des Heizsystems angeschlossen sind. Der Weg der unteren Einspritzleitung zum Aufheizen des Kesselsystems ist auf der Tafel dunkelrot eingezeichnet.

Da der Wärmebedarf der Heißwasserfernheizung in der Übergangszeit verhältnismäßig gering ist, wird der Betriebsdruck des Heißwasserkessels nur halb so groß gehalten wie der des Dampfkessels, und dies geschieht durch entsprechende Drosselung des Hauptabsperrventils am Dampfkessel zur Leitung *61*. Wird dies nicht befolgt, dann wird der Betriebsdruck im Heißwasserkessel ansteigen, bis er schließlich im Endzustand ca. 0,5 atü unter dem Druck des Dampfkessels bleibt. Tritt dann am Dampfkessel plötzlich durch stärkeren Dampfverbrauch, sei es durch plötzliche Inbetriebsetzung der Dampfkochanlage oder auch aus anderen Gründen, eine größere Belastung auf, dann sinkt plötzlich der Dampfdruck mehr oder weniger stark ab, während der Druck im Heißwasserkessel bleibt. In diesem Fall entsteht im Heißwasserkessel ein Überdruck gegenüber dem Dampfkessel, was zur Folge hat, daß durch diesen Überdruck das in den Trommeln des Heißwasserkessels befindliche Wasser nach dem Dampfkessel gedrückt wird und letzterer überspeist wird, wodurch nebenbei auch gefährliche Wasserschläge auftreten können. Wohl befindet sich in der Dampfzuleitung des Heißwasserkessels ein Rückschlagventil, welches jedoch erfahrungsgemäß bei längerem Betrieb nicht mehr ganz dicht schließt. Um diesen gefährlichen Betriebszustand zu vermeiden, besitzt der Heißwasserkessel eine Überdruckleitung, welche den über den Trommeln befindlichen Überdruckdampf nach dem Dampfkessel abströmen läßt und dadurch einen Druckausgleich herbeiführt. Diese Überdruckleitung ist in der Tafel III in gleicher Farbe wie die Dampfleitung, jedoch in entgegengesetzter Pfeilrichtung dargestellt.

Tafel IV: Schaltbild für Heißwasserleitungen. Diese Tafel zeigt ein vollständiges Schaltbild der gesamten Heißwasserverteilung sowie der Wärmemengenmeßanlage. Außerdem zeigt sie die Kurzschlußeinrichtung zum raschen Hochheizen der Heißwasserkessel während der Anheizzeit, die Mischleitungen zur Temperaturregulierung an den Heißwasserverteilern entsprechend der Außentemperatur und die Sicherungsvorrichtung gegen Vakuumbildung im Fernleitungsnetz bei Ausschalten des Heizbetriebes. Während die Tafeln II, III und V verschiedene Betriebszustände anzeigen, ist aus Tafel IV lediglich ein

12*

Schema des gesamten Heißwassernetzes mit allem Zubehör innerhalb des Kesselhauses und der Maschinenzentrale ersichtlich. Die Mischtemperatur an den Heiwasserverteilern wird vor den Umwälzpumpen und zwar an der Saugseite durch Zumischung von Rücklaufwasser aus dem Fernleitungssystem erzeugt. Wie aus der Tafel IV hervorgeht, bestehen zwei Fernleitungssysteme, und zwar eines für Heißwasser von 180⁰ C für die indirekte Fernheizung durch Umformer und eines für Heißwasser von 140⁰ C für direkte Heißwasserheizung, wie sie teilweise in den Werkstättengebäuden zur Ausführung gelangte. Das doppelte Heizsystem bringt es mit sich, daß der Betrieb stets mit zwei Umwälzpumpen durchgeführt werden muß, wobei selbstverständlich im Winter nur die Turboumwälzpumpen in Betrieb sind.

Tafel V: Dampfkessel I und Heißwasserkessel III und IV feuerbeheizt. Ebenso wie bei den Hochdruckdampfkesseln wird auch bei den Heißwasserkesseln ein Kessel als Reserve gehalten. Der gesamte Wärmebedarf der Heißwasserheizung kann durch zwei Kessel vollständig gedeckt werden. Bei parallelgeschaltetem Betrieb ist es sehr schwer möglich, in den vier Trommeln gleichen Wasserstand zu halten, und ist es zum mindesten erforderlich, die Kessel durch reichlich bemessene Druckausgleichsleitungen miteinander zu verbinden. Bei den Anlagen der NSDAP. wurde auf die Druckausgleichsleitungen, die sowohl auf der Dampfseite wie auch auf der Wasserseite, also über und unter den Trommeln angebracht werden müssen, und damit auf die Parallelschaltung verzichtet und dafür die Serienschaltung ausgeführt. Bei letzterer Schaltung dient (siehe Tafel V) der Kessel IV als Vorwärmer und ist vollständig mit Wasser gefüllt, während der Kessel III als Hauptkessel benützt wird. Der Kesselwärter hat also nur die Wasserstände des Kessels III zu beobachten. Die Anzahl der hintereinander zu schaltenden Kessel ist beliebig, da durch die selbständig wirkenden Speiseund Überlaufvorrichtungen der Wasserstand in dem Betriebshauptkessel immer auf gleicher Höhe gehalten wird, wobei das Expansionswasser von den Speisewasserhochbehältern aufgenommen wird, welch letztere bei auftretenden Wassermangel mit Hilfe der eingeschalteten Speisepumpenanlage die erforderliche Wassermenge zuspeisen.

1. Betriebsvorschrift für Heißwasserumwälzpumpen.

Aufstellung. Grundplatte mit eingehängten Ankerschrauben auf Fundament durch eiserne Unterlagen so ausrichten, daß die Pumpenwelle waagrecht und Anschlußstutzen in richtiger Lage sind. Nach sorgfältigem Ausrichten der Grundplatte mit gutem Zement untergießen. Ankerschrauben erst nach vollständiger Erhärtung des Untergusses anziehen. Durch die Anschlußleitungen dürfen Pumpe und Grundplatte nicht verspannt werden.

Inbetriebnahme. Vor der Inbetriebnahme ist zu prüfen, ob der an der Pumpe angebrachte Pfeil mit der Drehrichtung übereinstimmt. Die Lager sind von etwaigen Unreinigkeiten zu säubern und bei Ringschmierlagerung mit einem guten Mineralöl so weit zu füllen, daß es beim Stillstand der Pumpe etwa 2 cm hoch im Schauglase steht. Bei Kugellagerung ist der Lagerkörper mit säurefreiem Fett (z. B. Shell-Wälzlagerfett V 2745 W) zu füllen. Die Pumpe muß vor Inbetriebnahme ganz mit Flüssigkeit gefüllt sein.

Anstellen:
1. Saugventil ganz öffnen,
2. Pumpe entlüften,
3. Kühlwasserzufluß anstellen,
4. Motor einschalten,
5. Druckventil so weit öffnen, daß der Motor nicht überlastet wird.

Abstellen:
1. Druckventil schließen,
2. Motor ausschalten,
3. Kühlwasserzufluß erst abstellen, wenn der Pumpenkörper erkaltet ist,
4. Saugventil schließen.

Das Öffnen und Schließen der Ventile muß langsam erfolgen. Die Pumpe soll nicht längere Zeit bei geschlossenem Druckventil laufen. Nach der ersten Inbetriebnahme mit Heißwasser sind alle Schrauben am Pumpenumfang gleichmäßig nachzuziehen.

Wartung. Schmierung: Bei Pumpen mit Kugellagerung sind die Staufferbüchsen monatlich einmal neu zu füllen. Bei Pumpen mit Ringschmierlagerung ist von Zeit zu Zeit zu prüfen, ob die Schmierringe umlaufen und genügend Öl zur Welle führen.

Das Öl oder Fett für die Lagerung ist von Zeit zu Zeit zu ergänzen und jährlich einmal vollkommen zu erneuern. Die Ölkammern sind dabei mit Petroleum auszuspülen.

Kühlung: Es ist darauf zu achten, daß immer genügend Frischwasser zuläuft. Das austretende Kühlwasser soll eine Temperatur von weniger als 40° C haben.

Stopfbüchsen: Die Stopfbüchsen dürfer weder spritzen noch trocken laufen, das Wasser muß regelmäßig und reichlich heraustropfen. Zu starkes und ungleichmäßiges Anziehen verursacht größeren Kraftbedarf und Heißlaufen. Als Stopfbüchsenpackung ist nur eine Sonderpackung für Heißwasser und hohem Druck zu verwenden, z. B. Knetapackung. Die Stopfbüchsen sind damit im kalten Zustande in der Weise zu packen, daß jeweils eine nicht zu dicke Lage Knetapackung eingelegt wird. Sie wird mit der Stopfbüchsenbrille fest eingepreßt.

Nach Lösen der Stopfbüchse wird wieder eine neue Schicht in der gleichen Weise eingelegt und eingepreßt usw., bis der Packungsraum ganz gefüllt ist. Die Stopfbüchsenschrauben sind dann wieder so weit zu lösen, daß die Pumpenwelle sich von Hand leicht drehen läßt. Die Stopfbüchsenbrille soll mit Schraubenschlüssel niemals stark angezogen werden.

2. Bedienungsvorschrift für die KKK-Dampfturbinen.

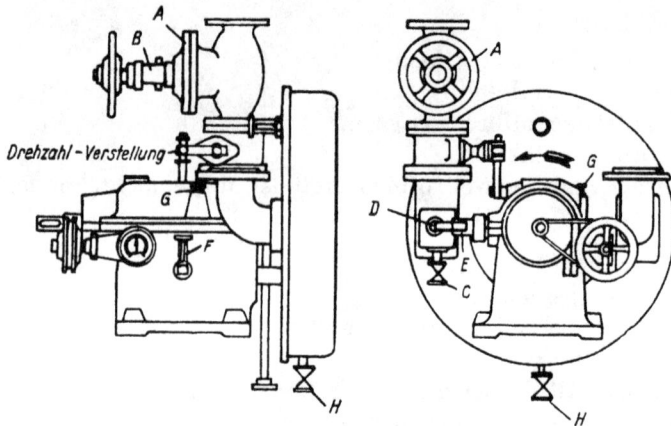

Bild 99. KKK-Dampfturbine.

Allgemeines.

1. Vor dem Anlassen der Turbine ist nachzusehen, ob die Maschine betriebsfähig ist und auf derselben keine Gegenstände liegengeblieben sind.

2. Die Turbine darf nicht mit Spannung an das Rohrleitungsnetz angeschlossen werden.

3. Vor dem erstmaligen Inbetriebsetzen der Turbine ist darauf zu achten, daß die Frischdampfleitung ausgeblasen wird, damit die Gewähr gegeben ist, daß weder Sand noch sonstige Fremdkörper sich in derselben befinden.

4. Der Dampfwasserabscheider muß so nah als möglich an den Frischdampfanschluß der Turbine angebracht sein und ist der dazugehörige Hochdruckkondenstopf entsprechend tiefer als der Wasserabscheider aufzustellen, damit der Frischdampf sicher von dem mitgerissenen Wasser befreit wird.

5. Der Kondenstopf muß so eingebaut sein, damit er ohne weiteres öfters auf einwandfreie Funktion geprüft werden kann.

6. Das Entwässerungsventil C ist bei Stillstand stets offen zu halten.

7. In die Abdampfleitung darf nur dann ein Absperrschieber eingebaut werden, wenn zwischen Turbine und Absperrschieber ein
Hochdrucksicherheitsventil für die gesamte Dampfmenge eingebaut wird.

8. Die Leckdampfleitung der Stopfbüchse der Turbine ist mit Gefälle und ohne Gegendruck direkt ins Freie zu führen.

9. Sollten die Stopfbüchsen des Absperrventiles A und die des
Schnellschlußgestänges D blasen, so sind dieselben neu zu verpacken, dabei muß aber die leichte Beweglichkeit der Spindeln
von Hand festgestellt werden.

10. Das Lager wird an der mit G bezeichneten Stelle mit Öl aufgefüllt, bis der Ölständer F bis zur Marke voll gefüllt ist.

11. Das für die Schmierung zu verwendende Öl muß ein leichtflüs-
siges, säure- und harzfreies Mineralöl von hohem Siedepunkt
sein, welches den in der Schmiermittelvorschrift angegebenen
Bedingungen entsprechen muß.

12. Das Öl darf im Gebrauch nicht schäumen, muß sich wiederholt
reinigen und wiederverwenden lassen, ohne sich zu zersetzen
und die Schmierfähigkeit zu verlieren. Es ist zu erneuern, sobald eine Veränderung an Dicke und Farbe zu bemerken ist.

13. Die Auffüllung des Lagers an der Stelle G hat zu erfolgen, wenn
der Ölständer F den angegebenen Ölstand nicht mehr anzeigt.

14. Die Turbine darf nur im Stillstand, solang sie noch warm ist,
mit Putztüchern abgewischt werden.

15. Der Raum, in welchem die Turbinenanlage arbeitet, muß von
Staub jeder Art freigehalten werden.

16. Nach der ersten Inbetriebsetzung ist das Öl zu reinigen. Diese
Reinigung ist auch später in kürzeren Zeitabständen vorzunehmen.

17. Das Schnellschluß- und Reguliergestänge ist alle acht Tage mit
gewöhnlichem Turbinenöl zu schmieren.

18. Das Gehäuseentwässerungsventil H ist bei Stillstand stets offen
zu halten und darf mit der Leckdampfleitung nicht verbunden
werden.

19. Das Gehäuseentwässerungsventil H wird am zweckmäßigsten
an einen eigenen Niederdruckkondenstopf angeschlossen.

Vor dem Inbetriebsetzen der Turbine.

1. Vorwärmen der Turbine mit ca. 0,5 atü während etwa 10 min
durch leichtes Öffnen des Ventiles A.

2. Nachsehen, ob genügend Öl im Lagerkörper ist. Der Ölständer
F muß bis zur Marke voll mit Öl angefüllt sein.

3. Kühlwasserleitungen zum Lagerkörper öffnen.

4. Schnellschlußgestänge E auf gutes Funktionieren nachprüfen.

5. Das Entwässerungsventil H ist zu öffnen.

Anlassen der Turbine.

1. Die Turbine ist durch leichtes Öffnen des Handrades A langsam anlaufen zu lassen. Ist die normale Drehzahl erreicht, dann ist das Handrad A ganz zu öffnen, bis die Normallast erreicht ist. Der Regler übernimmt die weitere Regulierung.

2. Das Entwässerungsventil H wird geschlossen.

3. Am Ölmanometer ist das Funktionieren des Ölumlaufes zu kontrollieren. Der Öldruck beträgt 2,0 atü.

Abstellen der Turbine.

1. Turbine vollständig entlasten durch Abstellen der Heißwasserumwälzpumpe bzw. Schließen des Vorlaufventils.

2. Ventil A ganz schließen.

3. Ventil H öffnen.

4. Kühlwasserleitung schließen.

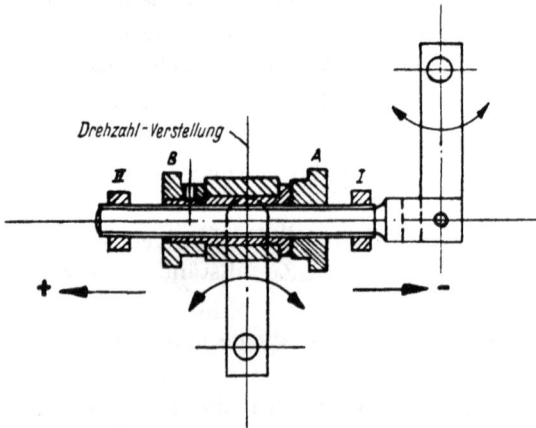

Bild 100. Drehzahlverstellung der Dampfturbine.

Drehzahlverstellung (Bild 100). Die Drehzahl wird verstellt, indem man die Handgegenmutter A zurückschraubt und die Handmutter B nach rechts oder links bis zum Anschlag I oder II verschraubt.

Nach rechts bis zum Anschlag I »Verringerung der Drehzahl«, nach links bis zum Anschlag II »Erhöhung der Drehzahl«.

Die Handgegenmutter A ist nach jeder Drehzahlverstellung wieder fest anzuziehen.

Auf- und Abziehen der Kupplungshälfte (Bild 100). Die Kupplungshälfte darf nicht mit einem Hammer auf den Wellenstumpf aufgeschlagen werden, weil dadurch die Weißmetallager beschädigt werden.

Der freie Wellenstumpf ist mit einem Gewindeloch versehen, wodurch mit Hilfe einer Schraube (1) ein leichtes Aufziehen der Kupplung ermöglicht wird.

Das Abziehen der Kupplung hat mittels einer Abzugsscheibe (2) und zwei Gewindebolzen zu geschehen.

Selbstschlußein-
richtung (Bild 102). Die
Selbstschlußeinrichtung
hat den Zweck, den Dampf-
zutritt in die Turbine bei
Überschreitung der maxi-
malen Betriebsdrehzahl um
mehr als 10% zu unter-
brechen.

Sobald die Selbst-
schlußeinrichtung durch
irgendeinen Umstand in
Tätigkeit getreten ist, muß
sofort am Handrad A (siehe
Bild 99) das Absperrventil
geschlossen werden. Erst
nachdem das Absperrventil
geschlossen ist, kann die
Selbstschlußeinrichtung

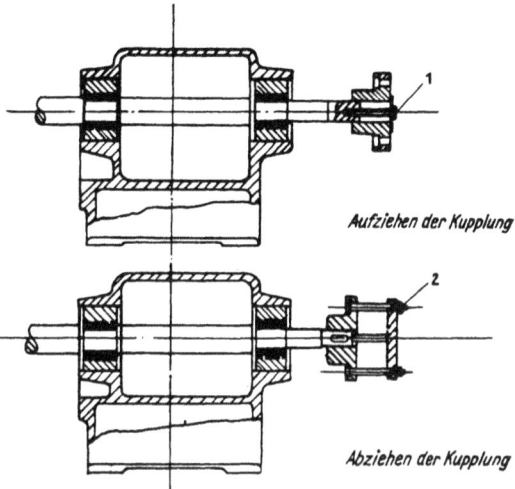

Aufziehen der Kupplung

Abziehen der Kupplung

Bild 101. Auf- und Abziehung der Kupplungshälfte
der Dampfturbine.

wieder eingeklinkt werden. Die Selbstschlußeinrichtung muß öfters auf gutes Funktionieren hin geprüft werden; dies geschieht durch Drücken

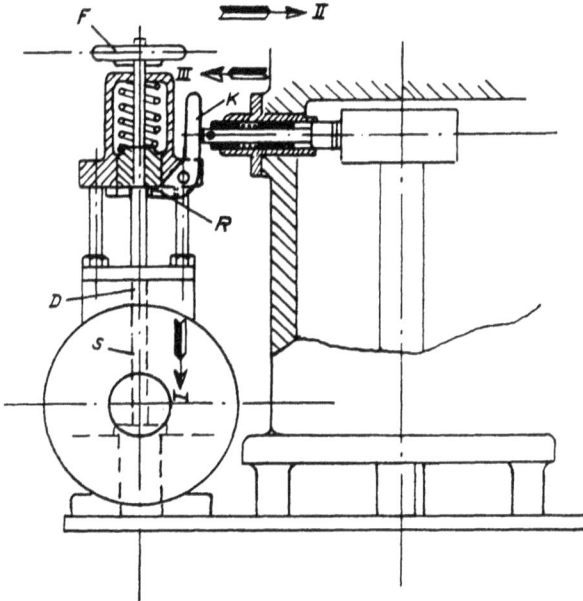

Bild 102. Selbstschlußeinrichtung der Dampfturbine.

in Pfeilrichtung III am Handgriff *K.* Hierbei löst sich die Schnell-
klinke aus der Raste *R* und durch Federdruck wird die Spindel *S* in
Pfeilrichtung I bewegt. Die Dampfzufuhr zur Turbine ist abgestellt.
Es muß deshalb die Stopfbüchse *D* mit etwas Luft eingepaßt werden,
so daß aus derselben noch ein leichter Dampfhauch entweichen kann.

Einklinken der Selbstschlußeinrichtung. Man dreht das
Handrad *F* nach rechts und drückt gleichzeitig den Hebel *K* in Pfeilrichtung II, bis die Raste *R* eingeklinkt, dann kann das Schnellschlußventil durch Drehen des Handrades *F* nach links wieder geöffnet werden.

Schmiermittelvorschrift für die Schmierung von KKK-
Dampfturbinen. Als Schmieröl ist garantiert reines, säure- und harzfreies Mineralöl zu verwenden, welches nachstehende Bedingungen erfüllt:

1. Spezifisches Gewicht: 0,85 bis 0,92.
2. Viskosität nach Engler: 5 bis 6 bei 50° C.
3. Flammpunkt nach Pensky-Martens: Nicht unter 150° C.
4. Brennpunkt: 30 bis 60° C über Flammpunkt.
5. Wasser: Höchstens 0,05%.
6. Asche: Nicht über 0,01%.
7. Asphalt: 0%.
8. In dünner Schicht 24 h auf 100° C erhitzt, darf das Öl nicht ver-
   harzen.
9. Keine mechanischen Verunreinigungen.
10. Säurezahl nach Holde höchstens 0,01% auf SO_3 berechnet, keine
    freie Mineralsäure.
11. Verseifungszahl: Das Öl soll unverseifbar sein.
12. Das Öl darf im Gebrauch nicht schäumen, muß sich wiederholt
    reinigen und wiederverwenden lassen, ohne sich zu zersetzen
    und ohne die Schmierfähigkeit zu verlieren.

Obigen Bedingungen entsprechen:

1. »Gargoyle DTE« Öl, mittelschwer, der Deutschen Vakuum-Öl-
   Aktiengesellschaft, Hamburg.
2. »Derop« der Deutschen Vertriebsgesellschaft für russische Öl-
   produkte A.G., Hamburg, und zwar deren Marke »Ararat DG«.
3. »Shell BC 9« der Rhenania-Ossag-Mineralölwerke A.G., Hamburg.

C. Überwachung der Wärmeverteilung.

Die Überwachung der Wärmeverteilung in den Fernheizwerken der
NSDAP. erfolgt von Meß- und Schalttafeln aus, die in den Maschinen-
zentralen aufgestellt sind. Eine solche Schalt- und Meßtafel ist auf dem
Schaltplan, Tafel IV, Anhang, »Die Wärmeverteilungsanlage«, aufge-

zeichnet. Der Gesamtwärmeverbrauch wird im allgemeinen teils aus den monatlichen Betriebsdiagrammen, teils rechnerisch ermittelt, und sei hier auf das Schlußkapitel des Buches verwiesen.

Bei den Fernheizwerken, die unter einer einheitlichen Verwaltung stehen, ist die Ermittlung des Wärmeverbrauchs der einzelnen Gebäude nicht erforderlich. Nur im Fernheizwerk Tegernseer Landstraße, an welchem — wie bereits erwähnt — drei verschiedene Betriebe (Reichszeugmeisterei, Reichsautozug Deutschland und Hilfszug Bayern) teilnehmen, muß der Wärmeverbrauch der einzelnen Teilnehmer der Kostenbelastung halber ermittelt werden. Außerdem sind an dieses Fernheizwerk noch 30 zentralbeheizte Wohnhäuser angeschlossen, die nach obengenannten Betriebsgruppen aufgeteilt sind. Für diese Wohnhäuser sind keine eigenen Wärmezähler vorgesehen, nachdem die Wohnungsmieten einschließlich der Zentralheizungskosten pauschal erfaßt sind.

Da die Überwachung der Wärmeverteilung in allen Fernheizwerken der NSDAP. gleichartig durchgeführt wird, im Fernheizwerk Tegernseer Landstraße jedoch gleichzeitig die Wärmemessung vorgenommen wird, sei letztere Anlage im nachfolgenden näher beschrieben.

Die in der Maschinenzentrale aufgestellte Schalttafel umfaßt die Überwachung der Heizstationen der drei Betriebsgruppen, ferner die Überwachung des Wärmeverbrauchs in denselben und außerdem die Steuerung und Überwachung der aufgestellten Betriebsmotoren. Ferner werden die Vor- und Rücklauftemperaturen an den Umformerapparaten der Niederdruckwarmwasserheizung, ebenso auch die Vor- und Rücklauftemperaturen der Fernleitungen abgelesen.

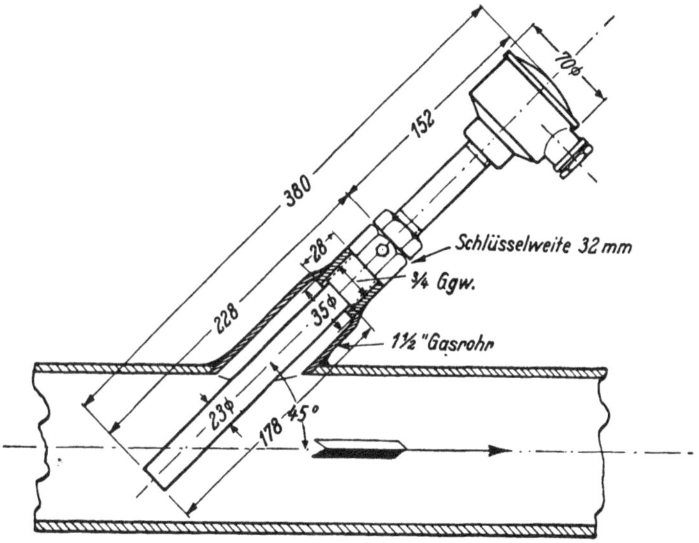

Bild 103. Widerstandsthermometer der Wärmemengenmeßanlage.

Die Messung der Vor- und Rücklauftemperaturen erfolgt durch Einschraubfernthermometer mit temperaturempfindlicher Platinwicklung und einem Grundwiderstand von 180 Ohm bei 0⁰ C (siehe vorstehendes Bild 103).

Die elektrische Übertragung der Ferntemperaturen in den Unterstationen erfolgt auf Temperaturmeldetafeln, die je aus einem Flachprofil-Einbauablesegerät und zwei Federsatzdrehumschaltern bestehen, welche in einer gemeinsamen Frontplatte eingesetzt werden. Zur Feststellung der verbrauchten Wärmemenge der Warmwasser- und Heißwasserheizungsanlagen wurden Wärmemengenmesser, System »Hallwachs« eingebaut. Die Wirkungsweise dieser Messer ist folgende:

In die Vorlaufleitung wird eine VDI-Normblende (siehe Bild 104) eingebaut. Beim Durchströmen durch den verengten Querschnitt der

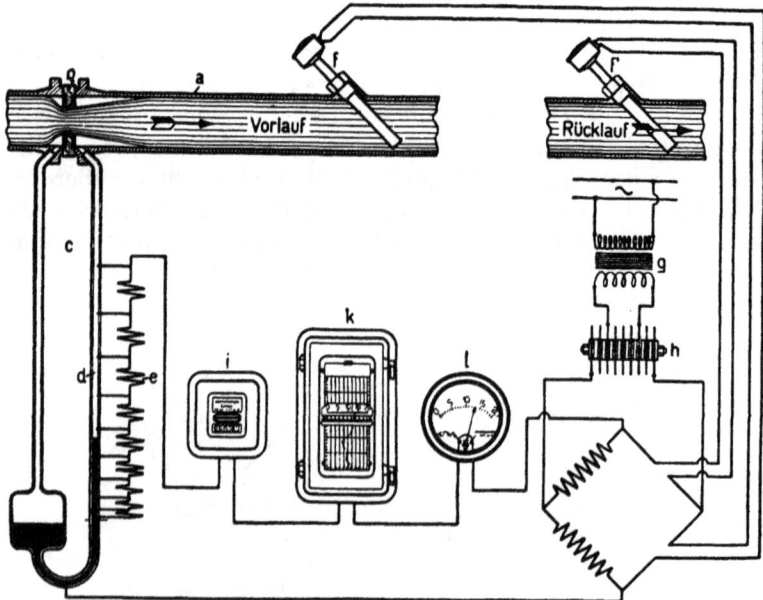

Bild 104. Schema einer Wärmemengenmeßanlage
System Hallwachs & Morckel.

Blende muß das Wasser beschleunigt werden, wobei die dazu erforderliche Arbeit der Druckenergie entnommen wird. Hierdurch entsteht ein Druckabfall. Dieser Druckabfall ist gesetzmäßig proportional dem Quadrat der Durchflußmenge. Er wird durch ein Differenzmanometer gemessen.

Das aus Bild 105 ersichtliche Differenzmanometer (allgemein Geber genannt) besteht aus einem, mit Quecksilber gefüllten U-Rohr, dessen einer Schenkel erweitert ist; in ihm sind in quadratisch wachsenden Abständen Kontakte eingeschmolzen, die unter sich durch Widerstandsstufen verbunden sind.

Der Differenzdruck verursacht ein Absinken des Quecksilberspiegels in dem erweiterten Schenkel und ein Steigen desselben in der mittleren engen Glasröhre. Durch die steigende Quecksilbersäule werden über die Kontakte die Stufen des Stufenwiderstandes teilweise kurz geschlossen, wodurch sich der Widerstand des Meßstromkreises umgekehrt proportional der Wassermenge verändert, so daß also in dem angeschlos-

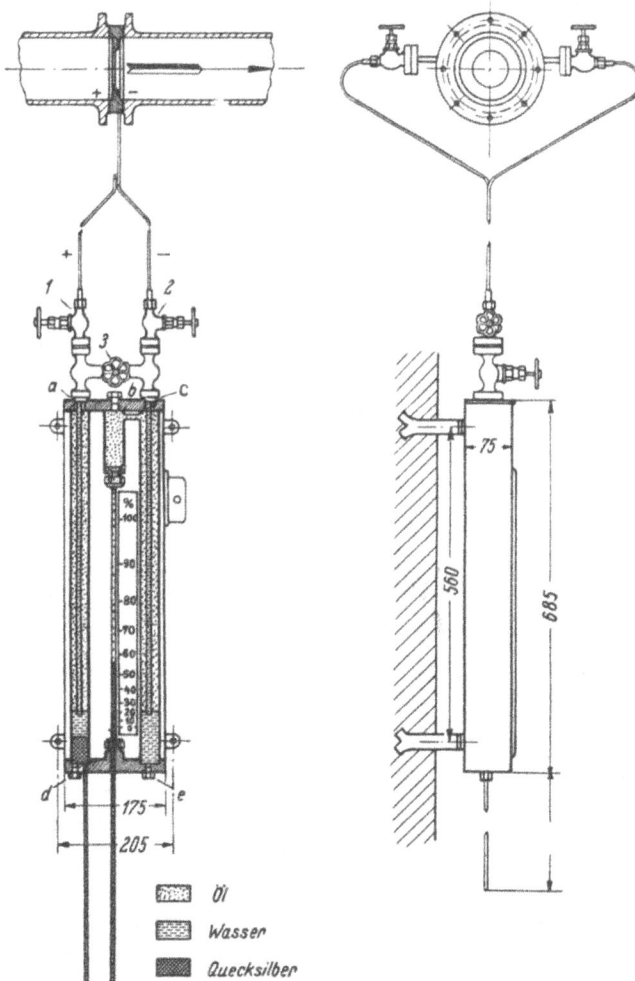

Bild 105. Differenzmanometer des Wärmezählers
System Hallwachs & Morckel.

senen Stromkreis ein der Wassermenge proportionaler Strom fließt. Die Messung der Temperaturdifferenz zwischen Vor- und Rücklauf erfolgt, wie bereits erwähnt, durch Widerstandsthermometer, die in die Vor- und Rücklaufleitung (siehe Bild 104) eingebaut werden und welche die Zweige einer Wheatstonschen Brücke bilden. Die Speisung der Brücke erfolgt unter Zwischenschaltung eines Transformators und Gleichrichters direkt durch das Lichtnetz.

Beim Betrieb der Heizanlage haben Vor- und Rücklauf verschiedene Temperaturen. Der Widerstandswert des in den Vorlauf eingebauten Widerstandsthermometers ist jedoch größer als der des Thermometers im Rücklauf. Dadurch verschiebt sich das Gleichgewicht der Brücke; in derselben entsteht zwischen den Ausgangspunkten für den Meßstromkreis eine der Temperaturdifferenz proportionale Spannung. In den Meßkreis ist der Wärmemengenzähler sowie Wärmemengenschreiber eingebaut und der Stufenwiderstand des Hallwachs-Wassermessers. Die Quecksilbersäule des Hallwachs-Wassermessers steuert nun den Stufenwiderstand derart, daß sich dessen Widerstand umgekehrt proportional zur Wassermenge ändert, so daß, da ja die Spannung proportional der Temperaturdifferenz ist, durch den Zähler ein dem Produkt aus Temperaturdifferenz und Wassermenge proportionaler Strom fließt; somit läßt sich an dem Zähler die von der Heizung abgegebene Wärmemenge unmittelbar in Wärmeeinheiten ablesen.

Zur Messung der Dampfmenge sind in den Hauptdampfleitungen der drei verschiedenen Betriebsgruppen VDI-Normblenden eingebaut, damit ein zum Betrieb der Ringwaagedampfmengenmesser erforderlicher Wirkdruck bei Durchgang des Dampfes entsteht (siehe Bild 106). Die drei Dampfmesser sind mit je einem mechanischen Zählwerk ausgerüstet, die durch Synchronmotore angetrieben werden. Zur Übertragung der Zeigerstellung auf den Dreifarbenschreiber ist je der Dampfmesser mit einem Widerstandsfernsender ausgerüstet.

Die Dampfmesser sind für einen bestimmten Betriebsdruck und für eine bestimmte Überhitzertemperatur geeicht. Ändern sich beim Betrieb die der Berechnung der Blenden zugrunde gelegten Werte, dann müssen die Angaben des Dampfmessers entsprechend korrigiert werden.

Die Berichtigung der Druckänderung erfolgt mittels nachstehender Zahlentafel (Bild 107).

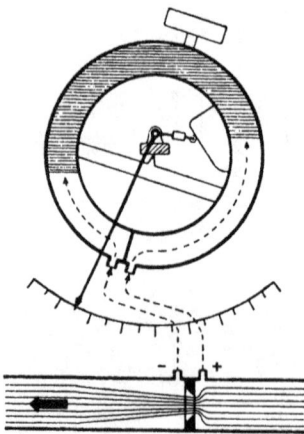

Bild 106.
Ringwaage des Dampfmessers.

at	1.0	1.5	2.0	2.5	3.0	3.5	4.0	4.5	5.0	5.5	6.0	6.5	7.0	7.5	8.0	8.5	9.0	9.5	10.0	10.5	11.0	11.5	12.0
0.5	0.865	0.775																					
0.75	0.935	0.836																					
1.0	1.000	0.895	0.816																				
1.25	1.060	0.950	0.865	0.802																			
1.5	1.118	1.000	0.912	0.845	0.790																		
1.75	1.171	1.049	0.956	0.886	0.829	0.781																	
2.0	1.223	1.095	1.000	0.925	0.865	0.815	0.775																
2.25	1.272	1.140	1.040	0.964	0.901	0.850	0.805	0.769															
2.5	1.321	1.182	1.079	1.000	0.935	0.881	0.836	0.797	0.764														
2.75	1.370	1.224	1.128	1.036	0.967	0.913	0.865	0.825	0.790	0.760													
3.0	1.413	1.264	1.153	1.069	1.000	0.942	0.894	0.852	0.815	0.785	0.755												
3.5		1.341	1.223	1.132	1.060	1.000	0.949	0.905	0.865	0.831	0.801	0.774											
4.0		1.415	1.290	1.194	1.118	1.053	1.000	0.952	0.912	0.876	0.845	0.815	0.791										
4.5			1.352	1.252	1.171	1.104	1.050	1.000	0.956	0.920	0.886	0.855	0.829	0.804									
5.0			1.415	1.310	1.225	1.153	1.095	1.044	1.000	0.960	0.925	0.894	0.865	0.840	0.815								
5.5				1.362	1.274	1.200	1.140	1.088	1.040	1.000	0.964	0.930	0.901	0.874	0.850	0.826							
6.0				1.320	1.248	1.182	1.128	1.080	1.037	1.000	0.965	0.935	0.906	0.881	0.858	0.836							
6.5					1.290	1.224	1.169	1.118	1.073	1.033	1.000	0.968	0.940	0.912	0.888	0.866	0.845						
7.0					1.265	1.206	1.154	1.109	1.069	1.032	1.000	0.970	0.942	0.918	0.894	0.872	0.853						
7.5						1.242	1.190	1.143	1.101	1.064	1.030	1.000	0.971	0.946	0.922	0.899	0.880	0.860					
8.0						1.225	1.178	1.132	1.095	1.060	1.029	1.000	0.973	0.948	0.926	0.905	0.885	0.865					
8.5							1.210	1.163	1.125	1.090	1.058	1.028	1.000	0.975	0.951	0.930	0.910	0.889	0.872				
9.0											1.195	1.154	1.118	1.084	1.053	1.027	1.000	0.976	0.953	0.932	0.912	0.894	0.876
9.5												1.182	1.146	1.112	1.080	1.051	1.025	1.000	0.976	0.955	0.935	0.916	0.898
10.0													1.171	1.138	1.106	1.076	1.049	1.024	1.000	0.978	0.956	0.937	0.920
10.5														1.162	1.130	1.100	1.072	1.046	1.020	1.000	0.979	0.959	0.940
11.0															1.154	1.124	1.095	1.069	1.043	1.020	1.000	0.980	0.961
11.5																1.147	1.118	1.091	1.065	1.042	1.020	1.000	0.981
12.0																	1.139	1.112	1.088	1.062	1.040	1.020	1.000

Bild 107. Druckberichtigungstabelle für Dampfmesser.

Beispiel: Beträgt der Druck, für den der Dampfmesser berechnet wurde, 10 atü und ändert sich der Druck z. B. auf 8 atü, so ergibt sich ein Berichtigungswert von 0,973, d. h. die auf dem Dampfmesser abgelesene Dampfmenge in Tonnen ist mit 0,973 zu multiplizieren.

Die nachstehende Zahlentafel, Bild 108, stellt eine Temperaturberichtigungstafel dar.

°C	125°	130°	140°	150°	160°	170°	175°	180°	190°	200°	210°	220°	225°	230°	240°	250°	260°	270°	275°	280°	290°	300°
100	1.0325	1.039																				
110	1.02	1.0255	1.038	1.050	1.063																	
120	1.006	1.0125	1.025	1.0375	1.050																	
125	1.00	1.006	1.019	1.031	1.0425	1.055	1.060	1.0665	1.078	1.090	1.101	1.113	1.119	1.124								
130	0.994	1.000	1.012	1.024	1.036	1.048	1.054	1.060	1.071	1.083	1.094	1.1055	1.111	1.117	1.128	1.139						
140	0.982	0.988	1.000	1.0115	1.024	1.035	1.041	1.047	1.059	1.070	1.081	1.092	1.0975	1.104	1.114	1.125	1.135					
150	0.970	0.976	0.988	1.000	1.015	1.023	1.029	1.035	1.046	1.057	1.068	1.079	1.085	1.090	1.101	1.112	1.122	1.1325				
160	0.959	0.965	0.9765	0.9885	1.000	1.010	1.017	1.0225	1.034	1.045	1.0555	1.066	1.072	1.0775	1.088	1.098	1.109	1.120	1.125			
170	0.948	0.954	0.9655	0.977	0.989	1.000	1.006	1.011	1.022	1.033	1.044	1.055	1.060	1.065	1.075	1.085	1.096	1.107	1.112	1.117		
175	0.942	0.949	0.960	0.972	0.983	0.994	1.000	1.005	1.016	1.0275	1.038	1.049	1.054	1.060	1.070	1.080	1.090	1.101	1.105	1.110	1.120	
180	0.9375	0.9435	0.955	0.966	0.978	0.989	0.994	1.000	1.011	1.022	1.032	1.043	1.048	1.054	1.064	1.0745	1.084	1.095	1.100	1.105	1.115	1.1245
190	0.927	0.933	0.9445	0.956	0.967	0.978	0.984	0.989	1.000	1.011	1.021	1.032	1.037	1.042	1.0525	1.0625	1.0725	1.083	1.0875	1.0925	1.1025	1.112
200	0.917	0.923	0.934	0.946	0.957	0.968	0.973	0.979	0.989	1.000	1.010	1.021	1.026	1.031	1.041	1.051	1.0601	1.071	1.076	1.081	1.091	1.100
210	0.9075	0.914	0.925	0.936	0.947	0.958	0.963	0.9685	0.979	0.989	1.000	1.011	1.015	1.020	1.030	1.040	1.051	1.060	1.065	1.070	1.080	1.089
220	0.898	0.904	0.915	0.926	0.937	0.948	0.9535	0.959	0.969	0.980	0.990	1.000	1.005	1.010	1.020	1.030	1.040	1.0495	1.054	1.059	1.0685	1.078
225		0.900	0.911	0.922	0.933	0.943	0.9485	0.9535	0.964	0.9745	0.9845	0.995	1.000	1.005	1.015	1.025	1.035	1.044	1.049	1.054	1.0625	1.0725
230		0.895	0.906	0.917	0.928	0.938	0.944	0.949	0.959	0.970	0.980	0.990	0.995	1.000	1.010	1.020	1.030	1.039	1.044	1.049	1.0575	1.0675
240			0.897	0.908	0.919	0.929	0.935	0.940	0.950	0.960	0.970	0.980	0.985	0.990	1.000	1.010	1.020	1.029	1.034	1.038	1.047	1.057
250			0.8885	0.900	0.910	0.920	0.9255	0.931	0.941	0.951	0.961	0.971	0.976	0.9805	0.990	1.000	1.010	1.019	1.024	1.028	1.037	1.047
260				0.891	0.9015	0.912	0.917	0.922	0.932	0.942	0.952	0.962	0.9665	0.971	0.981	0.9905	1.000	1.010	1.014	1.018	1.027	1.037
270				0.883	0.893	0.903	0.9085	0.913	0.923	0.933	0.943	0.953	0.958	0.962	0.9715	0.981	0.9905	1.000	1.0045	1.0095	1.018	1.027
275					0.889	0.899	0.904	0.909	0.919	0.929	0.9385	0.9485	0.953	0.958	0.967	0.977	0.986	0.995	1.000	1.0045	1.0135	1.0225
280						0.895	0.900	0.905	0.915	0.925	0.9345	0.944	0.949	0.9535	0.963	0.972	0.982	0.991	0.995	1.000	1.0093	1.018
290							0.892	0.897	0.907	0.917	0.926	0.9355	0.940	0.945	0.954	0.964	0.973	0.982	0.9865	0.991	1.000	1.009
300								0.889	0.899	0.908	0.918	0.9275	0.932	0.937	0.946	0.955	0.9645	0.9735	0.978	0.982	0.991	1.000

Bild 108. Temperaturberichtigungstabelle für Dampfmesser.

Beispiel: Ist der Dampfmesser für eine Überhitzungstemperatur von 250⁰ C berechnet und beträgt die wirkliche Überhitzungstemperatur nur 220⁰ C, so ist der auf dem Dampfmesser angegebene Wert mit 1,030 zu multiplizieren.

Die neu errechneten Werte multipliziert mit der Angabe des Dampfmessers ergeben dann die richtiggestellte Dampfmenge.

Beispiel: Der Dampfmesser ist für 10 atü Betriebsdruck und 250⁰ C Überhitzung berechnet und geeicht, die Betriebsdaten sind jedoch 8 atü Betriebsdruck und 220⁰ C Überhitzung, dann ist der auf dem Dampfmesser abgelesene Wert zu multiplizieren mit 0,973 × 1,030 = 1; mit anderen Worten, der Dampfmesser zeigt in diesem Fall die wahre Menge an.

Auf der Rückseite der Gerätetafel ist die zum Betrieb einer jeden Wärmemengenmeßeinrichtung erforderliche Stromquelle untergebracht.

Zur Überwachung der in der Maschinenzentrale aufgestellten Elektromotoren dienen die in die Schalttafel eingebauten Volt- und Amperemeter, sowie die auf dem Pult angebrachten Druckknopfschalter zur Betätigung getrennt montierter Schaltschützen, welche mit Überstromauslösung ausgerüstet sind. Die Anlaßwiderstände der großen Pumpenmotore, die durch Handradantrieb von der Vorderseite der Schalttafel aus betätigt werden, sowie die Motorschutzschalter sind unter dem Pult der Schalttafel eingebaut. Der Motor der Hauptspeisepumpe, der wegen seiner großen Leistung durch einen Motorschutzschalter nicht eingeschaltet werden kann, besitzt einen selbsttätigen Sterndreieckschalter, welcher ebenfalls vom Schaltpult durch Druckknöpfe gesteuert wird.

Bedienungsvorschrift der Wärmemengenmeßanlage, System Hallwachs.

Einbau des Meßflansches. Die Einbaustelle des Meßflansches ist so zu wählen, daß sich vorher ein gerades Stück von mindestens dem zehnfachen Rohrdurchmesser befindet, während sich an den Meßflansch noch ein gerades Stück von mindestens dem fünffachen Rohrdurchmesser anschließen muß. Der Meßflansch ist so einzubauen, daß das Wasser in Richtung des auf dem Meßflansch eingeschlagenen Pfeiles strömt, also bei der engeren Seite eintritt. Die beiden Stutzen des Meßflansches müssen waagerecht liegen. An die beiden Stutzen des Flansches werden zunächst je ein Ventil angeschraubt und angeschlossen.

Montage des Gebers. Der Geber ist unterhalb des Meßflansches anzuordnen. Zweckmäßig wird derselbe auf zwei Flacheisenbügel befestigt, die so in die Wand eingelassen werden, daß sie noch 50 mm aus derselben hervorragen. Der mit (1) bezeichnete Stutzen des Meßflansches wird mit dem linken Ventil (1) des Gebers, der mit (2) bezeichnete Stutzen des Meßflansches mit dem rechten Ventil (2) durch ein Kupferrohr 7/9 mm verbunden.

Beschreibung des Gebers. Der Geber, Bild 105, besteht aus zwei rohrförmigen Behältern, welche als Ölvorlage dienen und zwischen denen das Kontaktrohr angeordnet ist. An die linke Ölvorlage schließt sich der als U-Rohr ausgebildete Überlastungsschutz an. Der zweite Schenkel dieses Überlastungsschutzes bildet dabei die untere Verlängerung des Kontaktrohres. Das Kontaktrohr selbst ist in zwei besonders ausgebildete Stopfbüchsen eingebaut. An die obere Stopfbüchse schließt sich der Quecksilberfangtopf an, der durch ein eingeschweißtes Rohr mit der rechten Ölvorlage verbunden ist. Der Differenzdruck verursacht ein Absinken des Spiegels im Quecksilberbehälter und ein Steigen desselben im Kontaktrohr. Beim höchsten Differenzdruck beträgt die Absenkung 20,5 mm, der sichtbare Ausschlag des Kontaktrohres 373 mm, entsprechend einem Differenzdruck von $(373 + 20,5) \times 12,7 = 5000$ mm WS. Es sind jedoch Überlastungen bis zu 10 000 mm WS zulässig. Hierbei wird das Quecksilber bis nahezu an das untere Ende des Überlastungsrohres gesenkt, wobei sich der Inhalt des Quecksilberbehälters in dem Fangtopf hochdrückt. Nach Aufhören der Überlastung läuft das Quecksilber von selbst wieder zurück.

Füllung des Gebers.

1. Ventilsatz *1*, *2* und *3* und angeschraubte Steigrohre durch Lösen der $^3/_8$ starken Schrauben an dem Ventil *3* abnehmen.
2. Stopfen *b* entfernen.
3. Bei Stopfen *b* mit Hilfe eines Glastrichters ca. 0,9 kg elektrolytisch gereinigtes Quecksilber einfüllen, bis dasselbe im Kontaktrohr in der Höhe des Nullstriches steht. Zuviel eingefülltes Quecksilber kann bei Stopfen *d* abgezapft werden.
4. An der Anschlußstelle *a* des Ventils *3* mit Hilfe eines Trichters 100 ccm³ reines Wasser einfüllen.
5. An der Anschlußstelle *c* des Ventiles *3* ebenfalls mit Hilfe eines Trichters ca. 100 ccm³ reines Wasser einfüllen.
6. An der Anschlußstelle *a* des Ventiles *3* unter Verwendung eines Trichters reines Paraffinöl einfüllen, bis dasselbe an diese Stelle überläuft.
7. An der Anschlußstelle *c* des Ventiles *3* ebenfalls reines Paraffinöl einfüllen, bis dasselbe an dieser Stelle überläuft.
8. Bei Stopfen *b* reines Paraffinöl einfüllen, so daß dasselbe im Kontaktrohr hinunterläuft und gleichzeitig den angeschlossenen Fangtopf füllt. Bei dem Füllen mit Paraffinöl ist darauf zu achten, daß gleichzeitig die Luft aus dem Apparat entweichen kann.
9. Stopfen *b* einsetzen.
10. Ventilsatz an den Ventilen *1*, *2* und *3* und angeschlossenen Steigrohren bei geöffneten Ventilen *1*, *2* und *3* unter Zwischenlegung einer Dichtung einsetzen, jedoch nicht festschrauben.

11. Auf Ventil *1* einen Trichter aufschrauben und durch dieses Ventil reines Wasser einfüllen, bis an dem Ventilsatz angeschlossenen Steigrohre mit Wasser gefüllt sind. Das aus den Steigrohren verdrängte Öl fließt hierbei an der Dichtungsstelle *a* und *c* des nicht festgeschraubten Ventiles *3* aus.

Hierauf werden zunächst die $^3/_8{}''$ starken Schrauben der Dichtungsstelle *a* angezogen und, nachdem ebenfalls an der Dichtungsstelle *c* Paraffinöl ausgetreten ist, auch diese Schrauben angezogen.

12. Trichter auf Ventil *1* entfernen. Wieweit der Geber mit Wasser (blau), Quecksilber (rot) und Öl (gelb) gefüllt sein muß, ist aus der Zeichnung Bild 105 ersichtlich.

Inbetriebnahme des Gebers.

1. Ventil *1* und *2* schließen und die beiden Überwurfmuttern am Ende der nach dem Meßflansch führenden kupfernen Verbindungsleitung auf Ventil *1* und *2* aufschrauben.

2. Ventile am Meßflansch öffnen (siehe Bild 105).

3. Überwurfmuttern am Ventil *1* und *2* des Gebers etwas lockern, so daß Wasser heraustritt und die Luft aus den Verbindungsrohren verdrängt. Nachdem mit Bestimmtheit sämtliche Luft aus den Verbindungsrohren zwischen Meßflansch und Geber verdrängt ist, sind die Überwurfmuttern, während Dampf ausströmt, anzuziehen, so daß keine Luft in die Leitung zurücktreten kann.

4. Zur Inbetriebnahme wird nun bei geöffnetem Ventil *3* das Ventil *1* des Gebers langsam geöffnet. Hierauf steht der Geber zunächst unter Betriebsdruck. Nunmehr wird Ventil *3* geschlossen und Ventil *2* langsam geöffnet. Strömt Wasser durch den Meßflansch, so stellt sich der Messer in einer der Durchflußmenge entsprechenden Höhe ein. Steigt das Quecksilber bis über das Ende der Skala, so ist der Messer überlastet und der Meßbereich muß durch Ausbauen und Ausdrehen des Meßflansches erweitert werden.

Nullpunktkontrolle. Zur Nullpunktkontrolle wird Ventil *2* geschlossen und das Umgehungsventil *3* geöffnet. Hierdurch lastet auf den beiden Schenkeln derselbe statische Druck und die Quecksilbersäule muß auf Null zurückgehen. Steht die Quecksilbersäule jedoch zu hoch, so kann der richtige Stand durch Ablassen von Quecksilber an dem Stopfen *d* eingestellt werden. Dieser Stopfen ist hierbei ein wenig zu lockern, so daß das Quecksilber schwach herausperlt. Steht dagegen die Quecksilbersäule in dem Kontaktrohr zu niedrig, so muß bei Stopfen *b* etwas Quecksilber nachgefüllt werden. Zu diesem Zwecke müssen zunächst bei geöffnetem Ventil *3* die Ventile *1* und *2* geschlossen werden, so daß der Messer nicht mehr unter Druck steht. Hierdurch wird der Stopfen *b* entfernt, wobei durch den Druck im Innern des Apparates an dieser Stelle etwas Öl austritt.

Abstellen des Gebers. Zum Abstellen des Gebers dürfen niemals einfach beide Ventile *1* und *2* geschlossen werden, da sonst bei Erhöhung der Raumtemperatur durch die Ausdehnung des Öles Druckspannungen hervorgerufen werden, die zu einem Bruch des Glasrohres führen können. Es darf beim Abstellen vielmehr lediglich Ventil *1* oder *2* geschlossen werden, wobei in jedem Falle das Umgehungsventil *3* zu öffnen ist.

Einbau der Widerstandsthermometer. An zwei benachbarten Stellen des Vor- und Rücklaufes werden die Eintauchhülsen zum Einschieben der Widerstandsthermometer vorgesehen. Beim Einbau ist darauf zu achten, daß sich die Widerstandsthermometer, die eine Länge von 380 mm besitzen (siehe Bild 103) leicht ein- und ausbauen lassen. Falls die lichte Weite der Rohrleitung kleiner ist als die Eintauchlänge des Thermometers, muß die Rohrleitung domartig erweitert werden. In die Vorlaufleitung werden zwei Eintauchhülsen und in der Rücklaufleitung eine Eintauchhülse vorgesehen (siehe Bild 109).

D. Die zentrale Warmwasserversorgung.

Die Warmwasserversorgung kann entweder örtlich von den einzelnen Unterstationen des Fernheizwerkes oder zentral von der Maschinenzentrale des Kesselhauses aus erfolgen.

Ebenso wie der projektierende Ingenieur reiflich zu überlegen hat, ob bei einem geschlossenen Gebäudeblock die Erstellung eines Fernheizwerkes vom technischen wie auch vom wirtschaftlichen Standpunkt

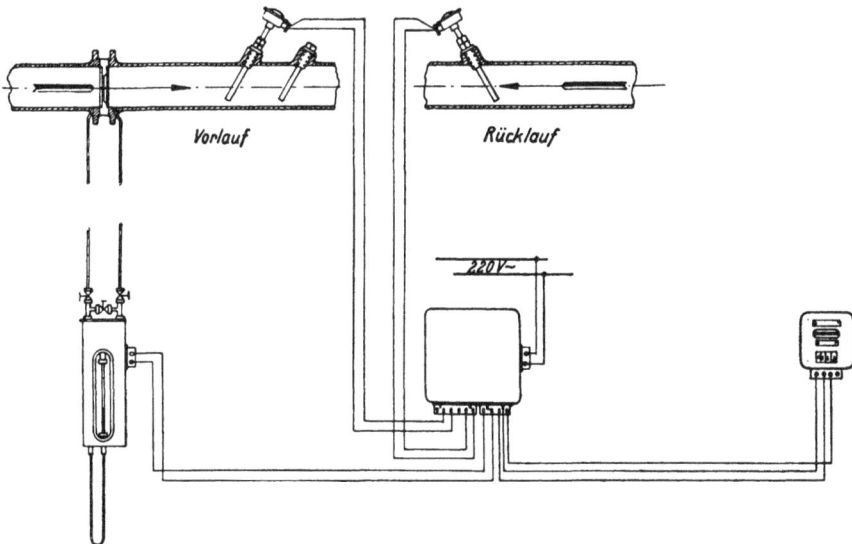

Bild 109. Einbau der Widerstandsthermometer der Wärmemengenmeßanlage.

13*

aus gerechtfertigt ist, oder ob es nicht vorteilhafter ist, die einzelnen Gebäude für sich zu beheizen, hat er auch die Art der Warmwasserversorgung in Erwägung zu ziehen. Fernheizanlagen mit verhältnismäßig geringem Warmwasserverbrauch, wie es hauptsächlich bei Bürogebäuden der Fall ist, erhalten zweckmäßig örtliche Warmwasserversorgungsanlagen, die an die Sommerleitung des Fernheizwerkes angeschlossen werden. Gewöhnlich sind bei modernen Fernheizwerken verschiedene Gebäude vorhanden, die mit Klimaanlagen oder Entnebelungsanlagen für Dampfkochküchen usw. zu versehen sind, so daß hierfür ohne hin schon eine vom Heizbetrieb völlig unabhängige Leitung, die sog. Sommerleitung, ausgeführt werden muß.

Bei Fernheizwerken mit großem und sehr schwankendem Warmwasserverbrauch, z. B. für Kasernen, oder bei Fernheizwerken, an welche außer Büro- und Wohnhäuser auch noch Industrie- und Wirtschaftsgebäude mit zeitweise großem Warmwasserbedarf angeschlossen sind, ist die zentrale Warmwasserversorgung die einzigrichtige Lösung, weil dadurch ohne Forcierung der Kesselanlage der nur vorübergehend auftretende Spitzenbedarf rasch und sicher gedeckt werden kann. Solche Anlagen müssen mit genügend großen Wärmespeichern versehen werden, wobei die Speicher zu unterteilen sind, damit bei vorkommenden Reparaturen der Betrieb störungsfrei durchgeführt werden kann. Daraus ergibt sich von selbst, daß die Größe der Speicher nicht nur nach dem stündlich anfallenden Spitzenbedarf, sondern auch für eine entsprechend große Reserve zu berechnen ist.

Damit auch an den entferntesten Zapfstellen sofort warmes Wasser von der erforderlichen Temperatur entnommen werden kann und Wasserverluste vermieden werden, muß die Fernleitung an eine Zirkulationsleitung angeschlossen werden, wobei die Berechnung der Zirkulationsleitung so zu erfolgen hat, daß der Temperaturverlust von der Zentrale bis zur entferntesten Zapfstelle nicht mehr als 5° C beträgt.

Bei langen Fernleitungen ist eine Zirkulation durch Schwerkraft vollständig ausgeschlossen und erfolgt die Zirkulation zwangsweise durch Anschluß an eine Umwälzpumpe. Zweckmäßig werden zwei solche Pumpen von gleicher Größe aufgestellt, damit bei Ausfall einer Pumpe der Betrieb ohne Unterbrechung auf die andere umgeschaltet werden kann.

Bei Berechnung der Wandstärken der Wärmespeicher muß zu dem hydrostatischen Druck der Kaltwasserleitung noch der Pumpendruck der Umwälzpumpe addiert werden, wenn man Undichtigkeiten an den Speichern vermeiden will.

Die Aufladung der Wärmespeicher erfolgt normalerweise in den betriebsruhigen Zeiten, d. i. nachmittags und abends, was besonders im Winterbetrieb, bei dem die Kesselanlage ohnehin stark beansprucht wird, von großem Vorteil und wirtschaftlicher Bedeutung ist.

Bei Anlagen, die zentrale Warmwasserversorgung besitzen, kommt es oft vor, daß Betriebe mit großem Wärmebedarf, wie Dampfwäschereien, Trockenanlagen, Dampfkochküchen usw. plötzlich den Dampf ausschalten, wobei die Regulierung der Kesselfeuerung nicht rasch genug folgen kann; hier besitzt die Wärmespeicheranlage den Vorteil, daß der Maschinist in der Lage ist, den überschüssigen Dampf oder das überschüssige Heizwasser auf die Speicheranlage umzuschalten, damit ein gefährlicher Überdruck oder das Abblasen des Sicherheitsventils verhütet wird. Diesen Vorteil gewährt auch der dampfbeheizte Heißwasserkessel.

Da die Fernheizwerke gewöhnlich mit Hochdruckkessel betrieben werden, könnte man aus wirtschaftlichen Gründen auch mit kleineren Speichern auskommen, und zwar dadurch, daß man das Wasser auf 125° C und darüber erwärmt und er am Entnahmeverteiler durch Zumischung von Kaltwasser auf die gewünschte Temperatur abkühlt. Solche Anlagen führen jedoch durch das plötzliche Ausscheiden beträchtlicher Mengen Wasserstein in verhältnismäßig kurzer Zeit zur vollständigen Verkalkung des Fernleitungsnetzes und den sich daraus ergebenden Betriebsstörungen. Außerdem wird durch diese hohen Temperaturen die Korrosion an den Wandflächen der Wärmespeicher begünstigt.

In den Fernheizwerken der NSDAP. werden die Speicher auf 50 bis 55° C hochgeheizt. Dadurch wird erreicht, daß das Ausscheiden von Wasserstein auf ein Minimum reduziert wird, so daß selbst nach jahrelangem Betrieb kaum ein Ansetzen von Kesselstein an den Wandflächen der Rohrleitungen und Speicher festgestellt werden konnte. Selbstverständlich läßt sich nicht verhüten, daß an den Heizschlangen durch die hohe Temperatur des Heizmittels mehr oder weniger Wasserstein ausgeschieden wird, wobei es vorkommt, daß derselbe abspringt und vom Gebrauchswasser mitgerissen wird. Aber auch in solchen Fällen wird leicht Abhilfe dadurch geschaffen, daß man im oberen Teil der Wärmespeicher sowie nach den Speichern vor dem Anschluß an das Fernleitungsnetz eine Holzwollfilteranlage einbaut. Durch ein Differentialmanometer, welches in die Filteranlagen eingebaut ist, kann das Bedienungspersonal jederzeit den Zustand der Verkalkung feststellen und den Zeitpunkt der Erneuerung der Filter ermessen.

Zur Zeit besteht in Fachkreisen eine übertriebene Korrosionsfurcht, die, wie Herr Stadtoberbaurat Dipl.-Ing. Kämper in seinem Werk: »Die Heizungs- und Lüftungsanlagen in den verschiedenen Gebäudearten« begründet, gar nicht gegeben ist. Wenn es auch eine Tatsache ist, daß in den letzten Jahren sich die Korrosionen und Verkalkungen in Warmwasserversorgungsanlagen auffallend mehren, so dürfte dies in der Hauptsache wohl darauf zurückzuführen sein, daß die Warmwasserbereitungsanlagen mit viel zu hohen Temperaturen betrieben werden, und daß die Wandstärken der Boiler gegenüber den früheren Ausführungen zu schwach sind. Der Auffassung, daß der Anschluß der Warm-

wasserbereitungsanlagen an das Hochdruck-Kaltwasserleitungsnetz auch
eine der Ursachen der Korrosionen und Verkalkungen sei, und daß
früher, als die Anlagen noch an das Niederdrucknetz über einen auf dem
Dachboden aufgestellten Kaltwasserbehälter angeschlossen wurden, Korrosionserscheinungen nur sehr selten aufgetreten sind, kann ich mich
nicht anschließen, nachdem in Süddeutschland die Boiler schon seit
Jahrzehnten an das Hochdruckleitungsnetz angeschlossen werden, ohne
daß sich in früheren Zeiten Korrosionserscheinungen bemerkbar machten.
Es bestehen heute noch Anlagen aus dieser Zeit, die trotz ihres Alters
noch vollständig einwandfrei funktionieren. Früher hatte man eben die
Anlagen reichlicher bemessen, während in den letzten Jahren immer
mehr das Bestreben wahrgenommen wird, die Apparate so schwach wie
möglich zu halten, sodaß die Anlagen nicht nur durch den forcierten
Betrieb unwirtschaftlich arbeiten, sondern auch den obenerwähnten
Gefahren in verstärktem Maße ausgesetzt sind.

Zentralisierte Warmwasserversorgungsanlagen müssen natürlich
sehr gut isoliert werden, und zwar Apparate und Rohrleitungen, damit
die Wärmeverluste weitgehendst eingeschränkt werden.

Das an den entferntesten Zapfstellen mit einer Dauertemperatur
von 40 bis 45° C ankommende Gebrauchswasser genügt in den meisten
Fällen für den normalen Bedarf. Außerdem hat diese niedrige Temperatur den Vorteil, daß Verbrühungen beim Händewaschen, wie sie in
manchen Hotels noch an der Tagesordnung sind, verhütet werden. Für
Küchenbetriebe, zum Abspülen des Geschirrs, für Dampfwäschereien
und ähnliche technische Betriebe genügen natürlich diese Temperaturen
nicht. Hier ist es notwendig, in nächster Nähe der Verbrauchsstellen
noch Zusatzboiler aufzustellen, in denen das Wasser auf die gewünschte
Temperatur aufgeheizt wird. Auch hier müssen im Interesse einer dauern-
den Betriebsbereitschaft die Boiler in doppelter Anzahl aufgestellt werden,
wobei jeder Boiler imstande sein muß, die volle Leistung zu übernehmen.

Natürlich ist von diesen Boilern immer nur je einer in Betrieb, und
zwar so lange, bis seine Leistung so weit zurückgeht, daß eine Reinigung
erforderlich wird. Der Betrieb wird dann von dem inzwischen hoch-
geheizten Reserveboiler übernommen, der ebenfalls bis zur notwendigen
Reinigung in Betrieb bleibt. Auf diese Weise ist jede Betriebsstörung
ausgeschlossen.

Bild 110 zeigt die örtliche Warmwasserversorgung für das Dienstwohngebäude des Fernheizwerkes Braunes Haus. Man sieht links die
beiden Warmwasserboiler von je 3000 l Inhalt, welche direkt durch ein
dampfbeheiztes Röhrenbündel erwärmt werden. Der äußerste rechte
Apparat ist der auf S. 176 erwähnte Dampfsammler, der den Abdampf
der Betriebsturbinen sammelt und gleichzeitig als Kühler ausgebildet ist.

Das Schema einer zentralen Warmwasserversorgung mit zwei Speichern von je 30000 l Inhalt ist aus der Tafel I (siehe im Anhang) ersicht-

Bild 110. Warmwasserversorgungsanlage für das Dienstwohngebäude. — Fernheizwerk Braunes Haus.

Bild 111. Wassererwärmung der zentralen Warmwasservorsorgungsanlage
Fernheizwerk der ᛋᛋ-Junkerschule Bad Tölz.

Bild 112. Warmwasserverteiler der zentralen Warmwasserversorgungsanlage
Fernheizwerk der ᛋᛋ-Junkerschule Bad Tölz.

Bild 113. Speisewasserbehälter der Hochdruckdampfkesselanlage und Wärmespeicher
der zentralen Warmwasserversorgungsanlage
Fernheizwerk der ᛋᛋ-Junkerschule Bad Tölz.

lich. Vom Kaltwasserverteiler aus führt eine Leitung zu den beiden Pumpen der Zirkulationswasserleitung, wobei die Zirkulationswasserleitung aus dem Fernleitungsnetz düsenförmig in die Kaltwasserleitung eingeführt wird. An diese Kaltwasserleitung sind auch die beiden Wärmespeicher von unten angeschlossen. Die Zirkulationspumpe drückt das Gemisch von Kalt- und Zirkulationswasser in die beiden Gegenstromapparate, von denen normal nur je einer in Betrieb ist. Das in den Gegenstromapparaten auf 50° C erwärmte Wasser wird zu einem Verteiler geführt, der sowohl an die Wärmespeicher wie auch an das Fernleitungsnetz der Warmwasserversorgung angeschlossen ist. Wird an irgendeiner Stelle Wasser abgezapft, so strömt aus dem Kaltwasserverteiler die äquivalente Kaltwassermenge durch die Umwälzpumpenanlage nach. Wird kein Wasser abgezapft, dann holt sich die Umwälzpumpe das Kaltwasser aus dem Wärmespeicher und drückt es, nachdem es in den Gegenstromapparaten genügend vorgewärmt wurde, in die Speicher wieder zurück, so daß letztere automatisch wieder aufgeladen werden. Wie aus dem Schema ersichtlich ist, sind in den Speichern selbst, und zwar direkt unterhalb der Warmwasserentnahmestelle zwei Holzwollefilter eingebaut, die beim jeweiligen Reinigen der Boiler erneuert werden. Die vom Warmwasserverteiler zum Netz führende Vorlaufleitung führt über zwei im Keller angeordnete und parallel geschaltete Hauptfilter; dadurch wird erreicht, daß die Filter gleichmäßig abgenützt werden. Die vor den Filtern angebrachten Differentialmanometer lassen den Zustand der Verkalkung erkennen; sobald der Differentialdruck 1 m WS anzeigt, werden die Filter der Reihe nach herausgenommen und erneuert. Dadurch, daß zwei Filter aufgestellt sind, kann die Auswechslung ohne jede Betriebsstörung vorgenommen werden.

Bild 111 zeigt die Wassererwärmung der zentralen Warmwasserversorgungsanlage des Fernheizwerkes der ᛋᛋ-Junkerschule Bad Tölz. Rechts vor den Pumpen ist die Kaltwasserleitung mit Absperrventil ersichtlich. Vor der rechten Pumpe sieht man die Einmündung der Zirkulationswasserleitung unmittelbar vor dem Ansaugflansch der Pumpe. Bei der linken Pumpe ist die Zirkulationsleitung durch die Kaltwasserleitung verdeckt. Die Umwälzpumpen führen auf einen Verteiler, der so mit den darüber befindlichen Gegenstromapparaten gekuppelt ist, daß man von jeder Pumpe nach jedem Gegenstromapparat das Wasser fördern kann.

Bild 112 zeigt den Warmwasserverteiler im Fernheizwerk der ᛋᛋ-Junkerschule Bad Tölz. Das aus den Gegenstromapparaten kommende warme Wasser mündet oben links über den Absperrschieber in den Verteiler ein. Durch den nebenan befindlichen Absperrschieber strömt das Wasser zu den aus Bild 113 ersichtlichen Wärmespeichern, wobei jeder der Speicher von einem Podest aus ein- und ausgeschaltet werden kann. Die Vorlaufleitung zum Speicher besitzt ein Kontaktthermometer, welches an eine Lichtmeldetafel angeschlossen ist, das im Kesselhaus so angebracht ist, daß der Kesselwärter dasselbe jederzeit vor Augen hat. Bei Untertemperatur der Speicher leuchtet ein grünes, bei Übertemperatur ein rotes Licht auf. Auf diese Weise sieht der Kesselwärter jederzeit, ob die Warmwasserversorgung einwandfrei arbeitet. Am Warmwasserverteiler unten zweigen die Leitungen *1* und *2* nach dem Fernleitungsnetz ab. Eine dritte, nicht bezeichnete Leitung führt als Notleitung zu dem auf Bild 112 ersichtlichen Speisewasserbehälter der Hochdruckkesselanlage.

Bild 113 zeigt nochmals den Speisewasserbehälter der Hochdruckkesselanlage und dahinter die drei Warmwasserspeicher von je 15000 l Inhalt. Der maximale Warmwasserbedarf beträgt 30000 l und wird für die Brausen, Wannenbäder und Waschtische der Kaserne und Unterführerwohnhäuser der ⚡⚡-Junkerschule Bad Tölz benötigt. Ein Speicher dient als Reserve. Der Raum, in dem sich die Wärmespeicher befinden, ist unterkellert. In diesem Keller, der zum Fernkanal führt, wurde die Filteranlage aufgestellt.

Die Speicher besitzen eine Isolierung aus gesteppten Glasgespinstdecken von 30 mm Stärke, welche mit Signodebändern gehaltert und mit verzinktem Drahtgewebe umspannt sind. Über die Isolierung ist ein Gipshartmantel mit eingearbeiteter Nesselbandage angebracht.

Das Schwimmbassin der Schwimmhalle der ⚡⚡-Junkerschule Bad Tölz ist nicht an die zentrale Warmwasserversorgungsanlage angeschlossen. Das hierfür erforderliche Warmwasser wird durch Umwälzpumpen täglich auf 23° C nachgewärmt, wobei die täglichen Abkühlungsverluste des 600000 l fassenden Bassins 1 bis 2° C betragen. Die Zirkulationsleitung ist gleichzeitig an die Kaltwasserleitung mit angeschlossen, so daß die Gegenstromapparate nicht nur die Aufgabe haben, die täglichen Wärmeverluste zu decken, sondern auch das gesamte Bassin, welches alle drei Monate entleert wird, mit warmem Wasser aufzufüllen. Die tägliche Reinigung des Schwimmbades erfolgt durch eine Umwälzschnellfilteranlage.

E. Sonstige Betriebseinrichtungen.

Zur Maschinenzentrale gehört auch eine Werkstätte: Sie ist über ersterer, und zwar auf Fußbodenhöhe der oberen Bekohlungsanlage untergebracht. Durch einen Elektrozug, dessen Fahrbahn unterhalb der Kesselhausdecke durch das ganze Kesselhaus läuft und der eine Hubhöhe von 20 m besitzt, können schwere Kesselarmaturen und Maschinenteile bequem zur Werkstätte gebracht werden.

Die Werkstätte enthält alle Einrichtungen, die für normale Reparaturen erforderlich sind. Darunter befindet sich auch eine komplette Schweißanlage. Nachstehende Bilder 114 und 115 zeigen die Einrichtung der Werkstätte im Fernheizwerk Braunes Haus.

Die Kesselhäuser der NSDAP. sind selbstverständlich auch mit allen sanitären und gesundheitstechnischen Einrichtungen, wie Toiletten, Brausebad- und Waschanlagen, Erholungsraum usw. versehen.

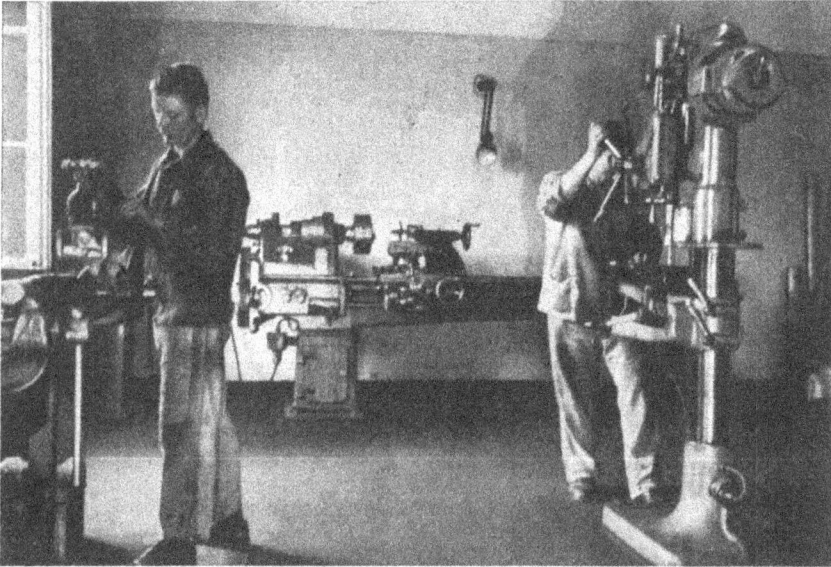

Bild 114. Werkstätte im Fernheizwerk Braunes Haus — Dreherei und Bohrmaschinenanlage.

Bild 115. Werkstätte im Fernheizwerk Braunes Haus — Schmiede und Schweißanlage.

Bild 116. Elektrozug zur Beförderung von Armaturen und Maschinenteile zu Werkstätte
Fernheizwerk Tegernseer Landstraße.

IV. Fernleitungen.

A. Wärme-Fernübertragung und Unterstationen.

Die Führung der Fernleitungen ist aus den im Anhang beigefügten
Lageplänen der beschriebenen Fernheizwerke ersichtlich. Die Verlegung
erfolgte in begehbaren Kanälen, die unterhalb der Kellergeschosse
angeordnet sind und mit sämtlichen an das Fernheizwerk angeschlossenen Gebäuden in Verbindung stehen. Fast durchwegs war es möglich, die Kanäle unter den Gängen der Kellergeschosse anzuordnen,
so daß die Seitenwände durch entsprechende Verlängerung der Fundamentmauern erstellt werden konnten (siehe Bild 117). Die Kanäle besitzen eine durchschnittliche Höhe von 2,50 m und eine Breite von ca.
3,0 m, entsprechend der Breite der Gänge im Kellergeschoß. Der Fußboden ist mit einem Gefälle von 1⁰/₀₀ verlegt. Die Ausführung der
Kanäle erfolgte in armiertem Beton mit einer äußeren Isolierung gegen
Feuchtigkeit, da sich sämtliche Fernkanäle im Bereich des Grundwassers
befinden. Undichtigkeiten sind bisher noch an keiner Stelle aufgetreten. Sicherheitsausgänge wurden nicht vorgesehen, nachdem die
Unterstationen der verhältnismäßig dicht aneinanderliegenden Gebäude
natürliche Sicherheitsausgänge bilden; außerdem ist in jedem Gebäude
ein eigener Eingang zum Fernkanal vorgesehen. Die Entlüftung der
Kanäle erfolgt durch die Gebäude selbst.

1. Die Fernkanäle und Rohrleitungen.

Bei der Projektierung der Fernheizanlagen wurde als oberster Grundsatz aufgestellt, die Anlagen so auszuführen, daß die Fernleitungen von
der Kesselzentrale bis zum letzten Gebäude gut beobachtet und erforderlich werdende Rohrauswechslungen oder etwaige Verlegung von
neuen Rohrleitungen ohne Schwierigkeiten ausgeführt werden können.
Undichtigkeiten im Rohrleitungsnetz, besonders an den Kompensationsvorrichtungen, lassen sich leider nie ganz vermeiden. Sie werden in
begehbaren Kanälen im Anfangszustand bei dem täglichen Kontrollgang des Stationswärters festgestellt und können dann raschestens beseitigt werden, ohne daß ein größerer Schaden entsteht. Bei nichtbegehbaren Fernkanälen ist es schon öfters vorgekommen, daß der
Schaden erst dann festgestellt wurde, als die Rohrleitung bereits vollständig verrostet und die Isolierung bis zur Unbrauchbarkeit zerstört

war. Die Mehrkosten für die Erstellung von begehbaren Kanälen, die bei geschickter Anordnung gar nicht so hoch sind, als es von Anfang an den Anschein hat, machen sich daher beim Betrieb reichlich bezahlt. Nachstehendes Bild 117 zeigt den Schnitt durch einen Fernkanal unterhalb des Verwaltungsgebäudes — Fernheizwerk Braunes Haus.

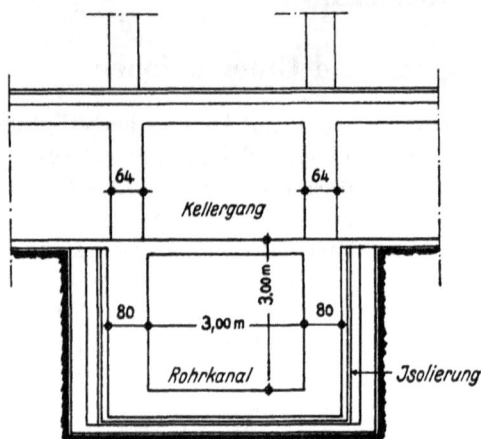

Bild 117. Schnitt durch den Fernkanal im Verwaltungsbau Fernheizwerk Braunes Haus.

Was die Rohrleitungen selbst anbetrifft, so handelt es sich teils um Fernheißwasser-, teils um Ferndampfleitungen, Entwässerungs- und Kondensatrückspeiseleitungen.

Wie bereits schon ausgeführt, ist die Fernheißwasserheizung der Ferndampfheizung bedeutend überlegen. Erstere arbeitet vollständig geräuschlos und außerdem wird die Kesselanlage durch das Nichtvorhandensein von Wasserverlusten geschont. Ferner sind die Kosten bei entsprechender Temperaturdifferenz billiger als die einer Ferndampfheizung.

Ein weiterer Vorteil liegt darin, daß bei sachgemäßer Ausführung der Fernheißwasserheizung Geländeschwierigkeiten keine Rolle spielen, während sie bei der Ferndampfheizung in erhöhtem Maße zu berücksichtigen sind. Alle diese Vorzüge sind so unbestreitbar, daß man nicht über sie hinwegsehen kann. Der in den Unterstationen etwa benötigte Dampf kann durch Umformer aus der Heißwasserheizung erzeugt werden. Außerdem ist es eine feststehende Tatsache, daß die Wärmeverluste der Fernheißwasserleitung erheblich geringer sind als die der Ferndampfleitung bei gleichen Temperaturverhältnissen. Auch die Gefahren, die bei Undichtigkeiten im Fernleitungsnetz der Heißwasserheizung auftreten, sind in der Regel geringfügig, während die Praxis bewiesen hat, daß bei Ferndampfheizungsanlagen durch Rohrbrüche, die durch Wasserschläge entstanden sind, schwere Verbrühungen oder gar Unglücksfälle mit tödlichem Ausgang vorgekommen sind. Aber trotz all diesen Vorteilen kann es notwendig sein, der Ferndampfheizung den Vorzug zu geben, wenn es sich um Anlagen handelt, bei denen die überwiegende Mehrzahl der Gebäude dampfbeheizt werden und nebenbei noch ein großer Bedarf an Betriebsdampf vorhanden ist. Ein solch reines Ferndampfheizwerk wurde beispielsweise für die ᛋᛋ-Junkerschule Bad Tölz erstellt. Diese Anlage besitzt neben der umfangreichen Kaserne auch noch eine große Anzahl von Betriebsgebäuden aller Art,

Bild 118. Fernkanal — Fernheizwerk Braunes Haus.

wie Garagen, Dampfwäscherei, Schwimmhalle, Tribünengebäude, Werkstätten, Exerzier- und Reithallen und außerdem noch mehrere Dienstwohngebäude. Mit Ausnahme letzterer, die an die Fernheißwasserheizung angeschlossen sind, werden alle übrigen Gebäude mit Rücksicht auf die Frostgefahr dampfbeheizt und deshalb war hier die Ferndampfheizung der Fernheißwasserheizung vorzuziehen.

Aber auch bei Anlagen, für welche eine Fernheißwasserheizung das gegebene Heizsystem ist, war, wie bereits erwähnt, sowohl aus wirtschaftlichen wie auch aus betriebstechnischen Gründen eine Ferndampfheizung als Nebenanlage nicht zu umgehen. Sie beschränkte sich jedoch nur so weit, als die Wirtschaftlichkeit der Anlage es bedingte und ist nichts anderes als eine Abwärmeverwertung, und zwar dadurch, daß der aus dem Betrieb der Umwälz- und Speisepumpen anfallende Abdampf von 3 atü restlos ausgenützt wird. Dies bedeutet eine erhebliche Verminderung der Betriebskosten, weil dadurch auf die elektrische Betriebskraft zum großen Teil verzichtet werden kann.

Nach diesen allgemeinen Ausführungen sei im nachfolgenden auf die Fernleitungen und deren Verlegung näher eingegangen.

Bei allen Fernheizwerken der NSDAP. gelangten nahtlose Stahlrohre zur Ausführung und wurden dieselben autogen im Stumpfstoß geschweißt. Flanschenverbindungen kamen nur in den Fällen zur Ausführung, wo sie nicht zu umgehen waren, z. B. bei Absperrventilen, Wasserabscheidern, Kompensatoren usw.

Große Aufmerksamkeit wurde auf die sachgemäße Verlegung der Rohrleitungen verwendet, da ja eine einwandfreie und betriebssichere Funktion der Fernleitungen in erster Linie von der sachgemäßen Lagerung abhängig ist. Vor allem handelt es sich darum, daß die Stützweiten richtig bemessen sind, damit ein Durchschlagen der Rohrleitung vermieden wird. Die Hauptleitungen wurden bis herab zu Dimensionen von 70 mm l. W. in Abständen von 4 m, die Endleitungen mit geringeren Dimensionen je nach der Rohrstärke alle 2 bis 3 m befestigt. In den Fällen, in denen neben großen Hauptleitungen von 70 mm l. W. aufwärts auch noch kleinere Rohrleitungen für Entwässerungen usw. montiert werden mußten, wurden für letztere alle 2 m Zwischenlager vorgesehen.

Die Befestigung der Rohrleitungen erfolgte durchwegs auf schmiedeeisernen Wandschienen mit aufgeschraubten Konsolen mit Rollenlagern, wie dies aus vorstehendem Bild 118 ersichtlich ist.

Durchschnittlich alle 50 m wurden U förmige Faltenrohrkompensatoren eingebaut. Die früher übliche Lyraform wurde vermieden, weil die Praxis zeigte, daß die gradlinigen U-Schenkel bei Verwendung von Faltenrohrkompensatoren die gleichen Dienste leisten und auch schöner aussehen. Kompensatoren aus glatten Rohren wurden ebenfalls grundsätzlich nicht angewendet, da dieselben eine erheblich größere

Bild 119. Metallschlauchkompensatoren — Fernheizwerk Braunes Haus.

Ausladung und dementsprechende Nischenvertiefung erfordern. In den Fällen, in welchen die Rohrleitung, Quergänge umgehen mußte, wurden Metallschlauchkompensatoren nach Bild 119 eingebaut.

Die Schenkellänge der Metallschlauchkompensatoren wie auch der Faltenrohrkompensatoren errechnet sich nach der Formel

$$B = m \cdot \sqrt{f \cdot D}$$

$m =$ ein von der Temperatur des Heizmittels abhängiger Wert und und beträgt bei einer Betriebstemperatur von 200° C 10,7;

$f =$ die Dehnungsaufnahme in mm des Rohres von Fixpunkt zu Fixpunkt;

$D =$ der äußere Durchmesser des Rohres in mm.

Die Kompensatoren werden mit Vorspannung, und zwar mit der Hälfte der Dehnungsaufnahme des Rohres eingebaut, so daß sie im Betriebszustand nur die halbe Ausdehnung aufzunehmen haben. Die Montagelänge M, um welche der Kompensator beim Einbau auseinandergezogen werden muß, errechnet sich nach der Formel:

$$M = B + c \cdot f.$$

In dieser Formel bedeutet:

$B =$ die Baulänge des Kompensators in mm,

$c =$ die Vorspannzahl in mm; dieselbe beträgt bei einer Betriebstemperatur von 200° C 0,51 mm,

$f =$ die Dehnungsaufnahme in mm. Bei einer Betriebstemperatur von 200° C beträgt die Ausdehnung pro lfd. m 2,51 mm.

Die Metallschlauchkompensatoren besitzen eine Führung zwangsläufig zur Rohrachse. Auch bei den Faltenrohrkompensatoren wird die volle Ausnützung der Dehnungsaufnahmefähigkeit nur erreicht, wenn dieselbe axial auf die Kompensatoren einwirkt. Daher ist es notwendig, daß die Rohrleitung in einem Abstand von dem 10fachen Rohrdurchmesser zwangsläufig geführt wird, wobei die Führung einen Spielraum von 3 bis 5 mm besitzen muß, damit die seitlichen Verschiebungen des Rohres aufgenommen werden können. Ein solches Führungslager ist ebenfalls aus Bild 119 ersichtlich.

Die Rollenlager besitzen Gleitschuhe, welche mit Rohrschellen auf dem Rohr befestigt sind. Diese Gleitschuhe müssen dem Wärmeschub entsprechend lang bemessen werden, damit sie während des Betriebes noch voll auf der Rolle aufsitzen. Wird dies nicht berücksichtigt, dann bilden die Gleitschuhe eine Hemmung für den Wärmeschub, wodurch unter Umständen Beschädigungen hervorgerufen werden.

Bei den Faltenrohrkompensatoren befinden sich die Fixpunkte zwischen zwei Kompensatoren in der Mitte der Rohrlänge. Die Fixpunkte bestehen aus kräftigen Flacheisenbügeln, die an den Wandschienen befestigt werden. Um einen gleichmäßigen Abstand der Rohrleitungen von der Wand einzuhalten, wurde zwischen Rohrleitung und Wandschiene ein schmiedeeiserner Bock aus Flacheisen eingebaut (siehe Bild 120). Das Rohr darf weder auf dem Bügel noch auf dem Bock direkt aufliegen, sondern es muß ein Asbeststreifen von der Breite des Flacheisenbügels dazwischen geschoben werden, wie dies aus vorstehendem Bild 120 ersichtlich ist.

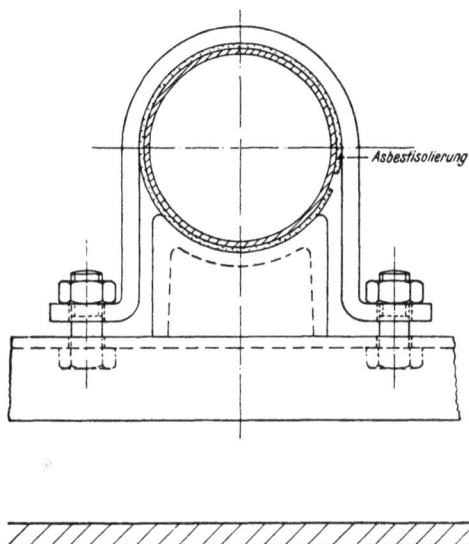

Bild 120. Konstruktion der Fixpunkte.

Bei Metallschlauchkompensatoren sitzt der Fixpunktunmittelbar hinter dem Kompensator. Bei senkrecht angeordneten Metallschlauchkompensatoren muß der Fixpunkt mit einer Spannfeder versehen werden, damit der Wärmeschub während des Betriebes nach oben aufgenommen werden kann. Eine solche Anordnung ist aus nachstehendem Bild 121 ersichtlich.

Die höchsten Punkte der Fernheißwasserleitungen sind mit dichtschließenden Entlüftungskappen, die tiefsten Punkte mit Entleerungskappen versehen (siehe Tafel IV im Anhang).

Die Fernheißwasserleitungen erhalten ein Gefälle von 1 mm/lfd. m, während die Ferndampfleitungen zweckmäßig ein solches von 3 mm/lfd. m erfordern. Bei einem Gefälle von 3 mm/lfd. m ist es notwendig, die Ferndampfleitung alle 200 m wieder hochzuführen, damit die Leitungen im Kanal nicht zu tief herabkommen. An den Hochführungsstellen müssen ausreichend große Wasserabscheider mit Kondenstopf und Umführung eingebaut werden. Die Inbetriebsetzung der Ferndampfleitung muß zur Verhütung von Wasserschlägen, die mitunter den Wasserabscheider zerstören können, drucklos erfolgen, bis das gesamte Fernleitungsnetz bis zum äußersten Ende erwärmt ist. Während des Anheizens der Fernleitungen müssen die Umführungsventile der Kondenstöpfe geöffnet sein, damit die beträchtlichen Kondensatmengen, die bei Erwärmung des Leitungsnetzes und an der Isolierung anfallen, rasch abgeführt werden können. Erst wenn aus den geöffneten Entlüftungsventilen der Kondenstöpfe Dampf ausströmt, sind die Entlüftungs- und Umführungsventile zu schließen und die Kondenstöpfe auf direkten Betrieb um-

Bild 121. Entlastungsvorrichtung der Metallschlauchkompensatoren gegen Axialschub
Fernheizwerk Braunes Haus.

Bild 123a. Unterstation Dienstwohngebäude — Fernheizwerk Braunes Haus.

Bild 122b. Unterstation Dienstwohngebäude — Braunes Haus.

zuschalten. Auch der Betriebsdruck kann jetzt zur vollen Höhe gesteigert werden. Durch die Außerachtlassung dieser selbstverständlichen Betriebsvorschriften sind schon schwere Schäden und Unglücksfälle entstanden.

Die Isolierung der Fernleitungen, und zwar Heißwasservorlauf- und -rücklaufleitungen sowie Ferndampfleitungen wurde in allen Fällen mit einem Unterstrich aus Kieselgur-Asbestmasse, darüber Diatomitschalen, Bandage und zweimaligem Isolierlackfarbenanstrich ausgeführt. Die fertige Isolierung erhielt in Abständen von 4 m Kennfarbringe in verschiedenen Farben, so daß der Zweck der einzelnen Rohrleitungen sofort festgestellt werden kann. Der Unterstrich aus Kieselgur-Asbestmasse, der im Betriebszustand aufgetragen wird, hat eine Stärke von 10 mm; die Diatomitschalen für Rohre bis 70 mm ä. Durchmesser sind 30 mm, für Rohre bis 160 mm ä. Durchmesser 50 mm und darüber hinaus 70 mm stark. Die Kondensatrückspeiseleitung erhielten eine Isolierung aus 10 mm Unterstrich und 30 mm starken Korkschalen mit Bandage und zweimaligem Isolierlackfarbenanstrich. Der Farbanstrich ist in allen Fällen hellgrau, nachdem die Farbringe ohnehin die Art der Rohrleitung deutlich kennzeichnen.

Diese Isolierungen haben sich bestens bewährt, was schon daraus hervorgeht, daß die Temperatur im Betriebszustand in den Fernkanälen vor der Isolierung 70° C betragen hatte, nach der Isolierung auf nicht ganz 20° C zurückging. Nimmt man die Temperatur des ungeheizten unterirdischen Kanales mit 10° C an, so ergibt dies einen Isoliereffekt von 84%.

2. Die Unterstationen.

Vorstehende Bilder 122a und 122b zeigen die Unterstation im Dienstwohngebäude des Fernheizwerkes Braunes Haus.

Der Abdampf der Turbinenanlage für den Betrieb der Speise- und Umwälzpumpen des Fernheizwerkes wird in dem rechts angeordneten Behälter, der gleichzeitig als Dampfkühler ausgebaut ist, gesammelt und strömt von hier aus mit einem Betriebsdruck von 3 atü zu dem links angeordneten Dampfverteiler, von dem aus die Fernleitungen zu den Gebäuden der Obersten SA.-Führung an der Barerstraße und die Leitungen zu den Apparaten in der Unterstation selbst abzweigen. Sollte nicht genügend Abdampf zur Verfügung stehen, so wird selbsttätig durch den Alloregler, Bild 123, der an der rückwärtigen Wand montiert ist, die erforderliche Zusatzmenge an Dampf nachgespeist.

Unten am Dampfspeicher befindet sich ein Wasserstand, der bis zur Hälfte mit dem Hochdruckkondensat gespeist wird. Dieses Kondensat hat durch seine hohe Temperatur eine große Verdampfungsfähigkeit, wobei der entwickelte Dampf sich mit dem Turbinenabdampf mischt und diesen kühlt. Überschüssiges Kondensat wird durch den links angeordneten Kondenstopf zum Kondenswassersammelbehälter abgeführt. Diese einfache Anordnung hat sich vorzüglich bewährt.

Bild 123. Alloregler für die zusätzliche Dampfnachspeisung zu dem Abdampf
der Gegendruckturbinen.

Links neben dem Dampfspeicher befinden sich die beiden Behälter der Warmwasserversorgungsanlage. Die Regelung der Warmwassertemperatur auf 50⁰ C erfolgt durch Samson-Thermostaten.

Bild 124 zeigt einen Blick in die Heizstation des Verwaltungsgebäudes — Fernheizwerk Braunes Haus. In der Mitte befinden sich zwei Gegenstromapparate, von denen der rechte als Wärmeerzeuger der Deckenheizungsanlage (Strahlungsheizung) dient. Einzelne Räume des Verwaltungsgebäudes sind mit Strahlungsheizung versehen. Der linke Gegenstromapparat ist der Wärmeerzeuger der Pumpenwarmwasserheizungsanlage und die beiden äußeren großen Behälter dienen als Wärmespeicher der Warmwasserheizung. Sie haben einesteils den Zweck, bei starker Kälte über Nacht Wärme aufzuspeichern, so daß morgens bei Inbetriebsetzung der Anlage sämtliche Heizkörper rasch auf Betriebstemperatur gebracht werden können, andernteils haben sie die Aufgabe, in betriebsschwachen Zeiten, in welchen die Fernheizung schon früher ausgeschaltet wird, durch ihre Speicherwärme den Heizungsbetrieb im Gebäude noch länger aufrecht zu erhalten. Dies ist namentlich dann notwendig, wenn nach Beendigung der normalen Bürozeit in einzelnen Räumen noch gearbeitet werden muß.

Bild 125 zeigt die entgegengesetzte Seite der Heizstation im Verwaltungsgebäude — Fernheizwerk Braunes Haus. In der Mitte befindet

Bild 124. Unterstation Verwaltungsbau — Ansicht auf die Heizzentrale — Fernheizwerk Braunes Haus.

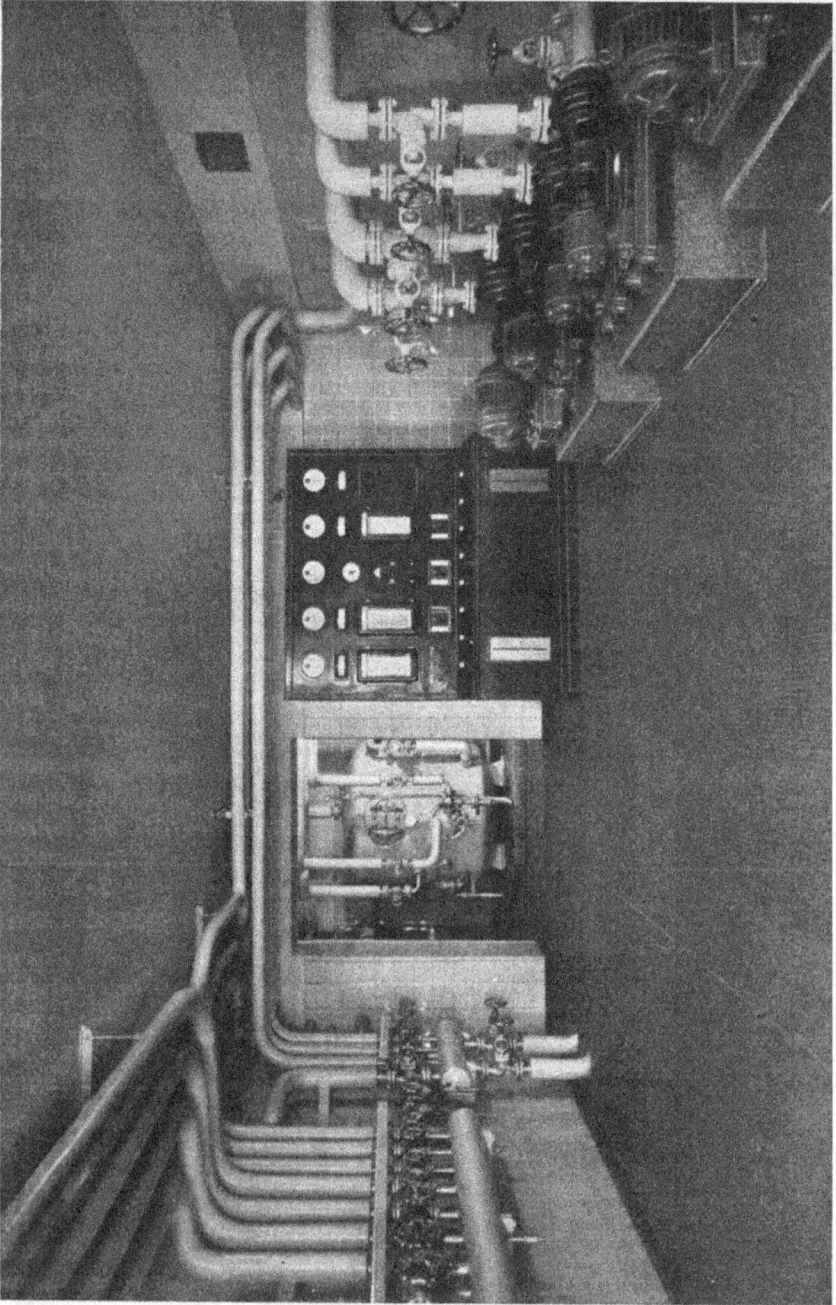

Bild 125. Unterstation Verwaltungsbau — Ansicht auf die Schalttafel — Fernheizwerk Braunes Haus.

Bild 126. Unterstation Verwaltungsbau — Ansicht auf die Berieselungs- und Abwasserpumpe der Klimaanlage (links) und auf die Umwälzpumpen der Warmwasserversorgungsanlage sowie der Strahlungs- und der Pumpenwarmheizung (rechts) — Fernheizwerk Braunes Haus.

Bild 127. Unterstation Verwaltungsbau — Ansicht auf den Niederdruckdampfverteiler sowie auf die Heißwasserverteilungs-
und -sammelanlage — Fernheizwerk Braunes Haus.

sich die Schalt- und Überwachungstafel, von welcher aus die einzelnen Pumpen geschaltet und der gesamte Heizbetrieb des Gebäudes überwacht wird. Alle betriebswichtigen Räume sind dabei an eine Temperatur-Fernmeldeanlage angeschlossen. Von dieser Tafel aus werden auch die Betriebstemperaturen und Betriebsdrücke nach der Hauptschalttafel in der Zentrale des Kesselhauses zurückgemeldet.

Bild 125 zeigt die Umwälzpumpenanlage der Unterstation. Diese Pumpen sitzen auf einem Granitsockel, der durch eine Korfundplatte gegen den Fußboden zu abisoliert ist. Die Pumpen selbst sind auf Schwingungsdämpfern montiert. Die Verteilungs- und Anschlußleitungen der Pumpen befinden sich hinter einer Wand, die in einem Abstand von 1 m vor der wirklichen Wand der Unterstation erstellt ist, so daß die Station durch übermäßig viel Rohrleitungen nicht verunstaltet wird. Der dadurch gebildete Zwischenraum ist belüftet, wie aus Bild 126 ersichtlich ist.

Bild 127 zeigt die entgegengesetzte Wand gegenüber der Pumpenanlage mit der Anordnung der Verteiler der Heißwasserfernheizung und der Niederdruckheizungsanlage. Zwischen beiden Verteilern befindet sich ein Ausguß, in welchen die vom Expansionsgefäß herabgeführte Signalleitung der Warmwasserheizungsanlage zur Kontrolle der Füllung einmündet.

Sämtliche Unterstationen sind mit Glaswolle 35 mm und darüber befindlichem Gipshartmantel isoliert, und zwar hauptsächlich deshalb, weil bei dieser Isolierung die plastische Konstruktion der Apparate dem Auge sichtbar erhalten bleibt.

Bild 128 zeigt den Anschluß der Fernheißwasserheizung an die Station Führerbau — Fernheizwerk Braunes Haus — die beiden Verteiler für Vor- und Rücklauf sind zusammen isoliert; links davon ist der Niederdruckdampfverteiler für die Beheizung der Oberlichtschlangen der Oberlichte der Treppenhäuser und des großen Saales. Das in der Höhe angeordnete Podest, welches von der abgebildeten Treppe aus zugänglich ist, dient zur Bedienung der Armaturen der stehend angeordneten Warmwasserboiler und Heizwasserspeicher. Die Fernleitungen sind vor dem Eintritt in die Station fixiert, so daß Beschädigungen des Mauerwerkes wie auch der Rohrisolierung vermieden werden.

Von den Hauptverteilern der Fernleitung führen Leitungen zu den Nebenverteilern der Heizungs- und Warmwasserversorgungsanlage (siehe Bild 129). Die Rücklaufleitungen der einzelnen Apparate werden ebenfalls zu Sammlern geführt und von dort aus mit dem Hauptsammler der Fernheizung verbunden.

Bild 130 zeigt die Anordnung der Warmwasserversorgungszentrale für den Führerbau — Fernheizwerk Braunes Haus. Bild 131 zeigt einen der drei Warmwasserboiler mit den Umwälzpumpen der Zirkulationsleitung und der Bühnenanlage für die Bedienung der Absperrschieber der Warmwasservorlaufleitung.

Bild 128. Unterstation Führerbau. — Ansicht auf den Niederdruckdampfverteiler (links) und auf den Anschluß
der Heißwasserleitungen an das Fernleitungsnetz (rechts) — Fernheizwerk Braunes Haus.

Bild 129. Unterstation Führerbau — Verteileranlage der Fernheißwasserheizung zu den Umformer-Apparaten Fernheizwerk Braunes Haus.

Bild 130. Warmwasserspeicher der Unterstation Führerbau — Fernheizwerk Braunes Haus.

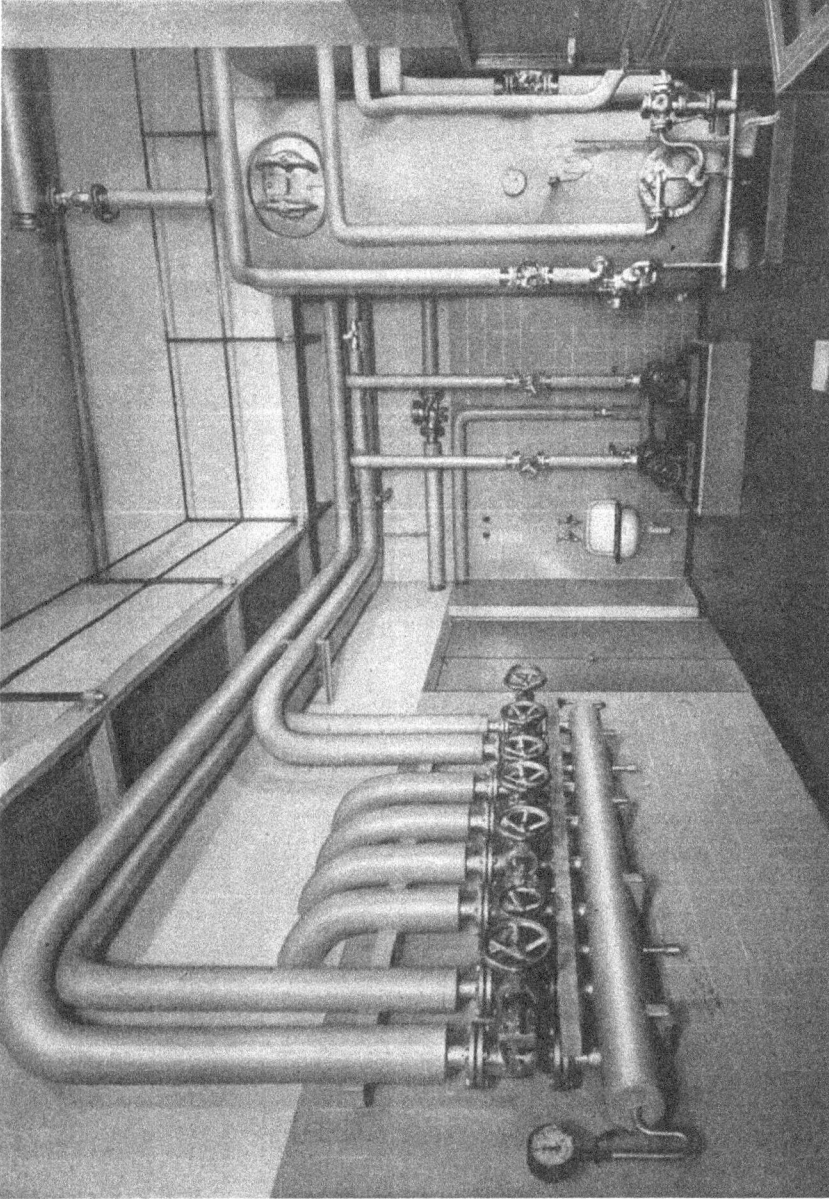

Bild 131. Anschluß der Fernleitungen an die Unterstation Führerbau (links) und Umwälzpumpenanlage der Warmwasserversorgung (rechts) — Fernheizwerk Braunes Haus.

15*

Bild 132. Unterstation Führerbau — Niederdruckdampf-Umformer
Fernheizwerk Braunes Haus.

Bild 132 zeigt den Dampfumformer, welcher hinter der Schalttafel aufgestellt ist. Der Dampfumformer ist an die Heißwasserheizungsanlage angeschlossen und erzeugt Dampf für die Beheizung der Treppenhäuser und Oberlichte sowie der Fußbodenheizungen an den Haupteingängen.

Tafel VI zeigt die Unterstation einer Niederdruckdampfheizungsanlage im Bauteil III der ⚡⚡-Junkerschule Bad Tölz. Durch den Hochdruckdampf der Fernleitungen wird in den Dampfumformern gesättigter Niederdruckdampf mit einem maximalen Betriebsdruck von 0,08 atü erzeugt, wobei die Umformer ein für sich geschlossenes Heizsystem bilden. Der in den Gegenstromapparaten reduzierte Hochdruckdampf wird zu den Kondenstöpfen geleitet, welche das Kondensat zu dem Kondenswassersammelbehälter abführen. Durch schwimmer-elektrischgesteuerte Kondensat-Rückspeisepumpen wird das Kondensat zum Hauptkondenswassersammelbehälter, der im Keller des Kesselhauses aufgestellt ist, geführt.

Von der Verwendung von reduziertem Hochdruckdampf für Niederdruckdampfheizungsanlagen wurde in den Fernheizwerken der NSDAP. fast in allen Fällen Abstand genommen, da der durch Reduzierventile erzeugte Niederdruckdampf je nach der Druckdifferenz vor und nach dem Reduzierventil mehr oder weniger überhitzt ist. Diese Überhitzung kann 40 bis 50° C betragen. Es ist jedem Betriebsfachmann von Hochdruckanlagen bekannt, daß der überhitzte Dampf äußerst schädliche Einwirkungen auf die Armaturen ausübt, so daß die früheren Graugußventile mit Rotgußgarnituren schon seit Jahren aus den Hochdruckkesselhäusern verschwunden sind und durch Stahlgußventile mit Nickelgarnituren ersetzt wurden. Da nun die Heizkörperventile durchwegs aus Rotguß bestehen, so ist unmittelbar einleuchtend, daß auch diese Armaturen vom überhitzten Dampf stark angegriffen werden. Diese mechanischen Einwirkungen des überhitzten Dampfes führen zu schweren Korrosionen in den Kondenswasserleitungen des Niederdrucknetzes, denn der vom Dampf mitgerissene Metallstaub der Armaturen wird teils in den Heizkörpern abgelagert, teils in die Kondensleitung abgeschwemmt, wo er sich an den tiefsten Stellen ansammelt. Es bilden sich an verschiedenen Stellen Thermoelemente aus Eisen, Kupfer und Zink mit einem verhältnismäßig hohen elektrischen Potential. Beim Anheizen und Abstellen der Heizkörper wird das Kondensat elektrolytisch in Wasserstoff und Sauerstoff zersetzt. Diese beiden Gase sind im »status nascendi« außerordentlich aggressiv; der Sauerstoff verbindet sich mit dem Eisen der Heizkörper und Rohrleitungen zu Eisen-Oxyd-Oxydul (Fe_2O_3), welches sich als Schlamm ausscheidet und die Rohrleitungen verstopft. Der Wasserstoff verbindet sich mit dem Luftstickstoff, der beim Anheizen vorhanden ist und mit einem Teil des freiwerdenden Sauerstoffes und bildet salpetrige Säure. An den Herden der Thermoelemente zeigen sich siebartige Durchfressungen. Solche Zerstörungen traten besonders stark im Jahre 1910 in einem großen, vom Verfasser gebauten Fernheizwerk auf. Zu dieser Zeit war die Tatsache, daß der reduzierte Dampf in allen Fällen überhitzt ist, nicht bekannt, da das Zeunersche Gesetz, nach welchem die Dampftemperatur eine Funktion des Druckes ist, falsch angewandt wurde. Nach dem Hauptlehrsatz der Thermodynamik sind Wärme und Arbeit gleichwertig, wobei 1 kcal = 427 mkg bedeutet. An Stelle eines Reduzierventiles könnte man auch eine Dampfgegendruckturbine aufstellen, wobei der Abdampf dem gewünschten Niederdruck entspricht. Diese von der Dampfgegendruckturbine geleistete Arbeit wird beim Reduzierventil vernichtet und muß sich deshalb in Wärme umsetzen. In Erkenntnis dieser Tatsache hat der Verfasser im Jahre 1910 den Dampfumformer erfunden und letzterer hat seit dieser Zeit in der gesamten wärmetechnischen Industrie Eingang gefunden. Der von den Dampfumformern erzeugte Sattdampf greift das Material der Heizkörperarmaturen wegen seiner geringen Dampfgeschwindigkeit und hauptsächlich wegen seiner Feuchtigkeit nicht an, und nach dem damaligen Einbau der Dampfumformer sind in dem erwähnten Fernheizwerk die aufgetretenen Korrosionen restlos zum Verschwinden gebracht worden. Wenn trotzdem heute noch Dampfreduzierventile angewandt werden, so ist dies leider ein Zeichen dafür, daß die schädlichen Wirkungen des überhitzten Dampfes noch nicht genügend erfaßt wurden.

B. Das System der Fernheißwasserheizung.

Allgemeines. Die Heißwasserheizung besteht im wesentlichen aus der Kesselanlage, den Heißwasserumwälzpumpen, den Vor- und Rücklaufleitungen und den Wärmeverbrauchern.

Jeder normale Hochdruckdampfkessel kann zur Heizwassererzeugung benützt werden. Er benötigt einen Heißwasserentnahme- und einen Heißwasserrückgabestutzen. Der Dampfraum dient hierbei als Ausdehnungsraum für die Aufnahme der durch die Wärme entstehenden Volumenvergrößerung des Heizwassers. Die Heißwassertemperatur entspricht dem Sattdampfdrucke und beispielsweise entspricht eine Temperatur von 190° C einem Sattdampfdruck von 12 atü.

Mehrere Kessel können entweder parallel oder hintereinander geschaltet werden. Bei der Parallelschaltung müssen die Dampfräume der Kessel durch eine Druckausgleichsleitung miteinander verbunden werden. Der Wasserspiegel steht bei allen Kesseln auf gleicher Höhe, steigt mit zunehmender und fällt mit abnehmender Wassertemperatur. In vielen Fällen ist es zweckmäßig, die Kessel untereinander mit einer Wasserstandsausgleichsleitung zu verbinden. Bei der Hintereinanderschaltung zweier Kessel ist der zuerst durchflossene ganz mit Wasser gefüllt, während nur der zweite den Dampf- und Ausdehnungsraum enthält. Dabei ist zu beachten, daß der Ausdehnungsraum des einen Betriebskessels sowie die Wasserentnahme- und -rückgabestutzen der erhöhten Leistung entsprechend groß bemessen werden. Bei Großkesseln mit zwei Trommeln müssen die Trommeln im Vor- und Rücklauf versetzt angeschlossen werden, um eine gleichmäßige Wasserentnahme und -zuführung zu erreichen. Die Serienschaltung hat den Vorzug, daß nur ein Wasserstand zu überwachen ist und daß die Druck- und Wasserstandsausgleichsleitungen entfallen.

Bei einer größeren Anzahl Kessel empfiehlt es sich, die Kessel paarweise, entweder hintereinander oder parallel zu schalten.

Das Heißwasser (Vorlauf) wird von den Heißwasserumwälzpumpen angesaugt; es dürfen nur solche Pumpen verwendet werden, welche für die Förderung von hocherhitztem Wasser besonders geeignet sind. Die Pumpen drücken das Wasser durch die Vorlaufleitungen zu den Wärmeverbrauchern. Der Anschluß der Heißwasserumwälzpumpen an den Vorlauf der Kesselanlage ist deshalb notwendig, damit in der Vorlaufleitung stets ein höherer Betriebsdruck als in der Kesselanlage herrscht. Dadurch wird die Gefahr der Dampfbildung im Fernleitungssystem vermieden.

In den Wärmeverbrauchern gibt das Heizwasser nutzbare Wärme ab, wobei es sich entsprechend abkühlt und gelangt dann über die Rücklaufleitung wieder in die Kesselanlage zurück. Durch den vollständig geschlossenen Kreislauf sind im Gegensatz zur Ferndampfheizung keine Zustandsänderungen des Wärmeträgers möglich, es werden dadurch die für die Zustandsänderung erforderlichen Kondenstöpfe entbehrlich und alle unberechenbaren Verluste sind ausgeschlossen. Es bleiben nur die Wärmeverluste der Leitungen, die durch einen zweckmäßigen Wärmeschutz sehr gering gehalten werden können. Der vollkommen geschlossene Kreislauf ist es, der der Fernheißwasserheizung wesentliche Vorteile gegenüber anderen Systemen verleiht. Dazu kommt noch, daß die Wassertemperatur regelbar ist, so daß sie insbesondere bei unmittelbarer Raumheizung dem jeweiligen Wärmebedürfnis angepaßt werden kann.

Bei richtiger Bedienung arbeitet die Heißwasserheizung ruhig und ohne Schläge. Voraussetzung dafür ist die restlose Entfernung der Luft aus dem gesamten Leitungssystem, und zwar vor der Inbetriebnahme und die Verhinderung der Dampfbildung während des Betriebes. Nur wenn diese beiden Bedingungen erfüllt sind, läßt sich das Heizwasser mit kaltem Wasser ohne Schläge mischen. Außerdem müssen plötzliche Beschleunigungen oder Verzögerungen der Wassermassen vermieden werden. Dies gilt insbesondere für die thermostatisch betätigten Ventile an den Umformern. Alle Ventile sind nur langsam zu öffnen und zu schließen.

1. Besondere Einrichtungen der Krantz-Heizung.

Jeder Fachmann weiß, daß Hochdruckanlagen eine Reihe von unangenehmen Eigenschaften besitzen, die bei Niederdrucksystemen unbekannt sind. Das gilt nicht nur für die Hochdruckkessel selbst, sondern auch für die Fernleitungen. Es ist ein besonderes Verdienst der Maschinenfabrik H. Krantz, Aachen, diese nicht nur unangenehmen, sondern auch den Betrieb störenden Eigenschaften durch eigene, patentamtlich geschützten Einrichtungen beseitigt zu haben. Nachstehend soll auf dieselben näher eingegangen werden:

a) Einrichtung zur Verminderung von Unterdruck im Fernleitungsnetz.

Nach dem Abstellen der Umwälzpumpen kühlt sich das gesamte Rohrleitungsnetz ab und das darin eingeschlossene Wasser zieht sich infolgedessen zusammen. Es entstehen Hohlräume, die durch den Druck des eingeschlossenen Wassers zu heftigen Schlägen führen können. Diese unangenehme Erscheinung läßt sich in einfacher Weise durch eine Umgehungsleitung von kleinem Durchmesser beseitigen und zwar dadurch, daß die Kesselanlage mit dem Vorlauf der gesamten Heizung unmittelbar verbunden wird. Da das Kesselwasser sich weniger schnell abkühlt als der Inhalt des Heiznetzes, so fließt Kesselwasser in das Leitungsnetz nach und füllt dasselbe wieder auf. Ein Rückschlagventil in der Umgehungsleitung verhindert das Zurückfließen des Wassers in den Kessel, auch wenn derselbe drucklos geworden ist.

b) Einrichtung zur Erzielung eines Druck- und Temperaturausgleiches in den Heißwasserkesseln.

Die Heißwassertemperatur im Kessel, welcher als Sattdampfkessel betrieben wird, ist abhängig vom Dampfdruck. Diese für einen Dampfkessel durchaus gesetzmäßigen Verhältnisse gelten nicht, wenn ein solcher Kessel als Heißwasserkessel benützt wird. Bei einem Betriebsdruck von 12 atü beträgt wohl die Temperatur in der Höhe des Wasserspiegels 190° C, sie nimmt jedoch selbstverständlich unterhalb des Wasserspiegels fortwährend ab. Nachdem nun die Wasserentnahme des Vorlaufs unterhalb des Wasserspiegels erfolgen muß, so ist selbst bei Normalbetrieb die Temperatur des entnommenen Wassers etwas niedriger als diejenige, die dem Druck des gesättigten Dampfes entsprechen würde. Sie wird noch niedriger, wenn die Kesselleistung dem jeweiligen Wärmebedarf nicht sofort zu folgen vermag und kann in solchen Fällen ganz wesentlich unter der Sattdampftemperatur liegen. Das Dampfpolster in der Kesseltrommel hat daher stets eine höhere Temperatur als das Umlaufwasser an der Entnahmestelle. Das Kesselmanometer, nach dem der Kesselwärter zu arbeiten gewöhnt ist, läßt in diesem Fall einen Schluß auf die richtige Temperatur des Vorlaufwassers nicht zu.

Diese Erscheinung tritt besonders stark auf, wenn die Kesselanlage ein Kühlrohrsystem besitzt, da dieses System den höchsten Heizeffekt hat und das Wasser aus diesem System über dem Wasserstand der Trommeln eingeführt wird. Ein Teil dieses Wassers geht natürlich sofort in Dampf über. Das aus dem Hauptheizsystem kommende Wasser tritt in den unteren Teil der Trommeln ein und hat eine entsprechend niedrigere Temperatur. Daraus erklärt sich ohne weiteres, daß das unter dem Wasserstand entnommene Heizwasser nicht die gleiche Temperatur haben kann, wie sie der Dampf über dem Wasserstand besitzt. Die Einspritzleitung der Fa. H. Krantz hat die Aufgabe, durch Einspritzen von Wasser in den Dampfraum einen Ausgleich der Temperaturen weitgehendst herbeizuführen. Die Einspritzleitung hat die Aufgabe eines Dampfkühlers. Bei Kesseln ohne Kühlrohrsystem genügt es, die Einspritzleitung von Zeit zu Zeit für einige Minuten in Betrieb zu nehmen, wogegen sie bei Kesseln mit Kühlrohrsystem dauernd offengelassen werden muß.

Damit die Einspritzleitung gute Wirkung hat und eine gute Zerstäubung des eingespritzten Wassers erreicht werden kann, muß sie einen entsprechenden Überdruck gegenüber dem Kesseldruck besitzen; dies wird dadurch erreicht, daß die Leitung an die Druckseite der Umwälzpumpen angeschlossen wird. Besonders wichtig ist die Anordnung bei parallelgeschalteten Kesseln oder auch bei Kesseln, die mehr als eine Trommel besitzen. Durch die mit dieser Einrichtung bewirkte Erzielung einer gleichmäßigen Wassertemperatur in Anpassung an die Dampftemperatur wird auch ein gleichmäßiger Druck erreicht, der für die Einhaltung eines gleichmäßigen und möglichst ruhigen Wasserstandes unbedingt notwendig ist.

c) Die Kurzschlußeinrichtung.

Um die Umwälzung des Wassers zwischen Kessel- und Umwälzpumpenanlage unabhängig von der Inbetriebsetzung des gesamten Rohrleitungsnetzes zu ermöglichen, wird eine Verbindung der Vor- und Rücklaufleitung auf der Druckseite der Pumpen hergestellt. Sie kann durch das Kurzschlußventil geschlossen oder geöffnet werden. Das Kurzschlußventil befindet sich gewöhnlich zwischen Heißwasserverteiler und Heißwassersammler; auch in Fernleitungen mit großem Wasserinhalt werden häufig Kurzschlußventile eingebaut. Sie sind aber nur dann erforderlich, wenn keine andere ausreichende Verbindung zwischen Vor- und Rücklauf, wie z. B. der Heizring einer direkten Raumheizung, vorhanden ist.

d) Mischleitung.

Im Gegensatz zur Kurzschlußleitung ist die Mischleitung eine Verbindung zwischen Vor- und Rücklauf, die auf der Saugseite der Pumpen angebracht wird. Während man mit der Kurzschlußleitung das Wasser innerhalb des Kesselhauses umlaufen und die Wasserbewegung im Fernleitungsnetz stillsetzen kann, wird durch die Mischleitung die Temperatur des Fernleitungsnetzes unabhängig von der der Kesselanlage beeinflußt. Je mehr die Mischleitung geöffnet wird, um so weniger Wasser fließt in die Kesselanlage zurück bzw. um so weniger Wasser wird der Kesselanlage entnommen. Im Grenzfall, der jedoch praktisch nicht in Frage kommen kann, könnte bei vollständig offener Mischleitung die Wasserentnahme aus den Kesseln vollkommen abgestellt werden.

Die Mischleitung wird entweder für alle Pumpen gemeinsam oder für jede Pumpe einzeln angeordnet. Sie dient zur Regelung der Vorlauftemperatur nach der Außentemperatur, ist aber auch zum Anheizen des Rohrleitungsnetzes mit den angeschlossenen Umformern von Wichtigkeit. Beim Anheizen wird die Mischleitung voll geöffnet und bei steigender Rücklauftemperatur ganz allmählich geschlossen, so daß das gesamte Wasser des Fernleitungsnetzes einschließlich der Umformer langsam und gleichmäßig angewärmt wird. Damit werden die durch plötzliche Erwärmung des Rohrleitungsnetzes auftretenden Spannungen auf ein Mindestmaß herabgemindert.

e) Die Heißwasserpumpen.

Die Heißwasserpumpen sind Kreiselpumpen besonderer Bauart, bei denen sowohl die hohe Wassertemperatur wie auch die auftretenden Drücke- und Temperaturschwankungen konstruktiv berücksichtigt sind. Wesentlich ist die Kühlung der Welle, die entweder von außen durch das Lager oder bei anderen Konstruktionen von innen durch eine Hohlwelle erfolgt. Der Kühlwasserzufluß ist vor der Inbetriebsetzung anzustellen und beim Ausschalten der Pumpe erst nach dem vollständigen Erkalten des Pumpenkörpers zu schließen. Werden diese Maßnahmen nicht berücksichtigt, so besteht die Gefahr, daß sich die Welle in den Stopfbüchsen festfrißt.

Im übrigen sei auf die Bedienungsvorschrift S. 180 hingewiesen.

In Ergänzung zu dieser Bedienungsvorschrift ist zu beachten, daß bei gleichzeitigem Betrieb zweier Umwälzpumpen und dem plötzlichen Abschalten einer Pumpe Störungen auftreten, wenn nicht die entsprechenden Vorsichtsmaßregeln beachtet werden. Z. B. darf das Abschalten der zweiten Pumpe nicht plötzlich erfolgen, sondern das Ventil muß auf der Druckseite der Pumpe ganz allmählich geschlossen werden, bevor der Motor abgestellt wird. Wird dies nicht befolgt, dann kann durch die plötzliche Minderung der Umlaufwassermenge eine plötzliche Herabsetzung der Leitungswiderstände herbeigeführt werden, wodurch auf Grund der Charakteristik der Kreiselpumpen die Fördermenge über das normale Maß gesteigert und der Motor überlastet werden kann. Bei genügend großer Bemessung der Motoren, wie dies bei den Anlagen der NSDAP. der Fall ist, wird diese vorübergehende Steigerung der Förderleistung ohne Schaden des Motors bewältigt. Wenn auch bei Nichtbeachtung dieser Vorschrift bei diesen Anlagen kein Schaden für den Motor eintreten kann, so ist doch auf alle Fälle zu beachten, daß beim Abstellen der zweiten Pumpe das Ventil an der Druckleitung der ausgeschalteten Pumpe geschlossen werden muß, andernfalls der Kreisel der stillgesetzten Pumpe in umgekehrter Drehrichtung als Turbinenrad angetrieben wird.

2. Inbetriebsetzung der Heißwasserheizung.

a) Füllen der Anlage.

Die Anlage ist mit sauberem Wasser, dessen Beschaffenheit bei Großanlagen vorher zu prüfen ist, zu füllen. Alle Entleerungsvorrichtungen sind zu schließen und die Entlüftungsvorrichtungen zu öffnen. Wenn das Wasser luft- und stoßfrei austritt, werden die Entlüftungen nacheinander geschlossen, zuerst die tiefliegenden, zuletzt die hochliegenden.

Die Kessel sind, wenn sie kein besonderes Entlüftungsventil besitzen, durch das Sicherheitsventil zu entlüften. Auch nach der erfolgten ersten Inbetriebsetzung sind die Entlüftungen während der ersten Stunden mehrmals nachzuprüfen.

b) Anheizen der Anlage.

Es gibt zwei verschiedene Arten des Anheizens: Nach der ersten Art wird der Wasserinhalt der Kessel und des Rohrleitungsnetzes gleichzeitig vom kalten Zustand an erwärmt; dabei sind sämtliche Ventile im Vor- und Rücklauf, insbesondere auch an den Umformern, ferner, falls die Kessel parallelgeschaltet sind, die Ventile an den Wasserstandsausgleichsleitungen an den Kesseln, sowie die Dampfventile der Druckausgleichsleitungen zu öffnen; dann werden die Heißwasserpumpen nach Vorschrift in Gang gesetzt. Bei dieser Art der Inbetriebsetzung bleibt das Kurzschlußventil geschlossen; das Mischventil braucht erst dann geöffnet zu werden, wenn die Vorlauftemperatur die gewünschte Höhe überschreitet.

Beim Anheizen mehrerer, parallel geschalteter Kessel ist darauf zu achten, daß die Vorlauftemperatur an allen Kesseln möglichst gleich bleibt. Dementsprechend ist die Feuerführung zu regeln. Bleibt die Vorlauftemperatur eines Kessels trotz richtiger Feuerführung zurück, so ist das Rücklaufventil dieses Kessels langsam abzudrosseln, bis die durchlaufende Wassermenge der Leistung des Kessels angepaßt und die Vorlauftemperatur des oder der anderen Kessel erreicht ist. Ungleiche Vorlauftemperaturen der Kessel beeinflussen auch die Höhe der Wasserspiegel. Vollständig gleiche Vorlauftemperaturen sind nur im Beharrungszustande möglich.

Diese einfachste Art des Anheizens läßt sich nicht immer anwenden, weil dafür Voraussetzung ist, daß der Wasserstand der Kessel nicht niedriger als die höchsten Heizflächen liegt, andernfalls können, solange die Kessel drucklos sind, Hohlräume im Leitungsnetz entstehen, indem das Wasser schneller durch die Rücklaufleitungen in den Kessel fließt, als es durch die Vorlaufleitungen hinaufgedrückt wird. Außerdem sind die Kessel auch nach vielstündiger Betriebsunterbrechung meistens noch unter Druck, während das Heizungsnetz schon erkaltet ist. Daher kommt in der Regel eine andere Art des Anheizens in Frage, die dadurch gekennzeichnet ist, daß zuerst der Wasserinhalt der Kessel und der Leitungen im Kesselhaus erwärmt und auf Druck gebracht und erst dann die Fernleitungen mit den Wärmeverbrauchern zugeschaltet werden. Das Anheizen nach dieser zweiten Art erfolgt ebenso wie nach der ersten, jedoch mit dem Unterschied, daß das Kurzschlußventil im Kesselhaus ganz geöffnet ist, während die Vor- und Rücklaufventile der Fernleitungen in der Verteilerzentrale zunächst geschlossen bleiben. Erst wenn der Kesseldruck um etwa 2 atü höher ist, als der statische Wasserdruck der gesamten Anlage beträgt, wird die Mischleitung ganz geöffnet und die Kurzschlußleitung allmählich geschlossen; dann wird das Mischventil ebenfalls langsam gedrosselt, so daß die Vorlauftemperatur steigt; dabei ist fortwährend zu beachten, daß der Kesseldruck nicht absinkt. Durch Einregulierung des Mischventiles ist man in der Lage, die Wärmeabnahme der Kesselleistung anzupassen. Allmählich wird auch der Kesseldruck gesteigert und damit die Vorlauftemperatur weiter erhöht. Es ist zweckmäßig, den Kesseldruck nicht höher zu halten, als es die jeweiligen Betriebsverhältnisse erfordern. Der Beharrungszustand ist erreicht, wenn sich die Rücklauftemperatur nicht mehr wesentlich ändert. Durch das Mischventil kann die gewünschte Vorlauftemperatur einreguliert werden. Die Vorlauftemperatur darf nicht unter 130°C gesenkt werden, wenn Dampfumformer, Dampfkochapparate, Waschmaschinen usw. an die Fernheißwasserheizung angeschlossen sind.

c) Zuschalten eines Kessels während des Betriebes.

Soll während des Betriebes ein parallelgeschalteter Kessel hinzugenommen werden, so ist er getrennt hochzuheizen, bis sein Druck mit demjenigen der übrigen Heißwasserkessel übereinstimmt, dann wird zunächst das Ventil der Dampfdruckausgleichsleitung geöffnet und anschließend das Wasserstandausgleichs-, das Vorlauf- und zuletzt das Rücklaufventil. Die Vorlauftemperatur des hinzugeschalteten Kessels soll, wie bereits angegeben, mit den übrigen Kesseln auf annähernd gleiche Höhe gebracht werden. Die Einspritzleitung wird nach Bedarf angestellt.

d) Inbetriebsetzung eines dampfbeheizten Heißwasserkessels.

Die Inbetriebsetzung eines dampfbeheizten Heißwasserkessels, der selbstverständlich vorschriftsmäßig gefüllt sein muß, erfolgt vom Betriebsdampfkessel aus. Vor Inbetriebsetzung ist der Dampfkessel auf 10 atü Betriebsdruck hochzuheizen und dieser Betriebsdruck soll nach Möglichkeit dauernd aufrechterhalten werden. Am Heißwasserkessel sind die auf Tafel III farbig eingezeichneten Ventile zu öffnen und ist das Sicherheitsventil am Kessel etwas anzulüften. Die Anlüftestellung muß bis zu dem später angegebenen Zeitpunkt beibehalten werden. Das Kurzschlußventil im Kesselhaus ist ganz zu öffnen, während die Vor- und Rücklaufventile am Verteiler und Sammler des Fernleitungsnetzes geschlossen bleiben. Die Einspritzleitung am Vorlaufverteiler ist vollständig zu öffnen, ebenso die Ventile der oberen und unteren Einspritzleitung am Kessel. (Siehe Schaltbild III.) Eine der Elektropumpen ist vorschriftsmäßig in Betrieb zu setzen; damit wird das Wasser der gesamten Kesselheizfläche umgewälzt. Die untere Einspritzleitung hat die Aufgabe, zu dem normalen direkten Kurzschluß des Rücklaufes durch den Ekonomiser zu den Trommeln den Durchlauf durch die unteren Teile des Kesselaggregates, wie Kühlbalken und Sektionskammern, zuzuschalten, um eine gleichmäßige Erwärmung des ganzen Kessels zu erreichen. Die Mischleitung auf der Saugseite der Pumpe ist zu schließen und dauernd geschlossen zu halten, damit die Einspritzleitung mit der höchsten Wassertemperatur arbeitet. Hierauf ist das Dampfventil zum dampfbeheizten Kessel etwas zu öffnen und der Heißwasserkessel langsam anzuwärmen. Das Speiseventil *25*, sowie das Überlaufventil *55* am Heißwasserkessel ist zu öffnen, ebenso das zugehörige Ventil *56* am Speisewasserhochbehälter. Zeigt das Manometer am Heißwasserkessel 1 atü Betriebsdruck an, dann ist das Kesselsicherheitsventil wieder zu schließen und das Dampfventil weiter zu öffnen, bis ein Betriebsdruck von 5 atü erreicht ist. Hierauf sind die Ventile am Verteiler und Sammler zum Fernleitungsnetz, soweit sie benötigt werden, allmählich zu öffnen, vorausgesetzt, daß das Fernleitungsnetz ordnungsgemäß gefüllt und entlüftet ist. Die Umformerventile, soweit die Umformer erforderlich sind, müssen ebenfalls geöffnet werden, damit die Zirkulation im Fernleitungsnetz eingeleitet werden kann. Das Kurzschlußventil ist zu schließen. Durch entsprechende Einstellung des Dampfventiles ist dafür Sorge zu tragen, daß der Druck am Heißwasserkessel möglichst dauernd auf 5 atü gehalten wird. Das Umführungsventil am Heißwasserkessel nach der Dampfleitung ist zu öffnen, damit ein etwaiger Überdruck ausgeglichen werden kann. Nunmehr ist die Anlage vorschriftsmäßig in Betrieb.

Das im Heißwasserkessel sich bildende Kondensat aus der Dampfheizung fließt durch das selbsttätig arbeitende Speiseventil *A* durch den Überdruck nach dem Speisewasserhochbehälter und wird von dort aus durch die Kesselspeisepumpe zu dem Dampfkessel zurückgeführt. Die direkte Rückspeisung nach dem Kessel durch das Ventil *30* am Dampfkessel ist wegen des zu geringen Speisedruckes nicht zulässig und dieses Ventil *30* ist daher dauernd geschlossen zu halten.

e) Abschalten eines Kessels aus dem Betrieb.

Soll während des Betriebes ein parallelgeschalteter Kessel herausgenommen werden, so sind nach dem Stillsetzen der Feuerung die Ventile in umgekehrter Reihenfolge, wie unter 3. beschrieben, zu schließen, d. h. zuerst das Einspritz- und das Rücklaufventil, dann das Vorlauf- und Wasserstandsausgleichsventil, zuletzt das Dampfdruckausgleichsventil.

f) Hintereinandergeschaltete Kessel.

Eine Gruppe hintereinander geschalteter Kessel ist wie ein einzelner Kessel, der mehrere getrennte Feuerungen besitzt, zu behandeln. Der mit Dampfraum versehene Kessel ist beim Anfahren zuerst zu feuern und auch zuletzt aus der Feuerung herauszuziehen, damit sich in den ganz mit Wasser gefüllten Kesseln kein Überdruck bilden kann. Soll aus einer Gruppe ein Kessel herausgenommen werden, so muß dies der ganz mit Wasser gefüllte sein. Er darf erst dann wasserseitig abgeschaltet werden, wenn die Wassertemperatur 100° C oder weniger beträgt. Die Ausschaltung erfolgt durch Öffnen der Umgehungsleitung und Schließen des Rücklaufventils. Die Vorlaufverbindung des auszuschaltenden Kessels muß offen bleiben, damit das Kesselwasser sich durch diese Leitung ausdehnen und zusammenziehen kann.

g) Anschluß des Rauchgasvorwärmers an die Heißwasserheizung.

Rauchgasvorwärmer werden in den Rücklauf der Heißwasserheizung eingeschaltet. Man leitet gewöhnlich die gesamte Wassermenge hindurch, um einen möglichst großen Temperaturunterschied zwischen Rauchgas und Heißwasser zu erhalten. Dabei ist zu beachten, daß bei Verfeuerung von Brennstoffen mit hohem gebundenen Wassergehalt die Rauchgastemperatur sich nicht unter 150° C abkühlen soll, da sich sonst Kondensationen am Rauchgasvorwärmer bilden, wodurch die Verachung begünstig und der Heizeffekt stark herabgedrückt wird. Wird bei der Feuerung diese Grenztemperatur erreicht oder gar unterschritten, dann muß die direkte Umführungsleitung vom Rücklauf zur Kesseltrommel so weit geöffnet werden, bis eine dementsprechende Temperaturerhöhung der Rauchgase eintritt. Darauf ist besondere Beachtung zu legen. Bei Verfeuerung wasserarmer Kohle, wie Ruhr- und oberschlesischer Kohle, darf die Rauchgastemperatur ohne weiteres bis auf

130° C herabgesenkt werden. Wie aus den Betriebsergebnissen im Abschnitt V hervorgeht, hat der Rauchgasvorwärmer einen wesentlichen Anteil an der Gesamtkesselleistung, vorausgesetzt, daß die Heizflächen stets in sauberem Zustand gehalten werden.

Der Rauchgasvorwärmer gilt als ein Teilstück der Rücklaufleitung und darf daher wasserseitig nicht eher vom Kessel getrennt werden, bis das Kesselmauerwerk erkaltet ist. Bei Nichtbeachtung kann die Temperatur im Rauchgasvorwärmer so weit steigen, daß es zu Dampfbildung und Wasserschlägen kommt.

h) Einregulierung der Anlage.

Bei Fernheizungen mit Umformern für Niederdruckdampf oder Warmwasser ist eine besondere Einregulierung im allgemeinen nicht nötig, da die Umformer mit Reglern versehen sind, die die Wärmezufuhr abstellen, sobald der gewünschte Betriebszustand erreicht ist. Es kann jedoch vorkommen, daß einzelne, der Zentrale nahegelegene Umformer in der Wärmezufuhr bevorzugt sind, so daß diese Umformer und die daran angeschlossenen Heizungen früher, als die weiter abgelegenen auf Druck bzw. Temperatur kommen. In diesem Falle ist es zweckmäßig, an den begünstigten Umformern das Vor- oder Rücklaufventil zu drosseln, so daß die Wassermenge auch bei vollgeöffnetem Druck- oder Temperaturreglerventil auf ein gewünschtes Maß beschränkt bleibt. Durch diese Einschränkung erhalten die ungünstiger liegenden Umformer mehr Heißwasser zugeführt.

Etwa vorhandene Kurzschlußventile des Fernleitungsnetzes, die den Zweck haben, ein rascheres Anheizen des Netzes herbeizuführen, sind rechtzeitig zu schließen, soweit dies nicht selbsttätig erfolgt.

Heizungsanlagen, die direkt mit Heißwasser betrieben werden, wie teilweise im Fernheizwerk Tegernseer Landstraße, müssen einreguliert werden. Die Einregulierung muß bei der der Berechnung zugrunde liegenden höchsten Vorlauftemperatur vorgenommen werden. Die Drosselung der Ventile ist sowohl im Vorlauf wie auch im Rücklauf zulässig, doch muß sie einheitlich, z. B. auf den Rücklauf beschränkt werden. Luftheizapparate, wie sie z. B. im Fernheizwerk Tegernseer Landstraße direkt an die Heißwasserheizung angeschlossen sind, sind nach den festgelegten Luftausblasetemperaturen abzudrosseln, und zwar so lange, bis durch weiteres Schließen des Rücklaufventiles die Ausblasetemperatur unter den festgelegten Wert zu sinken beginnt. Große Heizringe ohne Lufterhitzer werden nach der der Berechnung zugrunde gelegten Rücklauftemperatur einreguliert, kleinere Heizkörper und Heizschlangen nach Gefühl oder nach Ablesungen eines elektrischen Anlegethermometers.

Bei der Einregulierung großer Anlagen mit mehreren weitauseinanderliegenden Gebäuden ist oft auch eine Grobeinstellung des Rücklaufventiles am Eintritt der Leitungen in das Gebäude nach dem berechneten Druckunterschied vorteilhaft. Da jedoch zur genauen Messung besondere Instrumente erforderlich sind, ist die Einregulierung nach der Rücklauftemperatur zweckmäßiger.

3. Außerbetriebsetzung der Heißwasserheizung.

Nach Stillegung der Feuerung sind die Betriebsumwälzpumpen noch einige Zeit in Betrieb zu halten, bis der Kesseldruck etwas gesunken ist. Sie sind dann nach der Betriebsvorschrift (siehe Abschnitt III, S. 180) abzuschalten. Die zur Verhinderung des Unterdruckes im Fernleitungsnetz vorgesehene Ausdehnungsleitung ist stets offenzuhalten. Die Vor- und Rücklaufleitungen bleiben bis zum Erkalten der Anlage offen, erst dann können die Vorlaufventile geschlossen werden. Hauptrücklaufventile, soweit sie nicht zwecks Regulierung einjustiert sind, sind dann ebenfalls zu schließen.

An der Kesselanlage sind zuerst die Einspritz- und Rücklaufventile zu schließen. Die Vorlaufventile bleiben etwas geöffnet, damit Wasser aus den Kesseln über die Ausdehnungsleitung in das Netz fließen kann. Erst nach dem Erkalten der Fernleitungen und der Umformer dürfen alle Ventile geschlossen werden.

Folgendes ist zu beachten:

1. Bei strenger Kälte ist die Anlage während der Betriebspausen (insbesondere bei abgestelltem Nachtbetrieb) mit Wasser von niedriger Vorlauftemperatur zu betreiben. Die Umwälzpumpen müssen deshalb in Betrieb bleiben.

2. Bei einem Rohrbruch sind zuerst die Hauptvorlaufventile zu schließen, dann die Pumpen stillzusetzen und zuletzt die Rücklaufventile zu schließen, da die Rücklaufleitung durch Rückschlagventile gesichert ist. Durch den Vorlauf können sich die Kessel nur bis zum vorgeschrieben niedrigsten Wasserspiegel entleeren. Alle Mittel sind anzuwenden, um die Feuerung sofort stillzulegen.

3. Es ist zweckmäßig, die Förderleistung der Umwälzpumpen von Zeit zu Zeit zu prüfen. Wenn Wassermesser nicht eingebaut sind, genügt die Kontrolle der Förderhöhe. Vorher sind die Manometer bei offenem Saug- und geschlossenem Druckventil und stillstehender Pumpe abzulesen. Wird die ursprüngliche Förderhöhe nicht mehr erreicht, so kann angenommen werden, daß Verschmutzungen eingetreten sind. Es ist zu beachten, daß die Förderhöhe bei heißem Wasser entsprechend dem spezifischen Gewicht geringer ist, als bei kaltem Wasser.

Das ab und zu wahrzunehmende sandige Geräusch der Pumpe ist auf Dampfbildung zurückzuführen. Durch leichtes Öffnen des Mischventiles wird das Geräusch sofort beseitigt.

4. Zur Verhütung von Wärmeverschwendung ist die Vorlauftemperatur nicht höher zu halten, als der jeweilige Wärmebedarf es erforderlich macht. Sind Niederdruckumformer angeschlossen, so darf, wie bereits erwähnt, eine Vorlauftemperatur von 130°C nicht unterschritten werden.

Heißwasserheizungen, deren Wärmeverbraucher wesentlich höher über dem Wasserspiegel der Kessel liegen, sind stets mit einer der Höhenlage entsprechenden Mischtemperatur zu betreiben.

C. Das System der Ferndampfheizung.

1. Allgemeines.

Die Ferndampfheizung besteht im wesentlichen aus der Kesselanlage, den Speisewasserbehältern mit den Kesselspeisepumpen, den Ferndampf- und Kondensatleitungen und den Wärmeverbrauchern.

In den Fernheizwerken Braunes Haus und Tegernseer Landstraße dient die zugeschaltete Ferndampfheizung während der Heizperiode im wesentlichen als Abwärmeverwertung des Abdampfes der Turbo-Kesselspeise- und der Umwälzpumpen der Fernheißwasserheizung. Die Dampfturbinen arbeiten mit dem Kesselbetriebsdruck von 10 bis 12 atü und 250°C Überhitzung auf einen Gegendruck von 3 atü. Der Abdampf wird in einem Dampfspeicher gesammelt (siehe Tafel I), dort gekühlt und zu einem Mitteldruckverteiler für 3 atü Betriebsdruck geleitet. Dieser Verteiler ist an das Fernleitungsnetz angeschlossen. Der Dampfspeicher ist über einen Alloregler mit dem Hochdruckdampfverteiler der Kesselanlage in Verbindung und speist ihn selbsttätig auf, sobald der Abdampfdruck am Mitteldruckdampfverteiler auf 2,9 atü zu sinken beginnt, um bei Erreichung von 3 atü Betriebsdruck die Nachspeisung wieder einzustellen. In den Sommermonaten, in denen die Dampfturbinen wegen ungenügender Verwertung des Abdampfes gewöhnlich außer Betrieb sind, wird der Dampfspeicher ausschließlich durch den Alloregler gespeist.

An die Mitteldruckdampfheizung sind im allgemeinen die Warmwasserversorgung, die Dampfkochküchen und die Betriebsdampfleitungen, soweit sie das ganze Jahr in Betrieb sind, angeschlossen. Außerdem werden verschiedene Werkstättengebäude teilweise mit Mitteldruckdampf beheizt, soweit es die Kesselheizfläche zuläßt. Im Fernheizwerk Braunes Haus, welches fast keine Betriebseinrichtungen besitzt, sind an Mitteldruckdampfheizung nur solche Gebäude angeschlossen, bei denen die Kanalführung für die Fernleitung besonders günstig ist. Der Umfang der Mitteldruckdampfheizung ist bei den genannten Fernheizwerken sehr beschränkt und richtet sich ganz nach der Leistung des Hochdruckdampfkessels. Der Hochdruckdampfkessel hat die Aufgabe, für sämtliche Kessel des Fernheizwerkes überhitzten Dampf zum Rußblasen zu liefern. Außerdem versorgt er noch die Dampfturbinen mit überhitztem Dampf und dient schließlich in den wärmeren Übergangszeiten zur vollständigen Ausnützung seiner Heizfläche dazu, einen der Heißwasserkessel aufzuheizen. Letzten Endes mußte schon im Interesse der einheitlichen Bekohlung und Entaschung der Dampfkessel in Form und Größe den Heißwasserkesseln angepaßt werden. Aus Betriebssicherheitsgründen war es notwendig, noch einen zweiten gleich großen Dampfkessel als Reserve aufzustellen. Diese beiden Kessel sind zu einem Aggregat zusammengemauert, wobei natürlich ein genügend großer Abstand zwischen den Kesseln zur Vermeidung schädlicher Wärmespannungen des Kesselmauerwerkes (siehe Bild 66, S. 126) eingehalten wurde. Die beiden Dampfkessel in den Fernheizwerken Braunes Haus und Tegernseer Landstraße haben je eine Heizfläche von 175 m², während jeder der Heißwasserkessel eine Heizfläche von 350 m² besitzt, so daß die Dampfkessel durch die gemeinsame Ausmauerung sich von den Heißwasserkesseln äußerlich nicht unterscheiden.

Im Fernheizwerk der ⚡-Junkerschule Bad Tölz gelangten nur Dampfkessel zur Aufstellung.

Während der Betriebsdampfdruck in den Fernheizwerken Braunes Haus und Tegernseer Landstraße konstant auf 3 atü festgelegt ist, beträgt derselbe für die Ferndampfleitungen der ⚡-Junkerschule Bad Tölz maximal 10 atü, wobei er im allgemeinen der Außentemperatur angepaßt wird. Für den Sommerbetrieb ist ein eigenes Leitungsnetz zur Verminderung der Wärmeverluste in den Fernkanälen vorgesehen.

2. Inbetriebsetzung der Anlage.

Für die Inbetriebsetzung der Dampfkesselanlage gelten die Vorschriften im Abschnitt II, Abs. C, S. 51, sowie im Abschnitt III über die Wartung der Kesselspeisepumpen und sonstigen Speiseapparate.

Erst wenn die Kesselanlage vorschriftmäßig aufgeheizt ist, kann das Fernleitungsnetz in Betrieb gesetzt werden. Dies erfolgt dadurch, daß zuerst das ganze Leitungsnetz vorsichtig auf Dampftemperatur aufgewärmt wird. Zu diesem Zweck darf das am Hochdruckverteiler befindliche Absperrventil nur wenig, d. i. um eine Umdrehung geöffnet werden. Wenn das Ventil selbst mit einem Umführungsventil versehen ist, dann ist nur das Umführungsventil langsam zu öffnen, während das Hauptventil geschlossen bleibt. Hierauf sind der Reihe nach, von der Zentrale angefangen, die Umführungsventile der Dampfwasserableiter an sämtlichen Wasserabscheidern des Fernleitungsnetzes zu öffnen, ebenso die Entlüftungsventile an den Dampfwasserableitern. Die Umführungs- und Entlüftungsventile dürfen der Reihe nach erst geschlossen werden, wenn aus den Entlüftungsventilen reiner, wasserfreier Dampf strömt.

In den Unterstationen ist an den Hochdruckdampfverteilern nur das Dampfventil zur Fernleitung zu öffnen, ebenso das Umführungs- und das Entlüftungsventil an dem Dampfwasserableiter des Verteilers. Der Dampfdruck am Hochdruckverteiler der nächstliegenden Unterstation darf nur ganz allmählich ansteigen und 1 atü Höchstdruck nicht überschreiten. Erst wenn diese Bedingungen an sämtlichen Unterstationen erfüllt sind, ist das Umführungsventil am Hauptverteiler im Kesselhaus zu schließen und das Hauptabsperrventil langsam zu öffnen. Wenn das Umführungsventil fehlt, ist das stark gedrosselte Hauptventil ganz langsam vollständig zu öffnen. Während des Vorwärmens der Rohrleitungen muß je nach dem Umfang des Fernheizwerkes genügend Bedienungspersonal vorhanden sein, um festzustellen, ob die Rohrleitungen auf den Rollenlagern sich vorschriftsmäßig und reibungslos bewegen und ob sich an keiner Stelle des Fernleitungsnetzes Undichtigkeiten zeigen. Erst wenn durch sorgfältige Beobachtung alles in Ordnung gefunden wurde, darf der Betrieb aufgenommen werden. Treten in den Fernleitungen beim Anheizen Wasserschläge auf, so ist das Hauptabsperrventil zu weit geöffnet und ist umgehend so lange abzudrosseln, bis die Wasserschläge verschwinden. Wasserschläge können auch auftreten, wenn die Umführungsventile der Dampfwasserableiter an den Wasserabscheidern nicht vollständig geöffnet sind. Die Unterstationen dürfen erst in Betrieb gesetzt werden, nachdem man sich überzeugt hat, daß die Rückspeisepumpen einwandfrei funktionieren. Zu diesem Zweck ist in den Kondenswassersammelbehältern durch entsprechendes Anziehen des Schwimmerseiles der Schwimmer so weit hochzuziehen, bis der Anlasser den Motor der Speisepumpe einschaltet. Ist alles in Ordnung, dann können die Ventile zu den Umformern oder Reduzierventilen geöffnet werden; auch dieses Öffnen soll nicht plötzlich, sondern ganz langsam erfolgen. Die Thermostaten oder Druckregler sind auf den gewünschten, vorschriftsmäßigen Betriebsdruck bei Inbetriebsetzung der Heizung einzustellen.

Zuschalten eines Kessels während des Betriebes. Die Kessel dürfen nicht überlastet werden, weil sonst der Wirkungsgrad der Feuerung erheblich zurückgeht. Die Normalbelastung des Kessels ist in den stationellen Betriebsvorschriften angegeben und kann jederzeit durch den an der Schalttafel angebrachten Dampfmesser kontrolliert werden. Wird der Kessel mit geringerem Betriebsdruck als 10 atü betrieben, so muß die Ablesung des Dampfmessers nach der im Abschnitt III, Absatz 3, Bild 107, S. 191, enthaltenen Druckberichtigungstafel korrigiert werden. Vorübergehende Belastungen bis zu 20% über die Normallast sind auf die Dauer von einigen Stunden zulässig. Bei längerer Dauer ist ein weiterer Kessel in Betrieb zu nehmen. Die Einschaltung dieses Kessels in das Leitungsnetz darf erst erfolgen, wenn der angeheizte Kessel den Druck der in Betrieb befindlichen Anlage erreicht hat.

3. Verschiedenes.

Bei abgestelltem Nachtbetrieb darf bei strenger Kälte die Betriebspause bis zur Wiederaufnahme des Betriebes nur solange dauern, daß
am Morgen an der Kesselanlage noch ein Betriebsdruck von mindestens
1 atü vorhanden ist, damit die Anlage rasch wieder hochgeheizt werden
kann. Die Unterstationen der nachtsüber nicht bewohnten Gebäude
sind rechtzeitig vom Betrieb abzuschalten, die der übrigen auf Nachtbetrieb umzustellen.

Bei einem Rohrbruch ist das Hauptabsperrventil der betreffenden
Leitung sofort zu schließen. Handelt es sich um eine Hauptleitung, bei
deren plötzlichem Abschluß die Gefahr besteht, daß die Kesselanlage
abbläst, dann ist das Feuer bis zur Behebung der Gefahr auf dem
schnellsten Wege herauszunehmen, was normal dadurch geschieht, daß
die Brennstoffzufuhr zum Kessel sofort abgestellt und das auf dem
Rost befindliche Feuer mit der größten Geschwindigkeit leergefahren
wird.

Bei einem Rohrbruch in den Fernleitungen der Mitteldruckverteiler,
die mit Abdampf gespeist werden, ist das Ventil am Verteiler zur schad-
haften Rohrleitung sofort zu schließen; die Turbopumpen sind auszuschalten und die Elektropumpen in Betrieb zu setzen.

V. Betriebsdaten.

A. Die Betriebsergebnisse.

Der Brennmaterialverbrauch der Fernheizwerke der NSDAP. ist im Vergleich zu dem anderer Fernheizwerke außerordentlich gering. Aus den monatlich aufgezeichneten Betriebsdiagrammen ergibt sich ein durchschnittlicher Kesselwirkungsgrad von 80% und derselbe kann bei Vollast auf 86% und darüber gesteigert werden, wie nachstehend aufgeführte Versuchsberechnung ergibt.

Der Grund des günstigen Wirkungsgrades ist darauf zurückzuführen, daß es dem Verfasser gelungen ist, bei sachgemäßer Bedienung der Anlage eine rauchfreie Verbrennung zu erreichen und die Rauchgase bis auf das äußerste auszunützen.

Die rauchfreie Verbrennung ist nicht vom Brennmaterial abhängig; so wird beispielsweise im Fernheizwerk Braunes Haus oberschlesische Grießkohle, welche einen Gasgehalt von 34% besitzt, verfeuert. Bei Brennmaterialien mit hohem Wassergehalt läßt sich wohl auch die Kohle restlos zu Kohlensäure verbrennen, man ist jedoch gezwungen, die Dampfbildung in den Rauchgasen mit in den Kauf zu nehmen, da letzten Endes der Dampf auch ein Verbrennungsprodukt darstellt. Zur Erzielung einer rauchfreien Verbrennung gehören Kessel mit möglichst großem Feuerraum, weil nur dadurch die Gewähr gegeben ist, den Brennstoff restlos auszubrennen, bevor er in die Rauchzüge gelangt. Von weiterer Wichtigkeit ist, daß der Unterdruck im Feuerraum so klein wie möglich gehalten wird, damit in allen Fällen die Brenngeschwindigkeit der Kohle größer ist als die Abzugsgeschwindigkeit der Feuergase. Die Ursache des Rauches ist in erster Linie der auf den Rost gebrachte Kohlenstaub, der bei unsachgemäßer Bedienung vom Kaminzug abgesaugt wird, bevor er vollständig ausgebrannt ist. Bei sachgemäßer Feuerung muß es gelingen, diesen Kohlenstaub in einer gewissen Höhe über dem Rost restlos zum Ausbrand zu bringen. Das Fernheizwerk Braunes Haus zeigt, daß diese Aufgabe, die sich der Verfasser seinerzeit stellte, restlos gelöst werden konnte.

B. Die Betriebsberechnung.

Fernheizwerk Braunes Haus.

Versuch an einem Dampfkessel von 175 m² Heizfläche am 11. Januar 1940.

Bei dem Kessel wurden folgende Werte gemessen:

Kessel- und Brennkammerheizfläche . . . . F_k = 175,07 m²

Überhitzerheizfläche . . . . $F_{\ddot{u}}$ = 23,00 m²

Rauchgasvorwärmerheizfläche . . . . F_w = 153,00 m²

Feuerrauminhalt . . . . V_f = 66,00 m³

Rostfläche . . . . F_r = 4,45 m²

Brennstoffmenge . . . . B = 500 kg/h

Heizwert des Brennstoffes . . . . H_u = 7200 WE/kg

Aschegehalt der Kohle . . . . a = 6,10 %

Im Abgas entstehender Wasserdampf . . . W = 0,45 kg/h

Rostdurchfall in Gewichtsanteil . . . . . . u = 4,00 %

Verdampfte Wassermenge . . . . D = 5016 kg/h

Dampfdruck . . . . p = 11 atü

Dampftemperatur . . . . $t_{\ddot{u}}$ = 249⁰ C

Dampfnässe vor dem Überhitzer . . . . . . $l - x$ = 0,04

Wassereintrittstemperatur vor dem Wavo . τ_1 = 83⁰ C

Wassertemperatur hinter dem Wavo . . . . τ_2 = 124⁰ C

CO_2-Gehalt der Abgase . . . . CO_2 = 12,2 %

CO-Gehalt der Abgase . . . . CO = 0⁰/₀

Maximaler CO_2-Gehalt . . . . CO_{2max} = 19,7 %

Gastemperatur (Kesselaustritt) . . . . . . ϑ_1 = 313⁰ C

Gastemperatur (Wavoaustritt) . . . . . . ϑ_2 = 170⁰ C

Temperatur der zugeführten Luft . . . . . ϑ_L = 20⁰ C

Betriebsstunden am 11. Januar 1940 . . . . = 17 h.

Durchschnittliche Betriebsergebnisse an einem Borsig-Teilkammer-Dampfkessel von 175 m² Heizfläche im Fernheizwerk Braunes Haus am 11. Januar 1940.

Sämtliche Werte sind keine maximalen Werte, sondern stellen den durchschnittlichen stündlichen Wert aus 17 Betriebsstunden am 11. Januar 1940 dar.

a) Wärmeleistung

  1. der gesamten Kesselanlage

$$Q = D \cdot (i_{\ddot{u}} - i_{w1}) = 5016 \cdot (700 - 83) \quad . \ . \quad = 3\,095\,000 \ \text{WE/h}$$

  2. des Kessels

$$Q_k = D \cdot (i_n - i_{w2}) = 5016 \cdot (664{,}7 - 124) \ . \quad = 2\,712\,000 \ \text{WE/h}$$

  3. des Überhitzers

$$Q_{\ddot{u}} = D \cdot (i_{\ddot{u}} - i_n) = 5016 \cdot (700 - 664{,}7) \ . \quad = \ 177\,000 \ \text{WE/h}$$

  4. des Vorwärmers und zwar
    1. ohne Abschlämmwasser

$$Q_w = D \cdot (i_{w2} - i_{w1}) = 5016 \cdot (124 - 83) \quad . \ . \quad = \ 205\,900 \ \text{WE/h}$$

    2. mit Abschlämmwasser

$$Q_w = D' \cdot (i_{w2} - i_{w1}) = 5234 \cdot (124 - 83) \quad . \ . \quad = \ 214\,500 \ \text{WE/h}$$

  5. Feuerungsleistung

$$Q_B = B \cdot H_u = 500 \cdot 7200 \ . \ . \ . \ . \ . \ . \ . \ . \quad = 3\,600\,000 \ \text{WE/h}$$

b) Spezifische Wärmeleistung

  1. des Kessels

$$q_k = \frac{Q_k}{F_k} = \frac{2\,712\,000}{175{,}07} \ . \ . \ . \ . \ . \ . \ . \ . \ . \quad = \ 15\,500 \ \text{WE/m}^2$$

  2. des Überhitzers

$$q_{\ddot{u}} = \frac{Q_{\ddot{u}}}{F_{\ddot{u}}} = \frac{177\,000}{23} \ . \ . \ . \ . \ . \ . \ . \ . \quad = \ 7700 \ \text{WE/m}^2$$

  3. des Wasservorwärmers

$$q_w = \frac{Q_w}{F_w} = \frac{214\,500}{153} \ . \ . \ . \ . \ . \ . \ . \ . \quad = \ 1400 \ \text{WE/m}^2\text{/h}$$

  4. Rostwärmebelastung

$$q_r = \frac{Q_b}{F_r} = \frac{3\,600\,000}{4{,}45} \ . \ . \ . \ . \ . \ . \ . \ . \quad = 810\,000 \ \text{WE/m}^2\text{/h}$$

  5. Feuerraumwärmeleistung

$$q_b = \frac{Q_b}{V_f} = \frac{3\,600\,000}{66} \ . \ . \ . \ . \ . \ . \ . \ . \quad = \ 54\,600 \ \text{WE/m}^3$$

c) 1. Bruttoverdampfungsziffer

$$d = \frac{D}{B} = \frac{5016}{500} \ . \ . \ . \ . \ . \ . \ . \ . \ . \quad = \ 10{,}03 \ \text{kg/kg}$$

2. Nettoverdampfungsziffer

1 kg Normaldampf = 640 WE

$$d' = \frac{D'}{B}; \quad D' = \frac{Q}{640} = \frac{3\,095\,000}{640} \quad \dots \quad = \quad \underline{4836 \text{ kg/h}}$$

$$d' = \frac{4836}{500} \quad \dots \quad = \quad \underline{9,7 \quad \text{kg/kg}}$$

d) 1. Brennstoffzahl α; $1 + \alpha = \dfrac{21}{CO_{2max}} \quad \dots \quad = \quad \underline{1,06}$

2. $co_2 \cdot (1 + a) + co\,(0,605 + a) + o_2 = 21\%$

$o_2 = 21 - 12,2 \cdot 1,06 \cdot - 0 \quad \dots \dots \quad = \quad \underline{8,04\%}$

$n_2 = 100 - co_2 - o_2$

$\quad = 100 - 12,2 - 8,04 \quad \dots \dots \dots \quad = \quad \underline{79,76\%}$

3. Luftüberschußzahl

$$n = \frac{n_2}{n_2 - \dfrac{79}{21}\left(o_2 - \dfrac{co}{2}\right)} = \frac{79,76}{79,76 - 3,77 \cdot 8,04} = \quad \underline{1,65}$$

4. L_{min} bezogen auf das Verbrannte. Unverbrannter Kohlenstoff 0,04 kg/kg, deshalb Heizwert

$H'_u = 7200 - 0,04 \cdot 8100 \quad \dots \dots \dots \quad = \quad \underline{6876 \text{ WE/kg}}$

$$L_{min} = \frac{1,01 \cdot H'_u}{1000} + 0,5 \quad \dots \dots \dots \quad = \quad \underline{7,44 \text{ N/m}^3\text{/kg}}$$

5. $L = n \cdot L_{min} = 1,65 \cdot 7,44 \quad \dots \dots \dots \quad = \quad \underline{12,28 \text{ N m}^3\text{/kg}}$

6. Trockene Abgasmenge

$$V = \frac{79 \cdot L}{100\,n_2} = \frac{79}{100} \cdot \frac{12,28}{79,76} \quad \dots \dots \quad = \quad \underline{12,20 \text{ N m}^3\text{/kg}}$$

Abgasgewicht der trockenen Abgase

$G = L \cdot \gamma_0 + c - u =$

$\quad 12,28 \cdot 1,293 + 0,8 - 0,04 \quad \dots \dots \quad = \quad \underline{16,64 \text{ kg/kg}}$

e) 1. Für eine Abgastemperatur von $\vartheta_2 = 170^\circ$ C ist nach Schrieder

$$M \cdot c_p^{\,2\,atg} = 7,02; \quad M \cdot c_p^{\,co^2} = 9,50; \quad M \cdot c_p^{\,H_2O} = 8,37$$

Stündliche Abgaswärme

$$Q_a = B \cdot \left(\frac{V}{22,4} \cdot (1 - co_2) \cdot M c_p^{2\,\mathrm{atg}} + \right.$$

$$\frac{V \cdot co_2}{22,4} \cdot M c_p^{co_2} + \frac{W}{18} \cdot M c_p^{H_2O} \bigg) \cdot \vartheta_2 =$$

$$= 500 \cdot \left(\frac{12,2}{22,4} \cdot 0,88 \cdot 7,02 + \frac{12,2}{22,4} \times \right.$$

$$0,122 \cdot 9,50 + \frac{0,45}{18} \cdot 8,37 \bigg) \cdot 170 \quad \ldots \ldots = \underline{357\,935 \text{ WE/h}}$$

2. Verlust durch Rostanfall

$$Q_u = 0,04 \cdot B \cdot 8100 = 0,04 \cdot 500 \cdot 8100 \quad \ldots = \underline{162\,000 \text{ WE/h}}$$

3. Luftwärme

$$Q_L = B \cdot L \cdot \gamma_0 \cdot c_p \cdot \vartheta_L =$$
$$500 \cdot 12,28 \cdot 1,293 \cdot 0,24 \cdot 20 \quad \ldots \ldots \ldots = \underline{38\,150 \text{ WE/h}}$$

4. Restverlust durch Strahlung, Flugkoks

$$Q_{\mathrm{Str}} = Q_b + Q_L - Q - Q_a - Q_u = 3\,600\,000$$
$$+ 38\,150 - 3\,106\,500 - 357\,935 - 162\,000 \quad \ldots = \underline{11\,715 \text{ WE/h}}$$

f) 1. Kesselwirkungsgrad

$$\eta_k = \frac{Q}{Q_b} = \frac{3\,095\,000}{3\,600\,000} = 0,86 \quad \ldots \ldots = \underline{86\%}$$

2. Wirkungsgrad des Rauchgasvorwärmers

Für $\vartheta_1 = 313\,^0\mathrm{C}$ ist $M c_p^{2\,\mathrm{atg}} = 7,06$;

$M c_p^{co_2} = 10,04$; $M c_p^{H_2O} = 8,55$;

Abgegebene Gaswärme

$$Q_g = B \cdot \left(\frac{V(1 - co_2)}{22,4} \cdot M c_p^{2\,\mathrm{atg}} + \frac{V \cdot co_2}{22,4} \times \right.$$

$$M c_p^{co_2} + \frac{W}{18} \cdot M c_p^{H_2O} \bigg) \cdot \vartheta_1 - Q_a = 500 \times$$

$$\left(\frac{12,2}{22,4} \cdot 0,88 \cdot 7,06 + \frac{12,2}{22,4} \cdot 0,122 \cdot 10,04 + \right.$$

$$\frac{0,45}{18} \cdot 8,55 \bigg) \cdot 313 - 357\,935 =$$

$$500 \cdot (3,38 + 0,66 + 0,214) \cdot 313 - 357\,935 =$$
$$500 \cdot 4,263 \cdot 313 - 357\,935 = 667\,000 - 357\,935 = \underline{309\,065 \text{ WE/h}}$$

$$\eta_w = \frac{Q_w}{Q_g} = \frac{214\,500}{309\,065} = 0,695 \quad \ldots \ldots = \underline{69,5\%}$$

C. Der Kohlenverbrauch der Fernheizwerke.

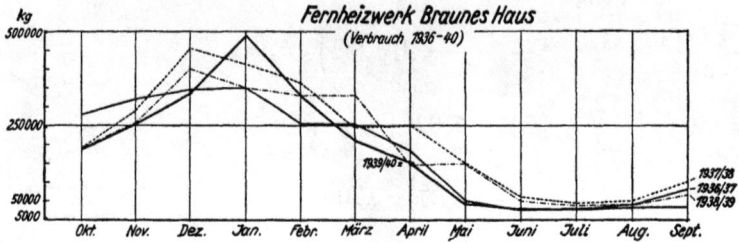

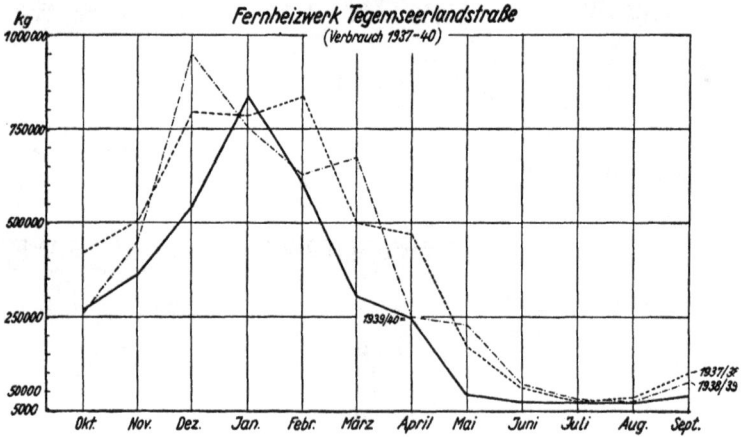

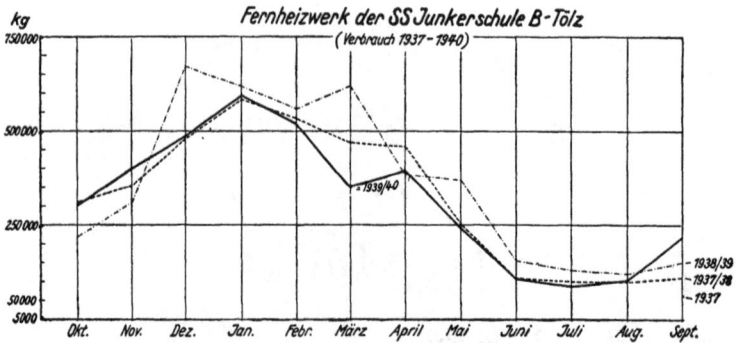

Bild 133. Diagramm über den jährlichen Kohlenverbrauch der Fernheizwerke: Braunes Haus, Tegernseer Landstraße und ᛋᛋ-Junkerschule, Bad Tölz.

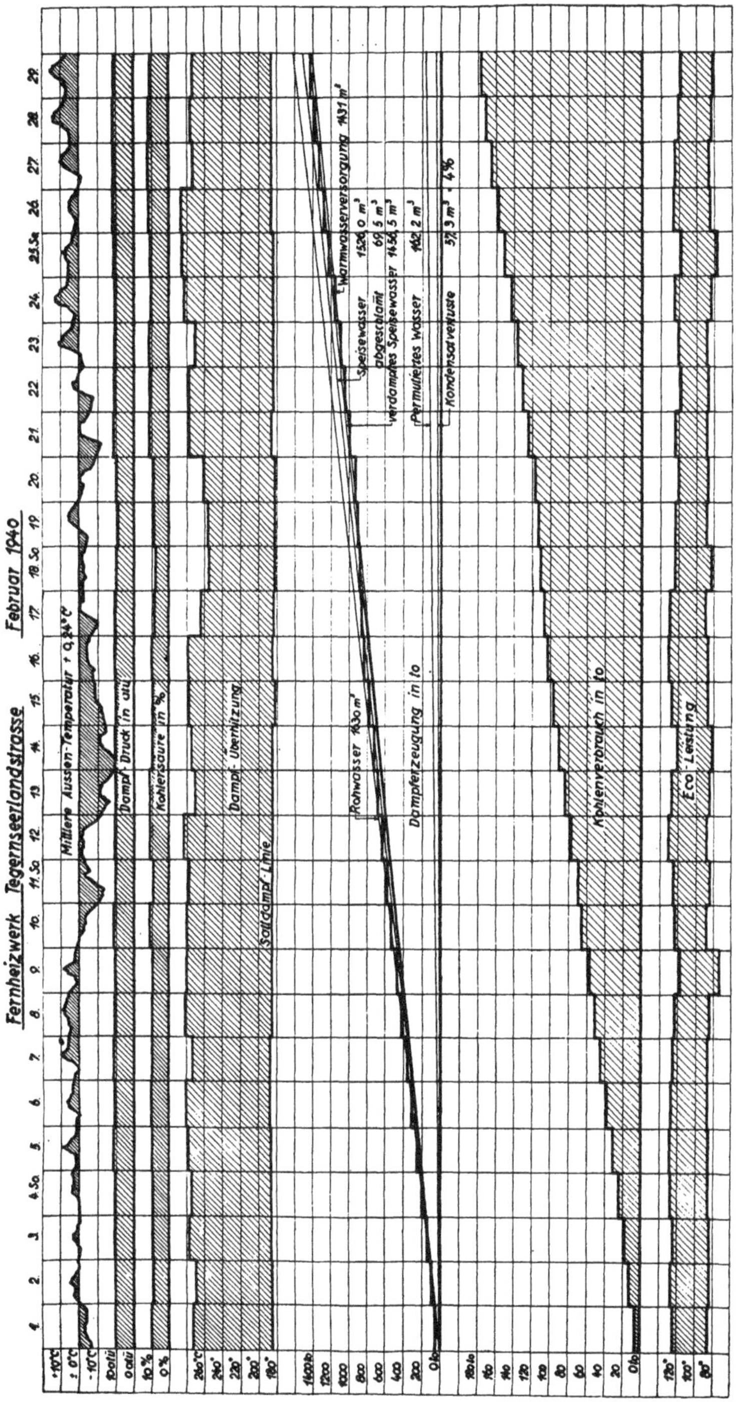

Bild 134. Betriebsdiagramm für den Februar 1940 — Fernheizwerk Tegernseer Landstraße, München

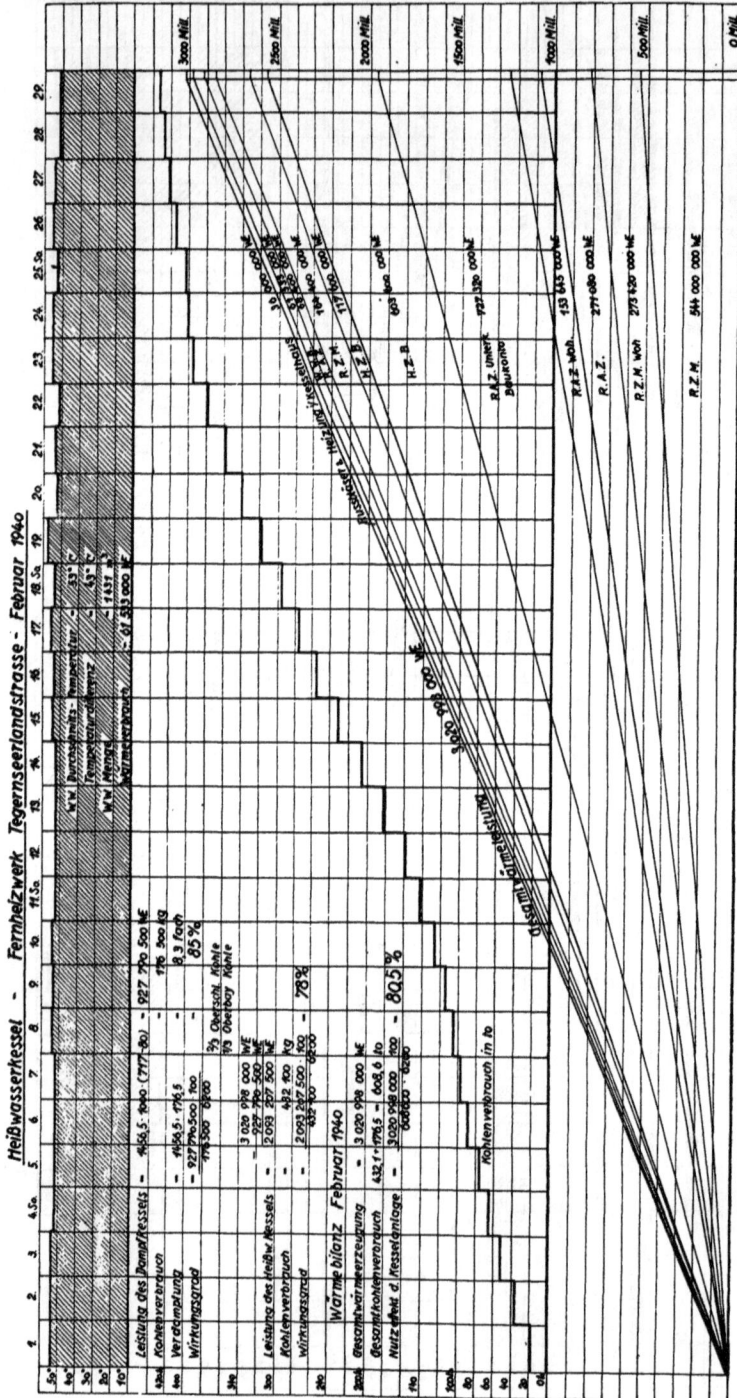

Bild 135. Wärmediagramm für den Monat Februar 1940 — Fernheizwerk Tegernseer Landstraße, München.

Schrifttum:

Lückel Friedrich: Kesselspeisewasser.

Schrieder Emil: Wärmewirtschaft und neuzeitliche Feuerung. Leipzig 1939.

Siemens & Halske: Siemens-Rauchgasprüfer.

Sachverzeichnis.

Bericht über den XV. Kongreß für Heizung und Lüftung.

283 S., 179 Abb. Gr.-8⁰. 1939. RM. 13.50.

Beihefte zum Gesundheits-Ingenieur.

Reihe 1: Arbeiten aus dem Heizungs- und Lüftungsfach. Herausgegeben von der Schriftleitung des »Gesundheits-Ingenieurs«. Lex.-8⁰.

Heft 39: Dr.-Ing. Otto Oldenhage: Raumluftfrage in der Industrie, gezeigt an Untersuchungen zur Lösung der Raumluftfrage im Textilbetrieb. 57 S., 62 Abb., 14 Zahlentafeln. 4⁰. 1940. RM. 10.80.

Heizung und Lüftung,
Warmwasserversorgung, Befeuchtung und Entnebelung.

Leitfaden für Architekten und Bauherren. Von Ing. M. Hottinger. 300 S., 210 Abb., 64 Zahlentafeln. Gr.-8⁰. 1926. Brosch. RM. 13.—. In Leinen RM. 14.80.

Hermann Recknagels Kalender für Gesundheits- und Wärmetechnik.

Taschenbuch für die Anlage von Lüftungs-, Zentral-Heizungs- und Bade- sowie sonstiger wärmetechnischer Einrichtungen. Herausgegeben von Dipl.-Ing. K. Gehrenbeck unter Mitarbeit von Dipl.-Ing. E. Sprenger. 44. Jahrgang. 1942. Erscheint im Herbst 1941.

Klimatechnik.

Entwurf, Berechnung und Ausführung von Klima-Anlagen. Von Dr.-Ing. Karl R. Rybka. Mit einem Anhang von Dr.-Ing. Albert Klein. 2. Aufl., 148 S., 118 Abb., Gr.-8⁰. 1938. RM. 8.—.

Bestimmung der Rohrweiten

von Hochdruck-, Niederdruck- und Unterdruckdampfleitungen. Von Obering. Joh. Schmitz. 2. verb. Aufl. 5 S., 18 Tafeln, 4⁰. 1930. RM. 4.—.

Die Warmwasserheizung.

Anordnung und Ausführung mit vereinfachter Rohrnetzberechnung. Von Prof. Dr. Melchior Wierz. 3. Aufl. in Vorbereitung.

Der Kesselwärter.

Ein Lehrbuch für Wärter von Dampfkessel- und Heizanlagen. Von Dipl.-Ing. Heinz Huppmann und Ing. Georg Zeller. 248 S., 184 Abb. Gr.-8⁰. 1939. Brosch. RM. 5.—, kart. RM. 6.—.

Wärmetechnische Berechnung der Feuerungs- und Dampfkesselanlagen.

Taschenbuch mit den wichtigsten Grundlagen, Formeln, Erfahrungswerten und Erläuterungen für Büro, Betrieb und Studium. Von Ing. Fr. Nuber. 9. Aufl. 187 S., 24 Abb. Kl.-8⁰. 1941. Kart. RM. 3.80.

Gesundheits-Ingenieur.

Zeitschrift für Hygiene in Stadt und Land. Unter Mitwirkung der Deutschen Gesellschaft für Hygiene und der Preußischen Landesanstalt für Wasser-, Boden- und Lufthygiene. Fachblatt der Fachgruppe Zentralheizungs- und Lüftungsbau, der Versuchsanstalt für Heiz- und Lüftungswesen der Technischen Hochschule Berlin, der Reichsstelle für Lufthygiene und Lüftungswesen und der Arbeitsgemeinschaft für Maschinen-, Heizungs- und Lüftungswesen im Deutschen Gemeindetag. 64. Jahrgang. 1941. Erscheint wöchentlich, Bezugspreis vierteljährlich RM. 5.50.

R. OLDENBOURG · MÜNCHEN 1 UND BERLIN

Tafel I

Schaltbild der Da
Entleerungs-, Da
und Kaltwasser

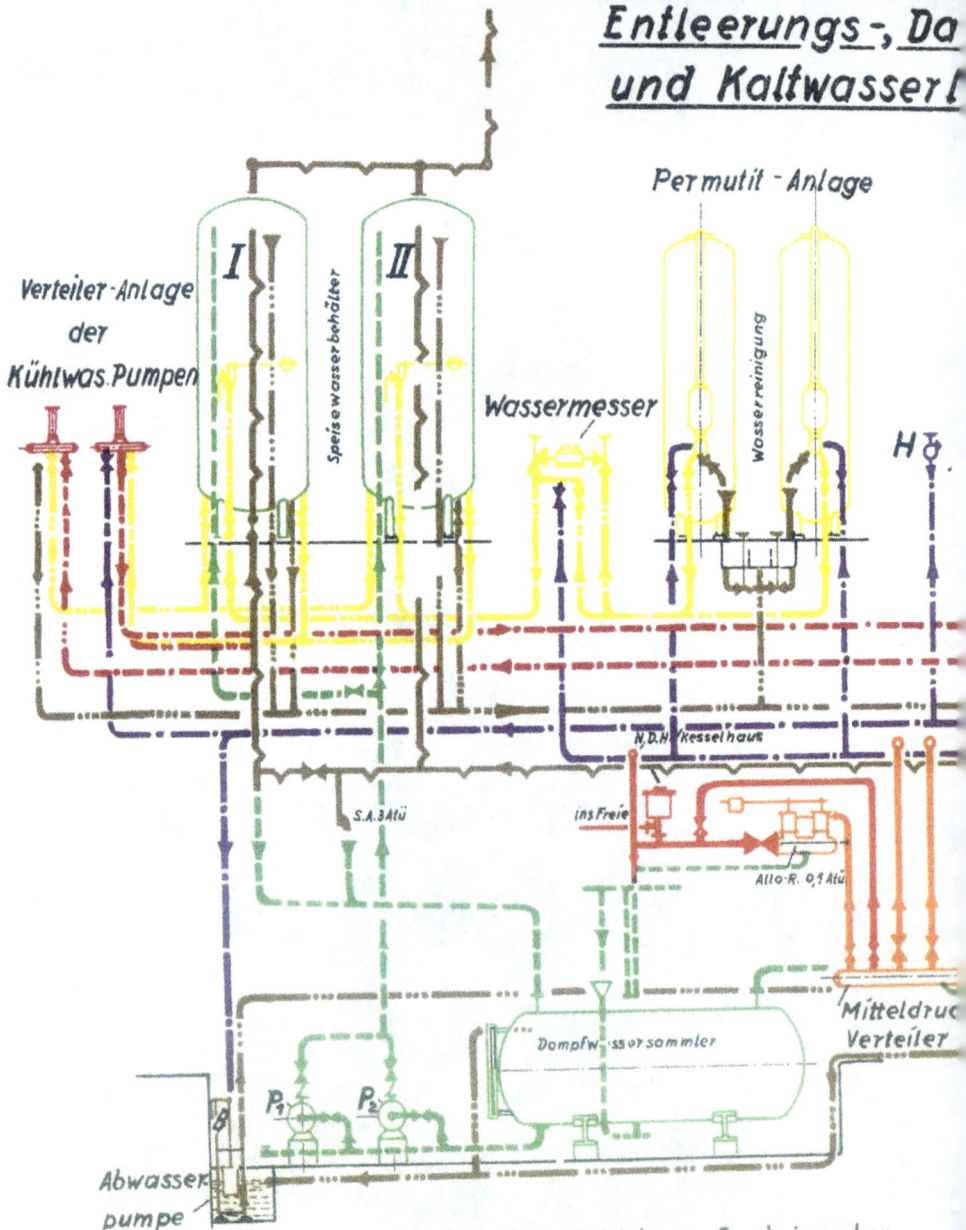

Permutit - Anlage

Verteiler-Anlage
der
Kühlwas.Pumpen

I   II

Speisewasserbehälter

Wassermesser

Wasserreinigung

H

N.D.H.Kesselhaus

S.A.3Atü

ins Freie

Allo-R. 0,1Atü

Mitteldru
Verteiler

Dampfw...ssersammler

P₁   P₂

Abwasser
pumpe

Willner, Der Betrieb von Fernheizwerken.

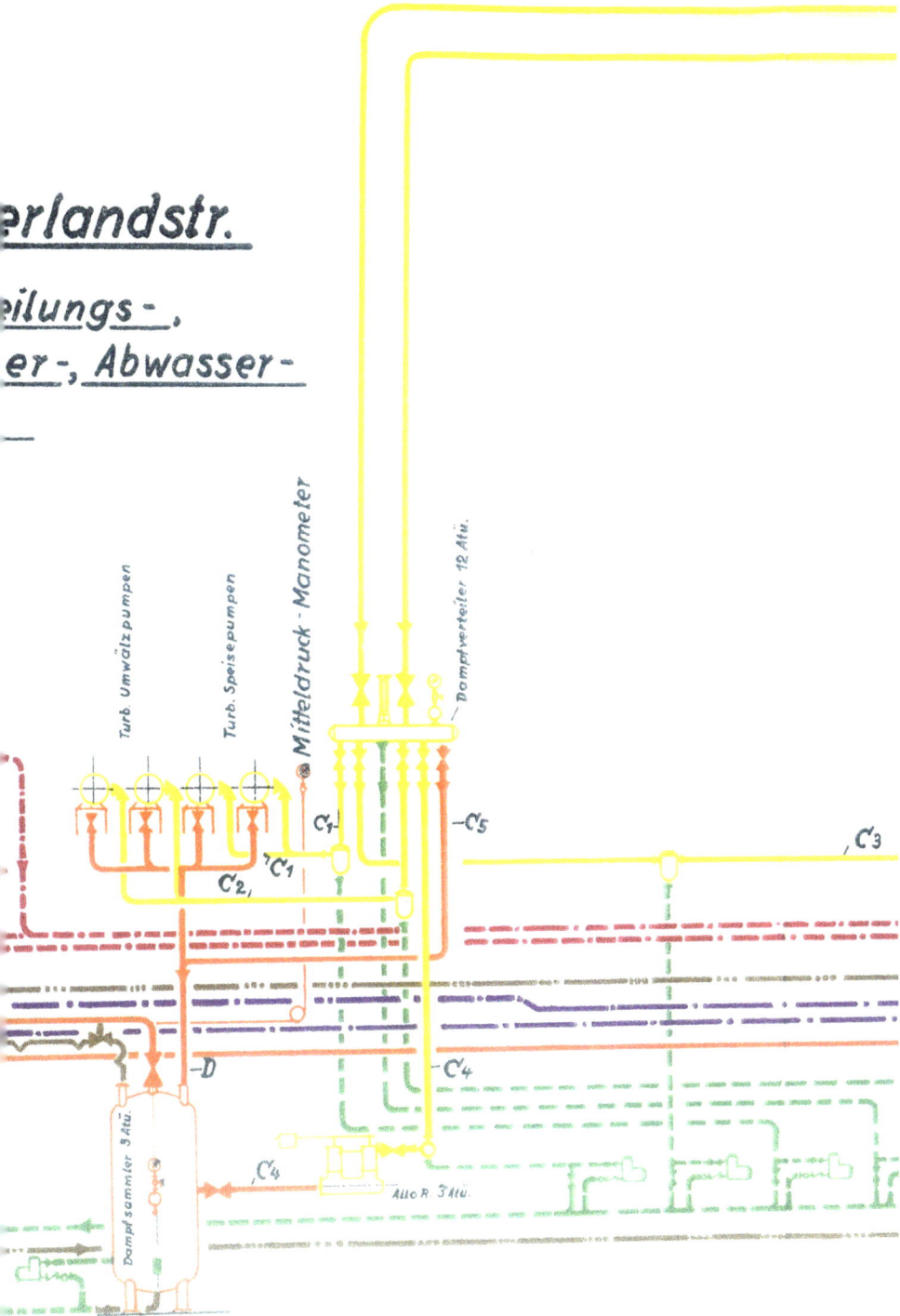

erlandstr.

eilungs-,

er-, Abwasser-

Turb. Umwälzpumpen

Turb. Speisepumpen

Mitteldruck - Manometer

Dampfverteiler 12 Atu.

C_7-

$-C_5$

C_3

$^7C_1$

C_2,

$-D$

$-C_4$

C_4

Allo R. 3 Atu.

Dampfsammler 3 Atu.

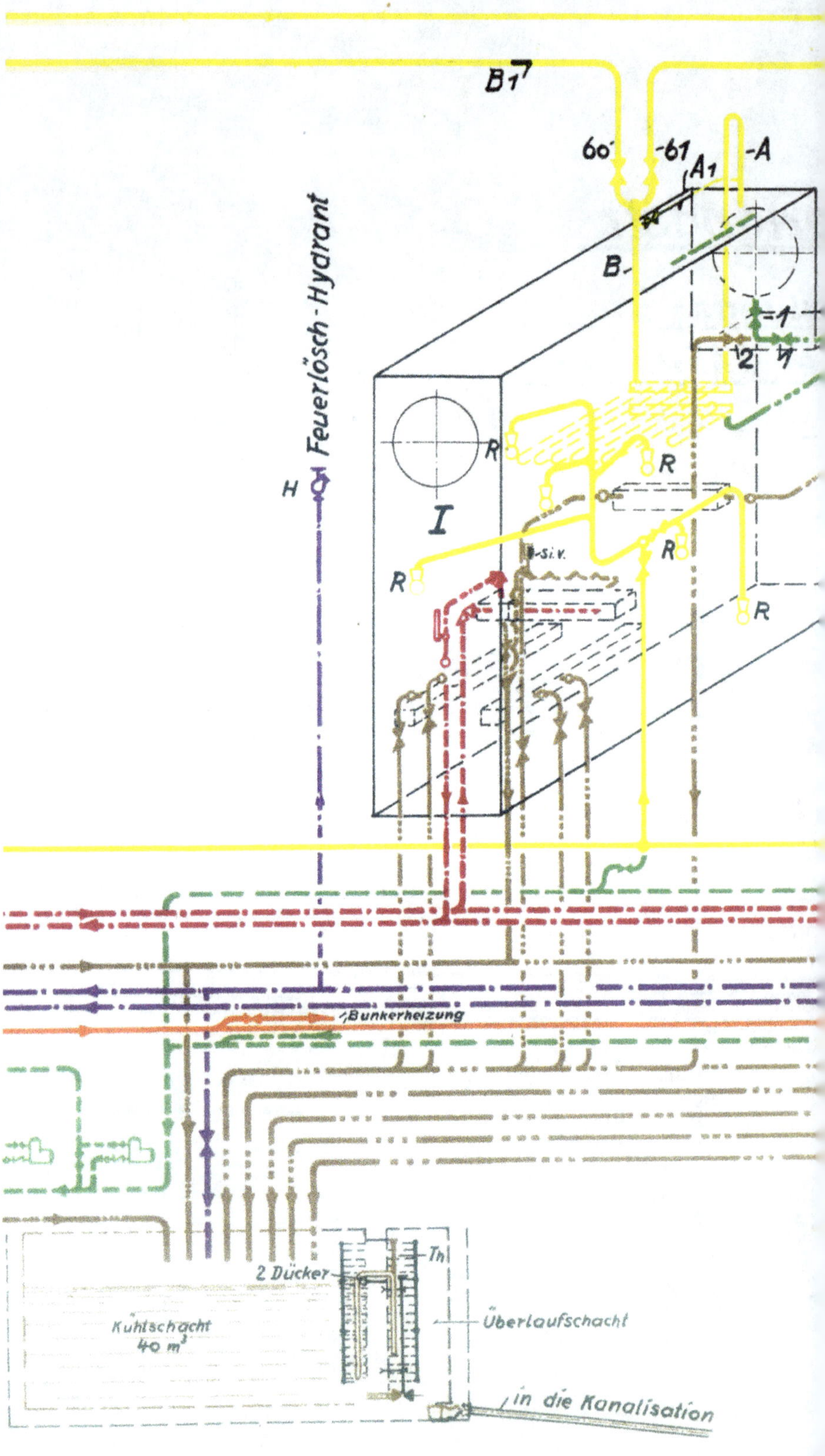

Feuerlösch-Hydrant

B_1

60' -61 A_1 -A

B

H

R

R

R

R

R

I

R

R-Si.V.

Bunkerheizung

2 Dücker

Th

Kühlschacht
40 m³

Überlaufschacht

in die Kanalisation

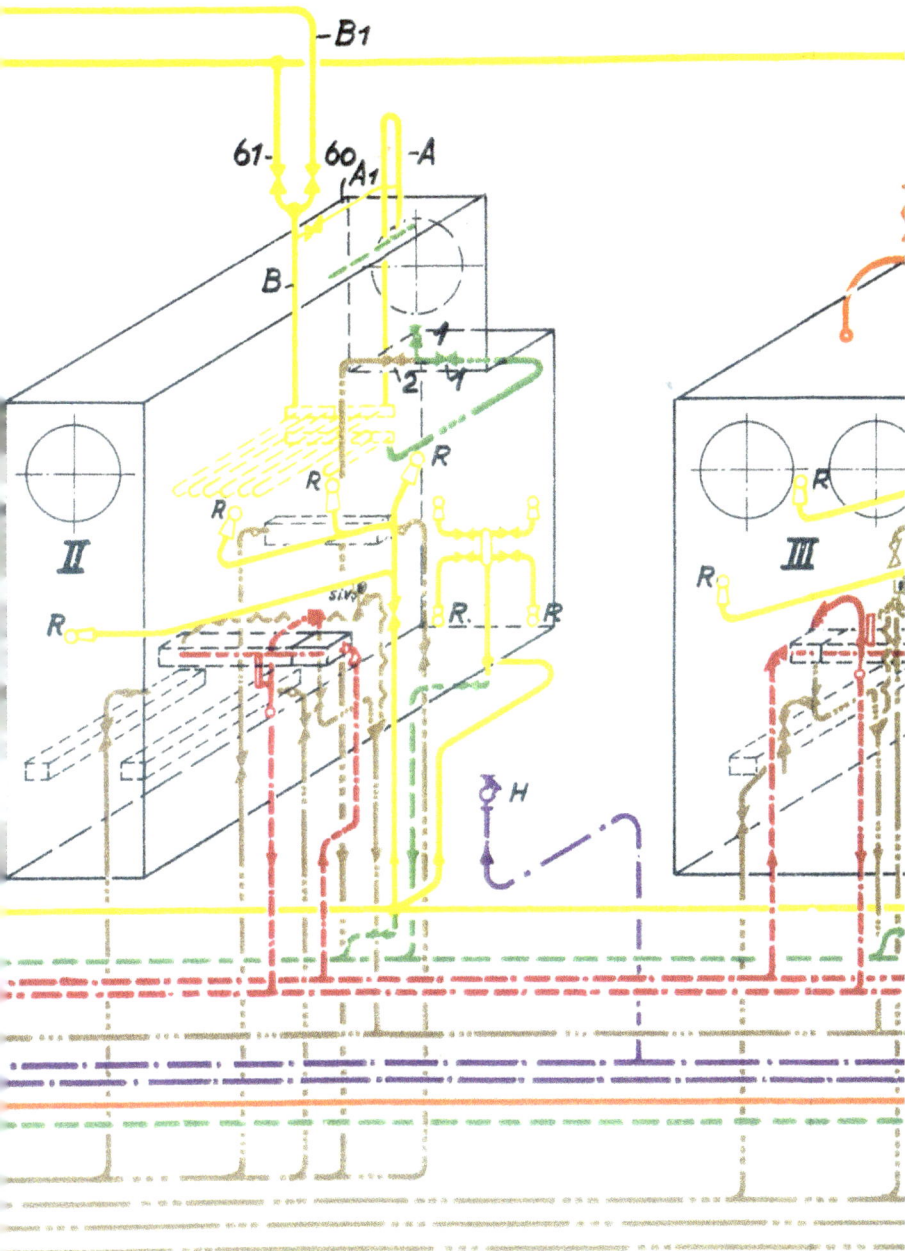

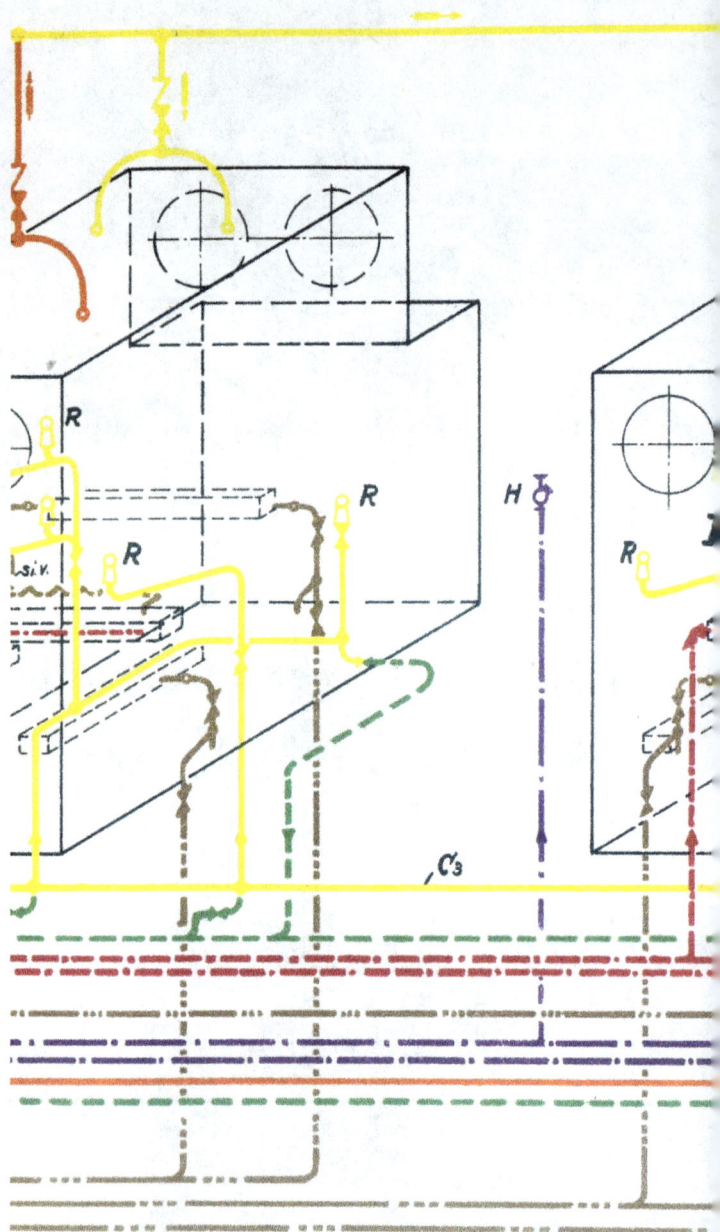

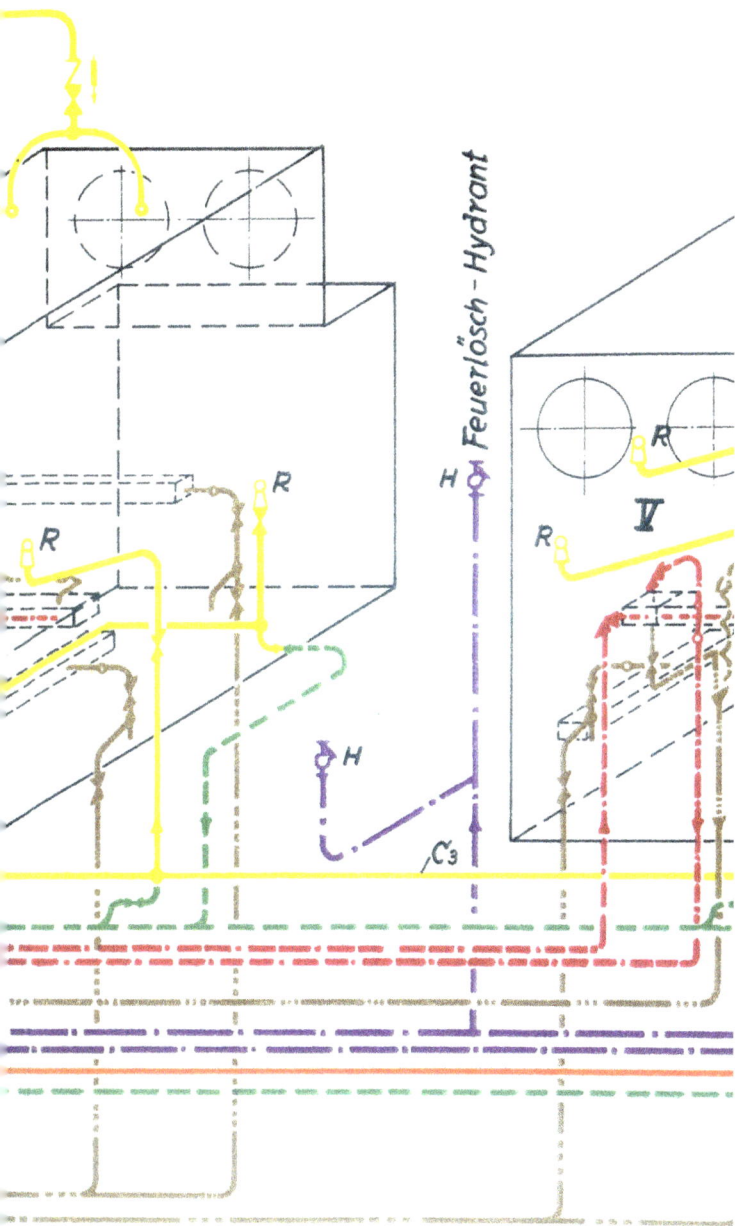

Feuerlösch - Hydrant

R

R

R

V

R

R

H

H

C_3

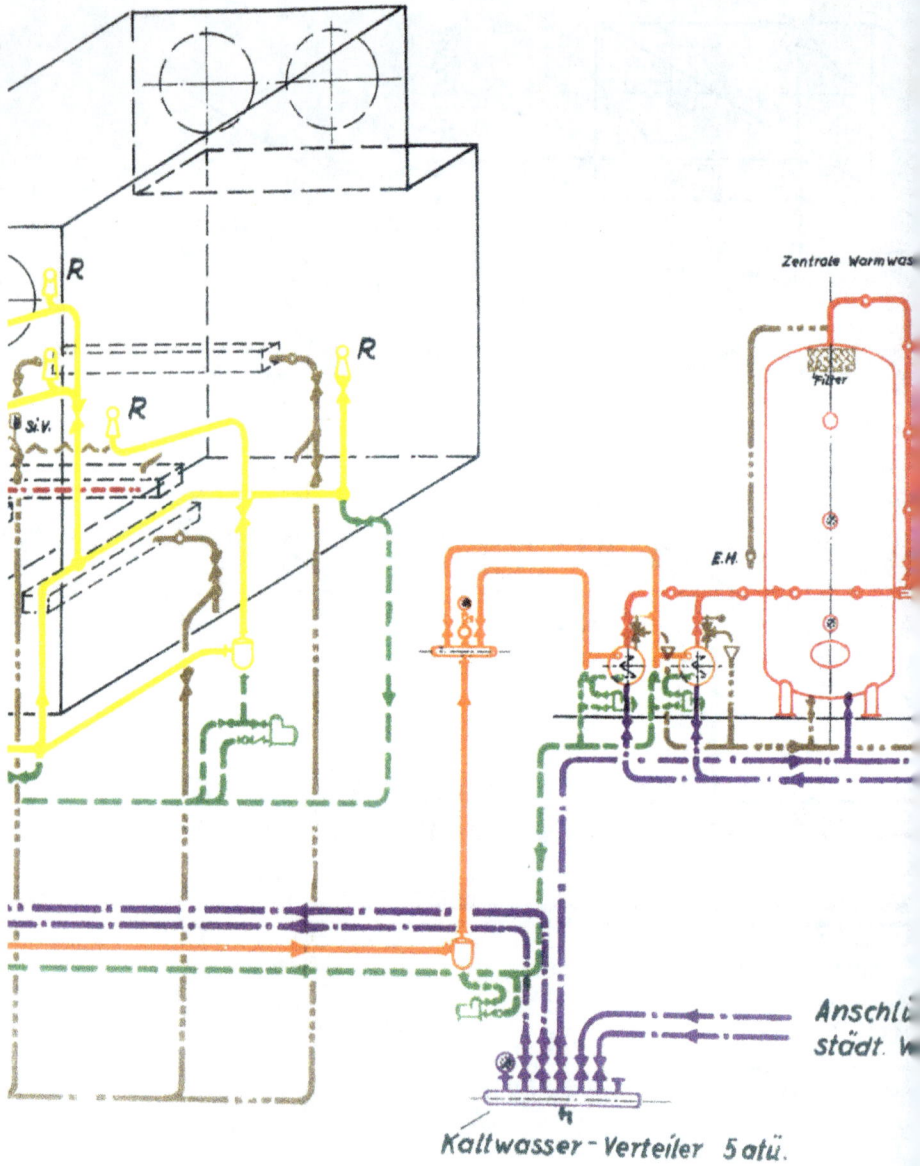

Zentrale Warmwas...

Filter

E.H.

R

R

R

Si.V.

Anschl...
städt. W...

Kaltwasser - Verteiler 5 atü.

Verlag von R. Olde...

Tafel I

————————— (yellow)	Dampfleitungen 12 atü. ————————— (brown) 0,05 atü
————————— (orange)	Dampfleitungen 3 atü
– – – – – – (green)	Condensleitungen
–··–··– (purple)	Roh-Kaltwasserleitungen
–·–·–·– (red)	Kühlbalkenleitungen
·· — ·· — (yellow)	Permutierte Wasserleitungen
—··—··— (grey)	Entleerungs-& Überlaufleitungen
～～～ (brown)	Sicherheitsleitungen
～～～ (olive)	Wrasenleitungen
—o—o—o— (red)	Warmwasserleitungen
—+—+—+— (blue)	Zirkulationsleitungen

EH.

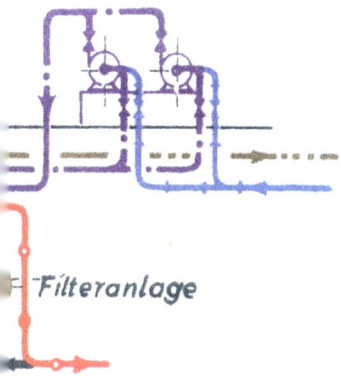

Filteranlage

Tafel II

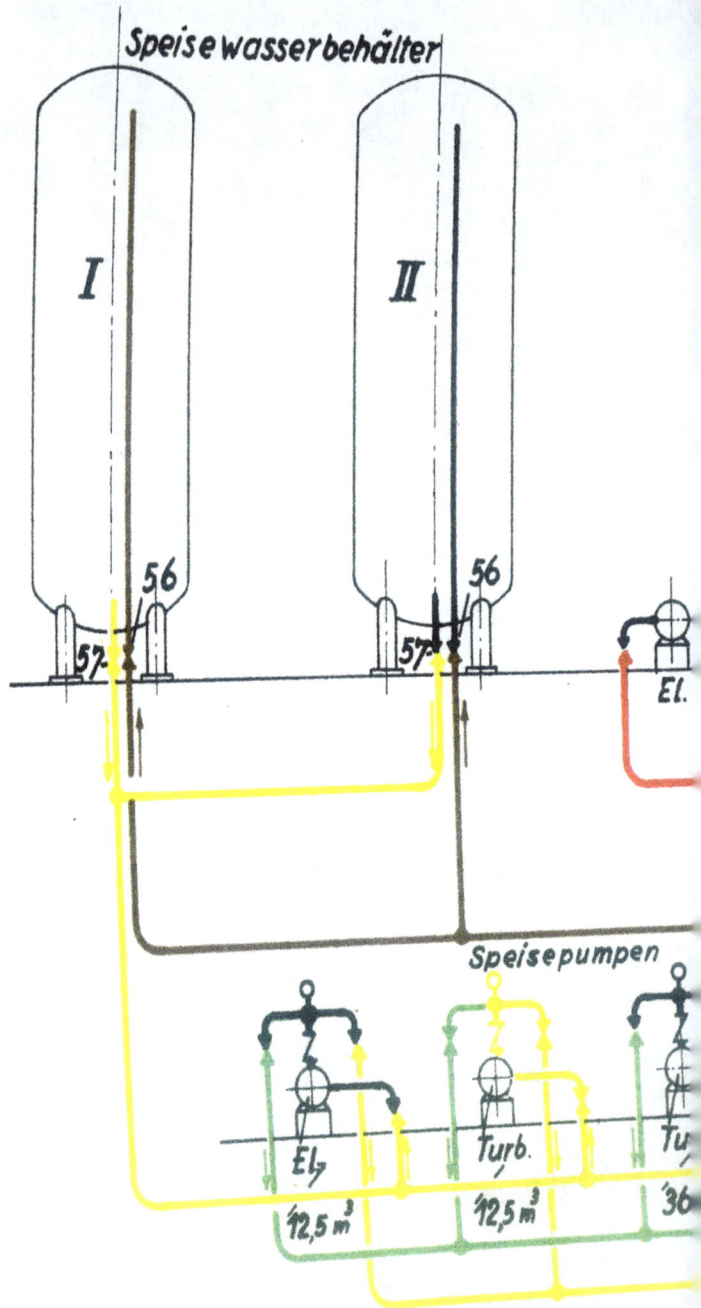

Speisewasserbehälter

I

II

56

57

56

57

El.

Speisepumpen

El,

Turb.

Tu

12,5 m³

12,5 m³

36

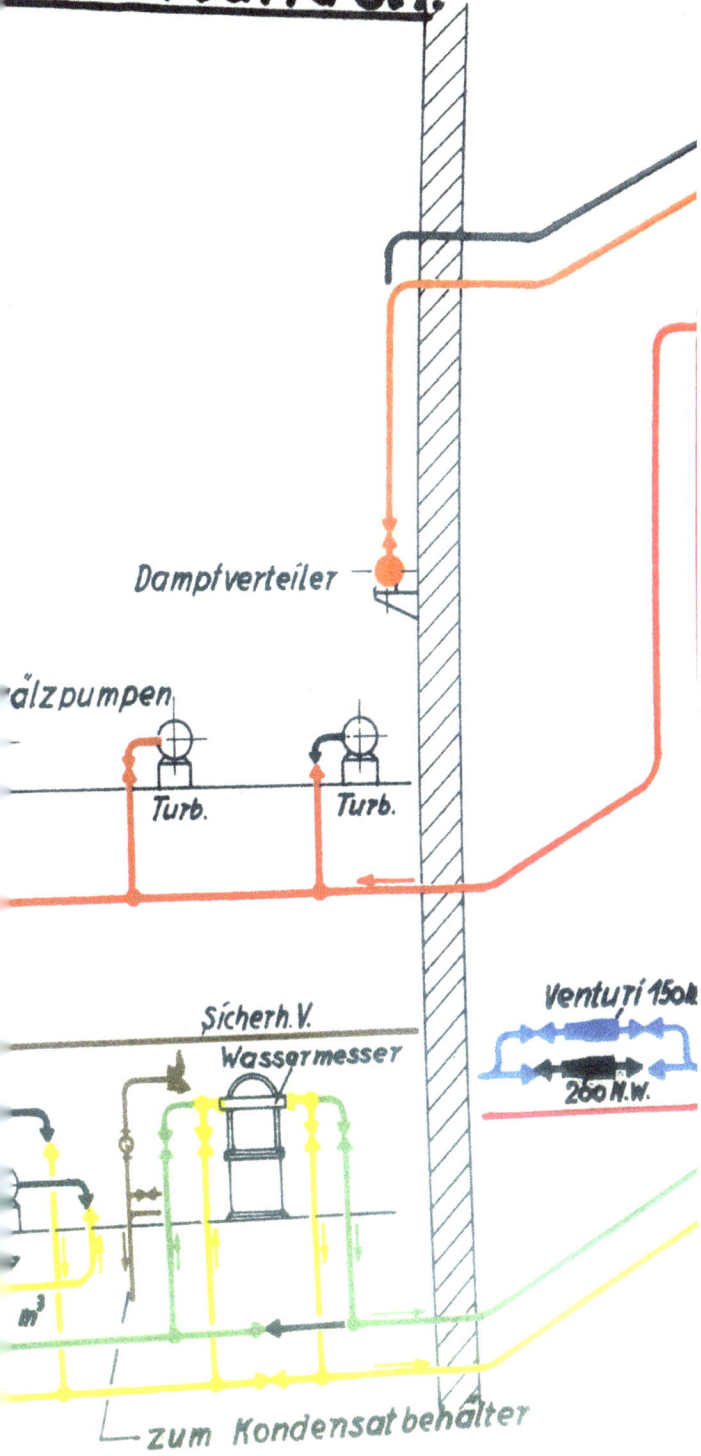

Dampfverteiler

älzpumpen

Turb.   Turb.

Venturi 150₀

260 N.W.

Sicherh. V.

Wassermesser

m³

zum Kondensatbehälter

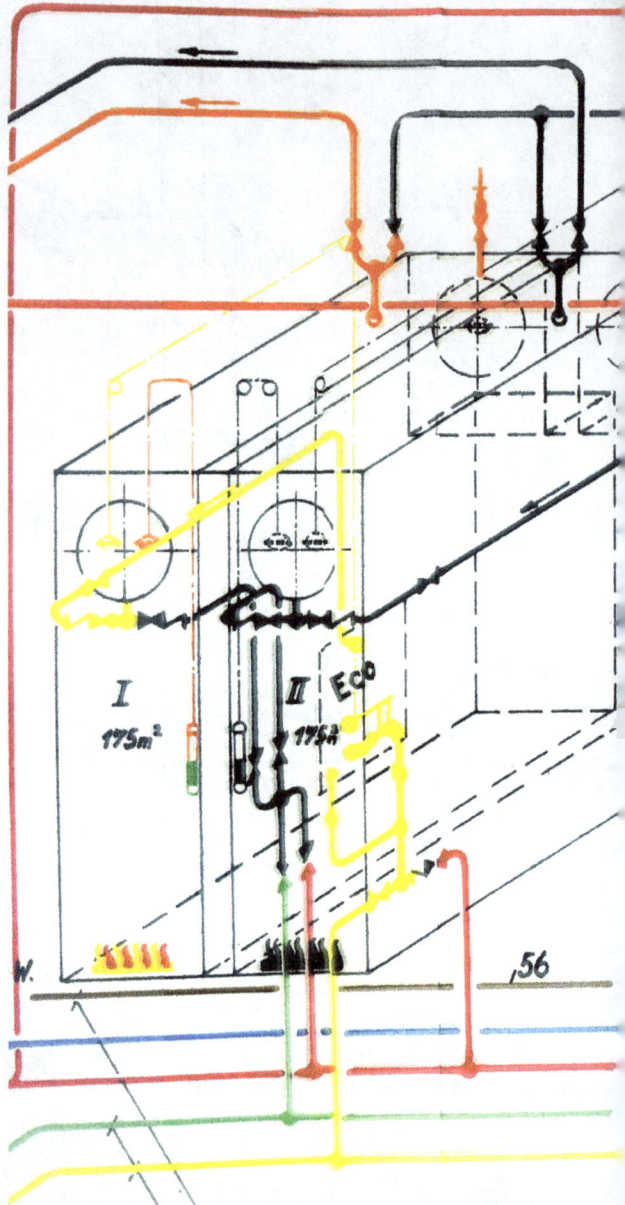

I
$175m^2$

II ECO
$175A$

W.   ,56

zum Speisewasserbehälter

von den Speisepumpen

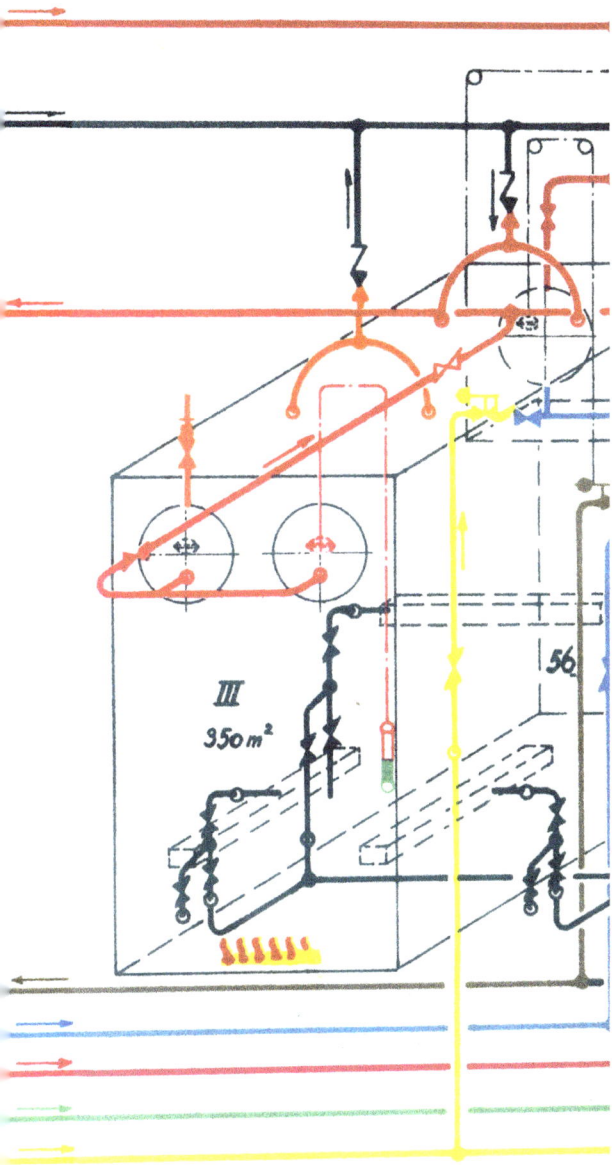

III

350 m²

56

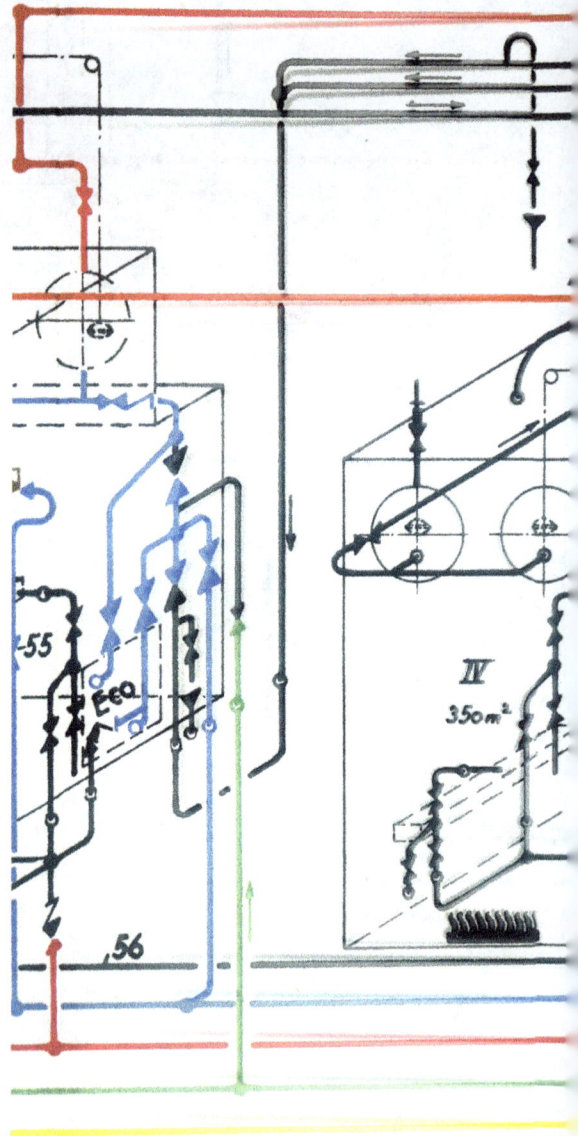

IV
350 m²

-55

EEO

.56

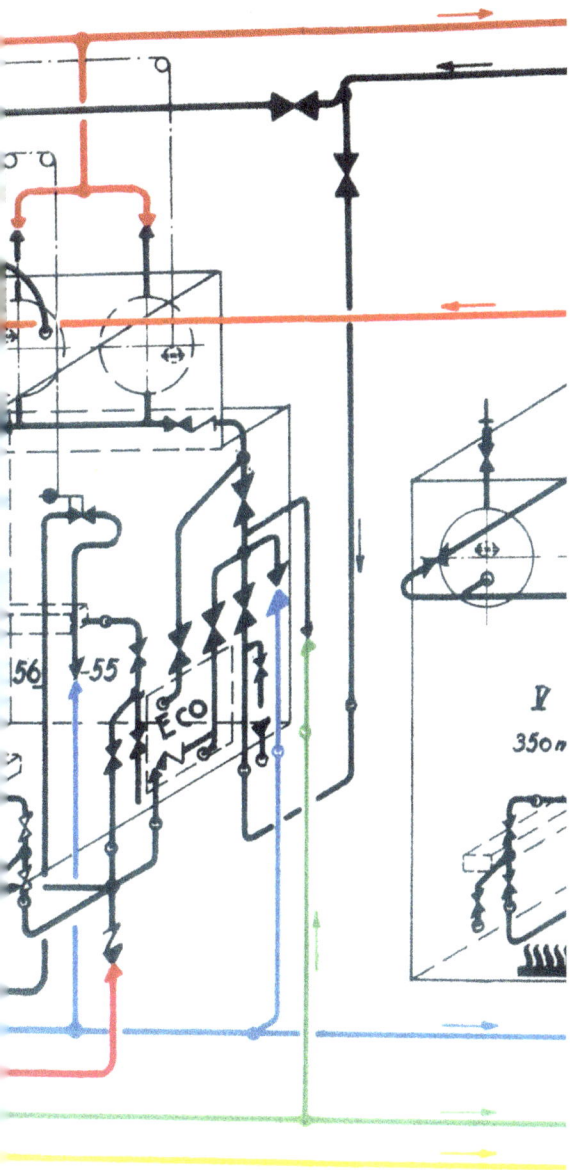

V

350 n

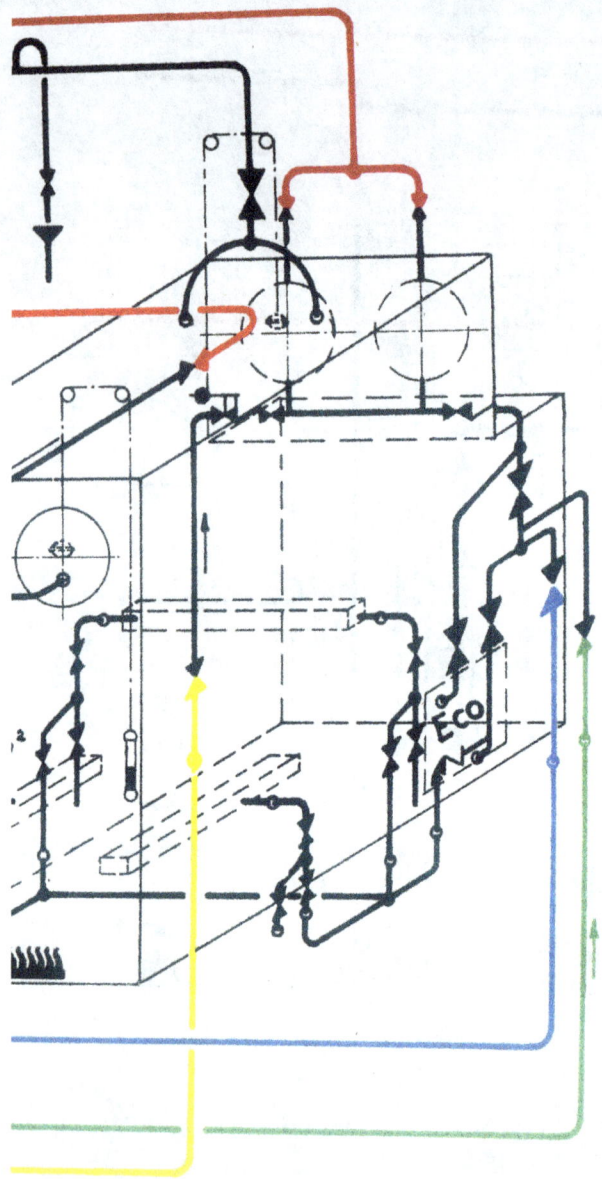

Verlag von R. Oldenbourg, München und Berlin

Tafel II

- Ventile offen   (ganz farbig)
- Ventile geschlossen (halbfarbig·halb schwarz)
- Dampf   12 atü.
- Heißwasservorlauf
- Heißwasserrücklauf
- Heißwasser zwischen d. Kesseln
- Hauptspeiseleitung
- Hilfsspeiseleitung
- Einspritzleitung
- Entlüftung & Entleerung
- Überlauf von Kessel III
- Leitungen nicht in Betrieb
- dampfgeheizt od. nicht geheizt
- kohlengeheizt

Tafel III

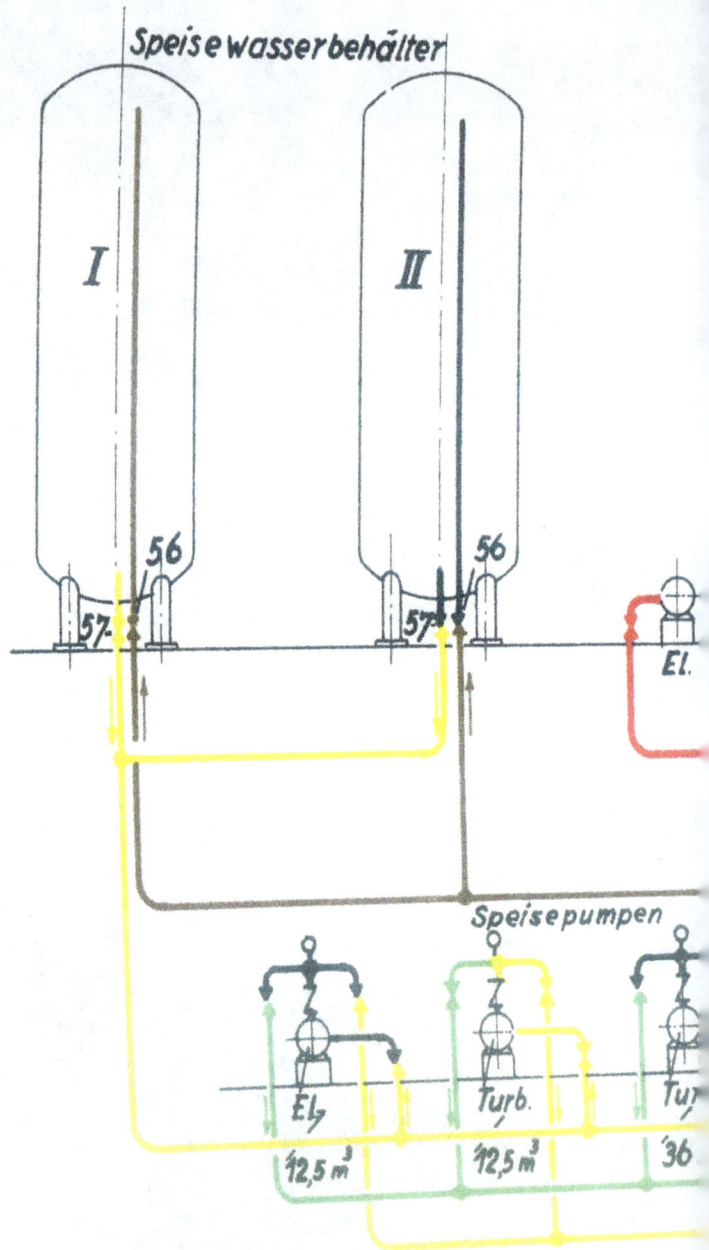

Speisewasserbehälter

I

II

56

56

57

57

El.

Speisepumpen

El.

Turb.

Tur

12,5 m³

12,5 m³

36

nseerlandstr.

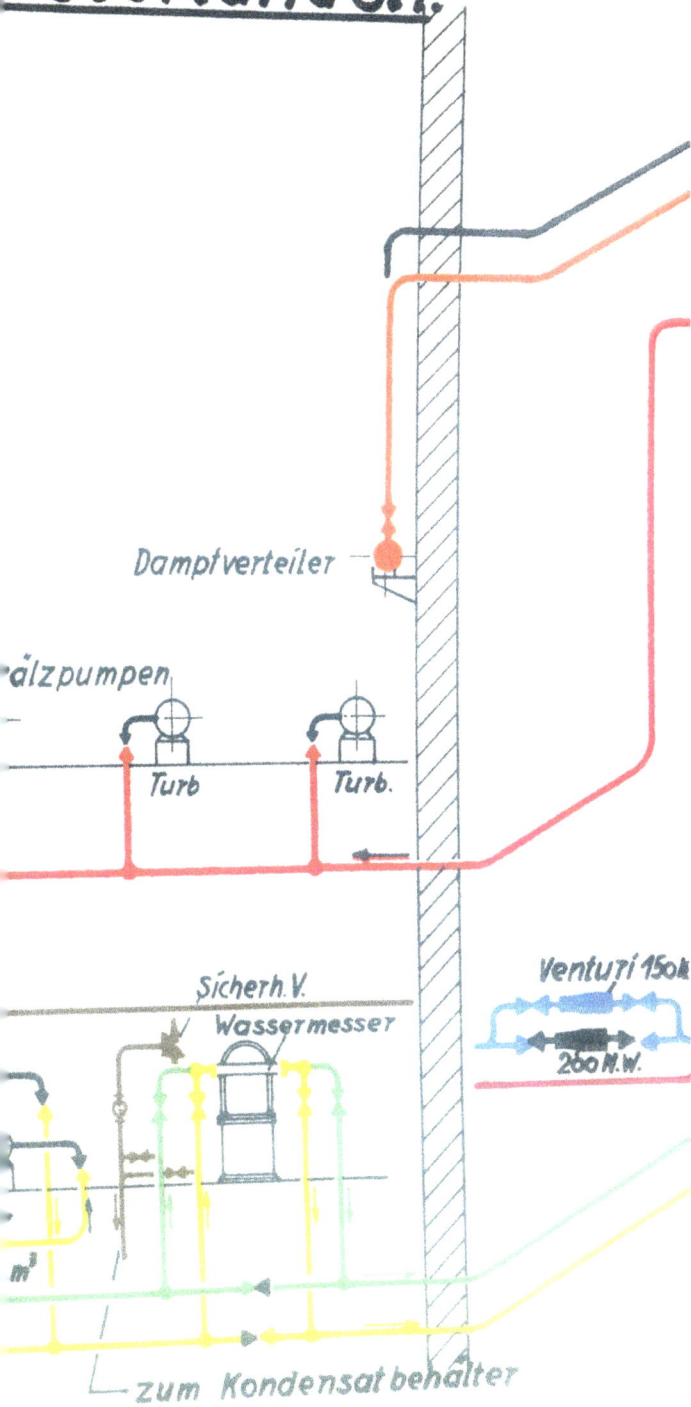

Dampfverteiler

älzpumpen

Turb   Turb.

Sicherh. V.

Wassermesser

Venturi 150ᵐ

260 N.W.

m³

zum Kondensatbehälter

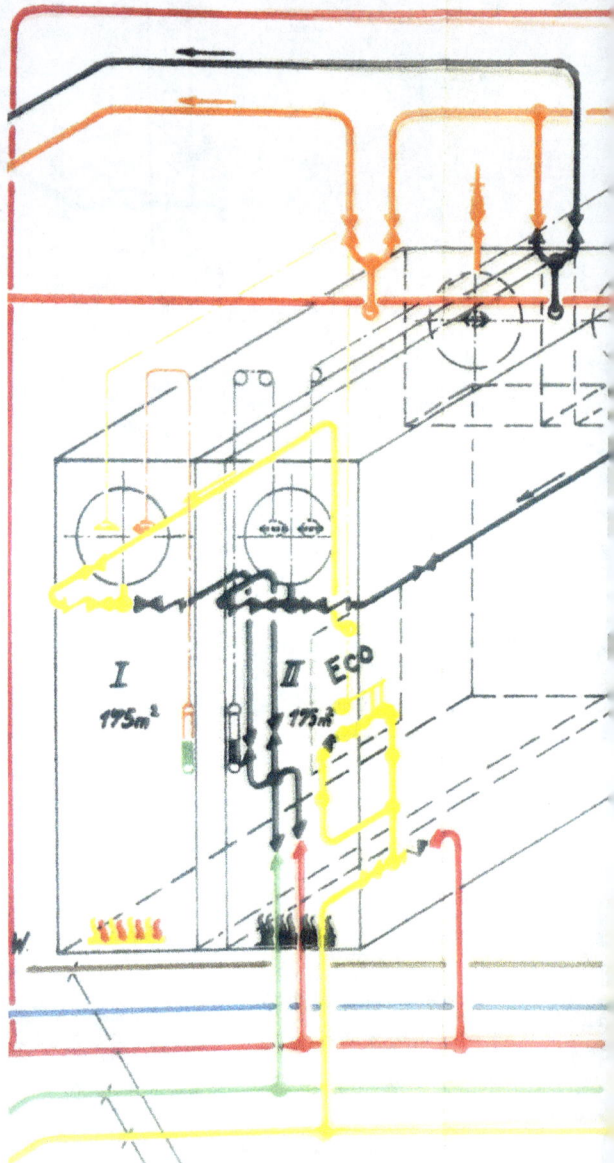

I
175m²

II ECO
175m²

W

zum Speisewasserbehälter

von den Speisepumpen

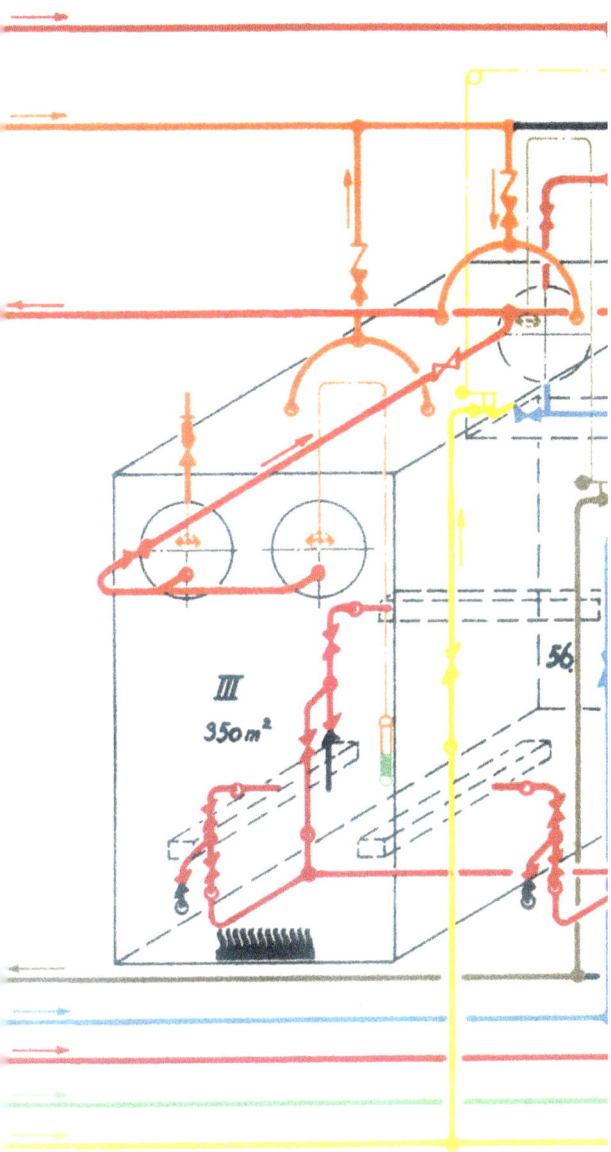

III
350 m²

56

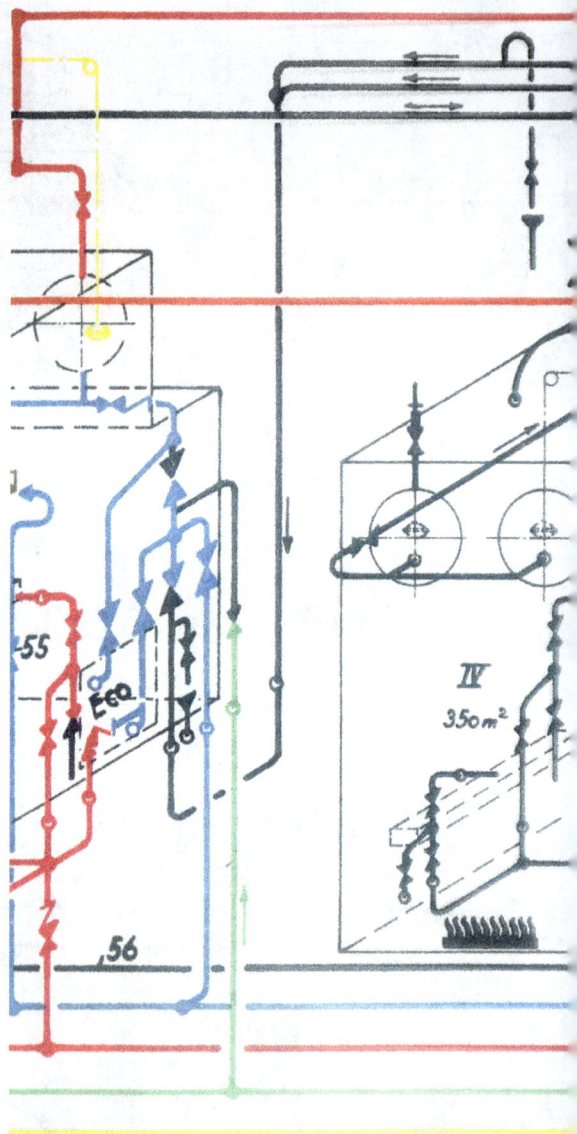

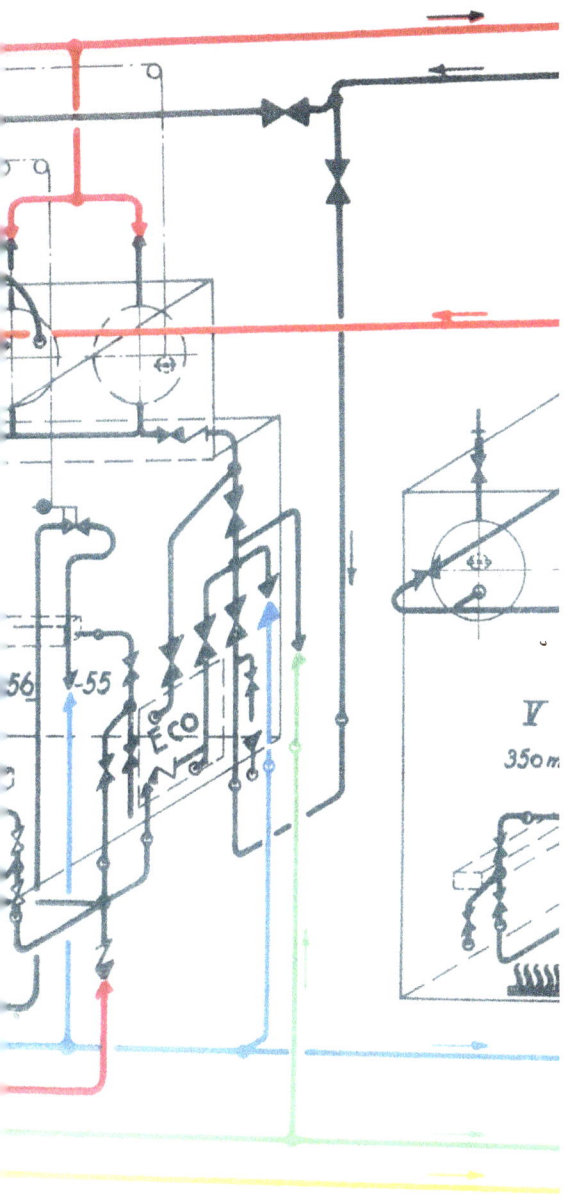

56 -55

ECO

V

350 m

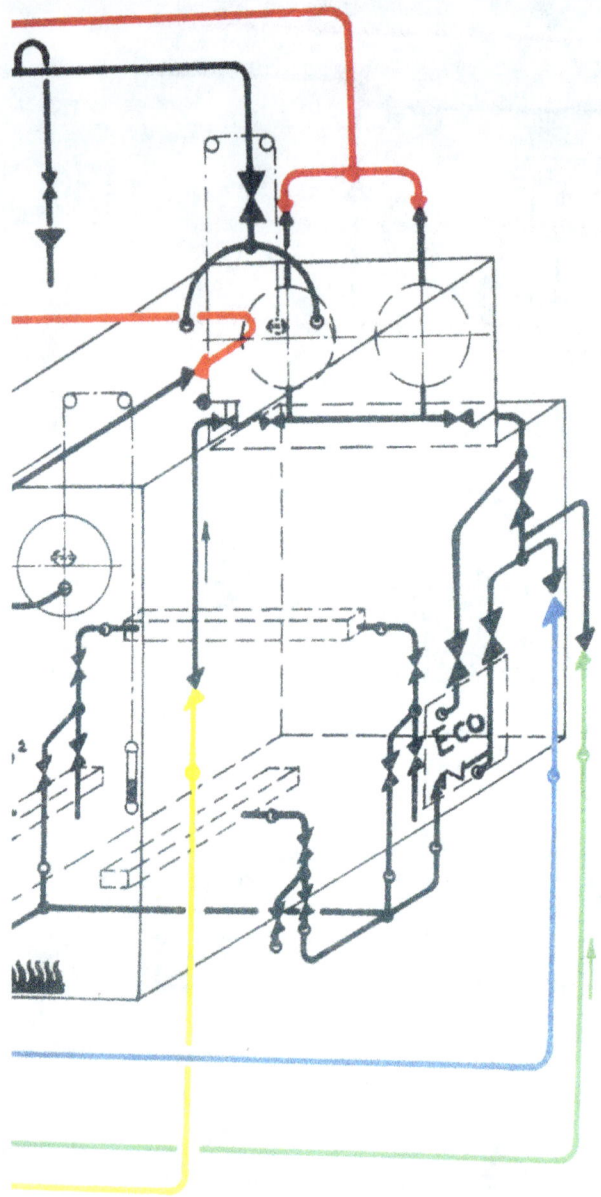

Verlag von R. Oldenbourg, München und Berlin

Tafel III

Ventile offen (ganz farbig)

Ventile geschlossen (halbfarbig·halb schwarz)

Dampf 12 atü.

Heißwasservorlauf

Heißwasserrücklauf

Heißwasser zwischen d. Kesseln

Hauptspeiseleitung

Hilfsspeiseleitung

Einspritzleitung

Entlüftung & Entleerung

Überlauf von Kessel III

Leitungen nicht in Betrieb

dampfgeheizt od. nicht geheizt

kohlengeheizt

Tafel IV

Schalttafel.

Amp.	:	Ampermeter.
Volt	:	Voltmeter.
T.Schr.	:	Temperaturschreiber.
H.W.Schr.	:	Heisswassermengenschreiber.
D.Schr.	:	Dampfmengenschreiber.
°C	:	Temperaturanzeiger
Z.	:	Wärmemengenzähler für Heisswasser.

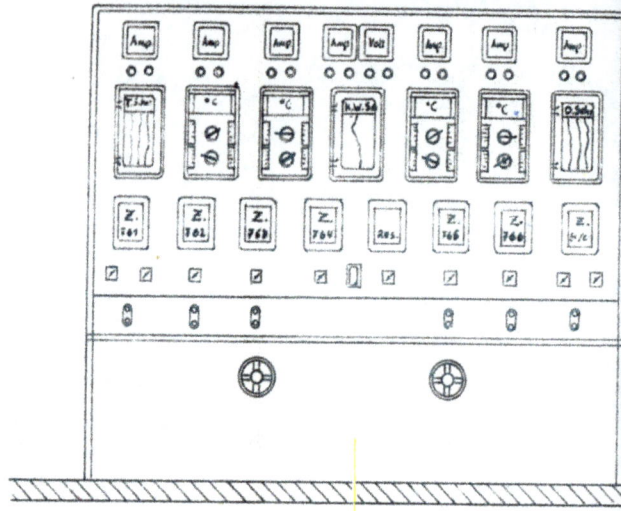

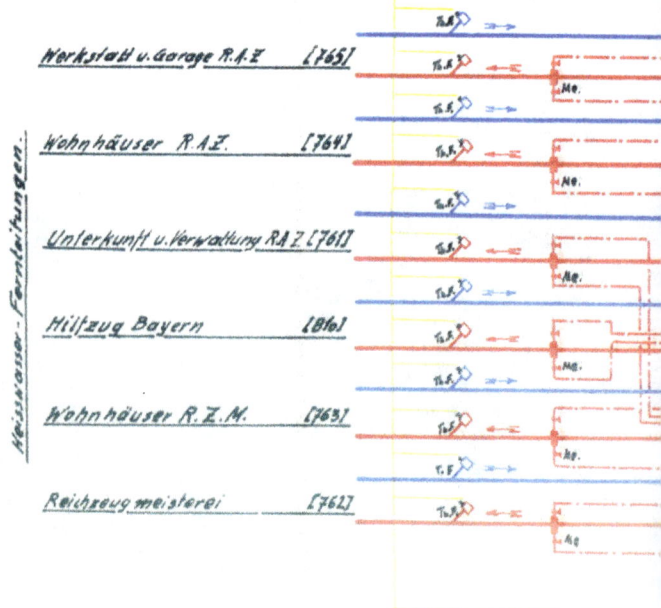

Werkstatt u. Garage R.A.Z. [765]

Wohnhäuser R.A.Z. [764]

Unterkunft u. Verwaltung R.A.Z. [761]

Hiltzug Bayern [816]

Wohnhäuser R.Z.M. [763]

Reichszeugmeisterei [762]

Heisswasser - Fernleitungen.

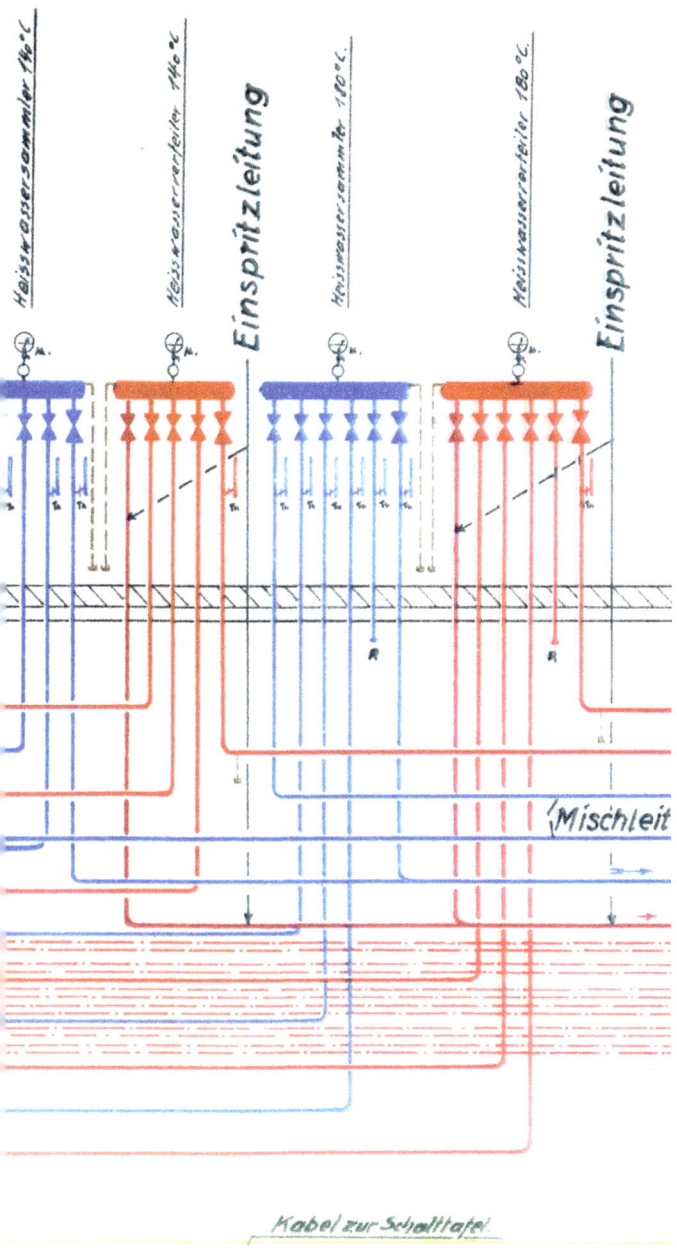

Heisswassersammler 140°C

Heisswasserverteiler 140°C.

Einspritzleitung

Heisswassersammler 180°C.

Heisswasserverteiler 180°C.

Einspritzleitung

(Mischleit

Kabel zur Schalttafel.

Fernheizwerk Tegernseerlandstr

Schaltbild für Heisswasserleitunge.

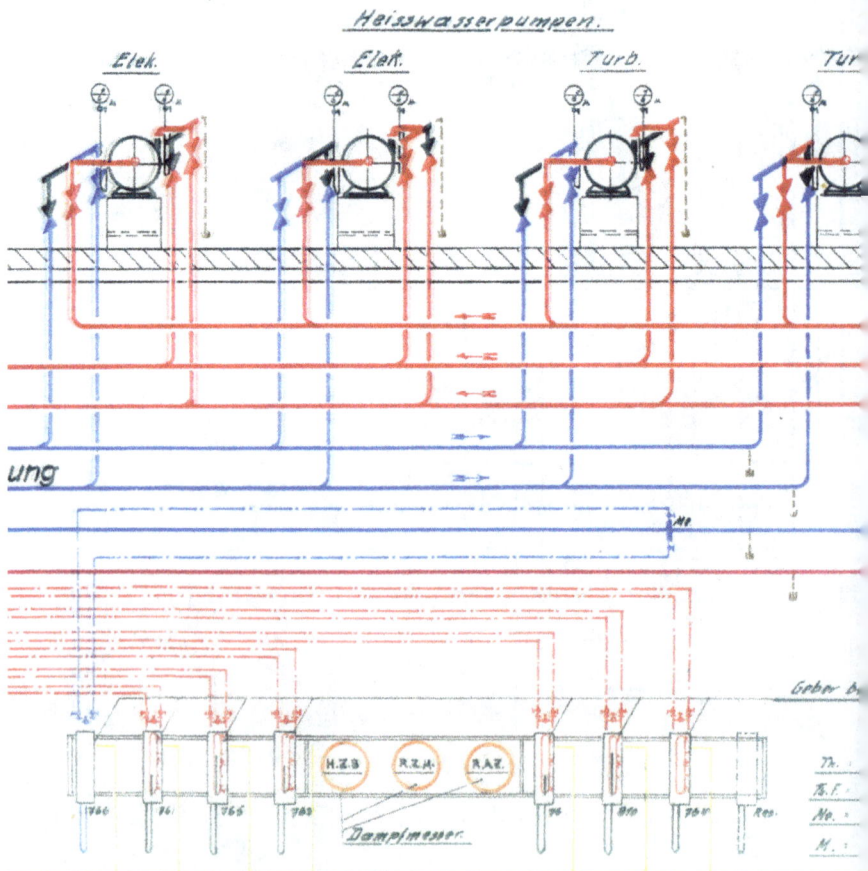

Heisswasserpumpen.

Elek.   Elek.   Turb.   Tur

ung

Geber b

H.Z.B.   R.Z.M.   R.A.Z.

Dampfmesser.

766   76   766   783   76   810   784   Rec.

Th.
B.F.
No.
M.

Verlag

Tafel IV

Ventile offen   (ganz farbig)

Ventile geschlossen. (halb farbig - halb schwarz)

Dampf 12 atü.

Heisswasservorlauf.

Heisswasserrücklauf

Heisswasser zwischen den Kesseln.

Hauptspeiseleitung.

Einspritzleitung.

Entlüftung; Entleerung.

Überlauf von Kessel III

Leitungen nicht in Betrieb

Druckleitung für Geber.   (rot oder blau)

Elektrische Leitung.

urg, München und Berlin

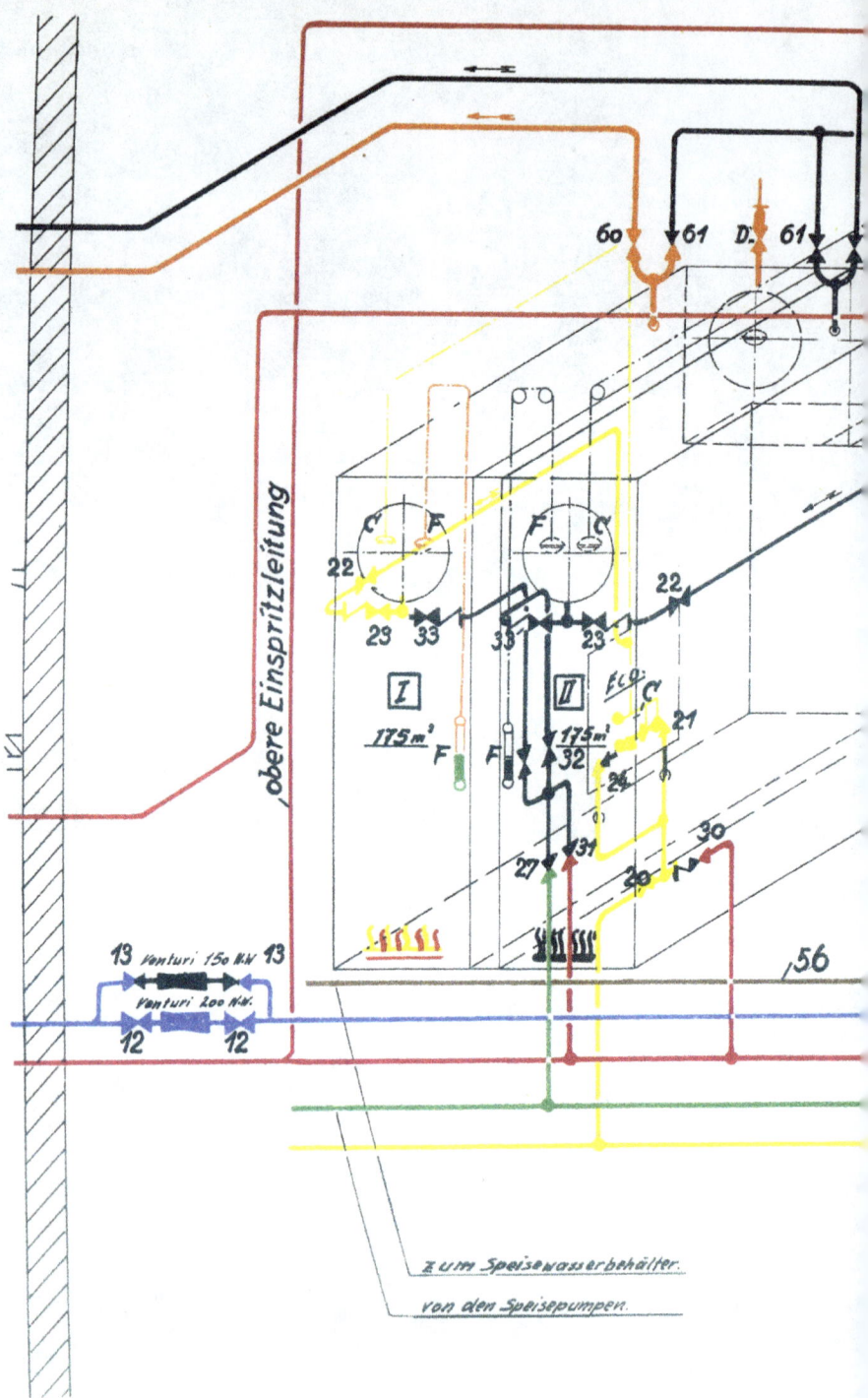

obere Einspritzleitung

60   61   D.   61

22   C F   F C   22

23 33   33   23

I   II   Eco C   21

175 m³ F   F 175 m³   26   22

32

27 31   29   30   56

13 Venturi 150 W.W. 13

Venturi 200 W.W.

12   12

zum Speisewasserbehälter.

von den Speisepumpen.

Willner, Der Betrieb von Fernheizwerken.

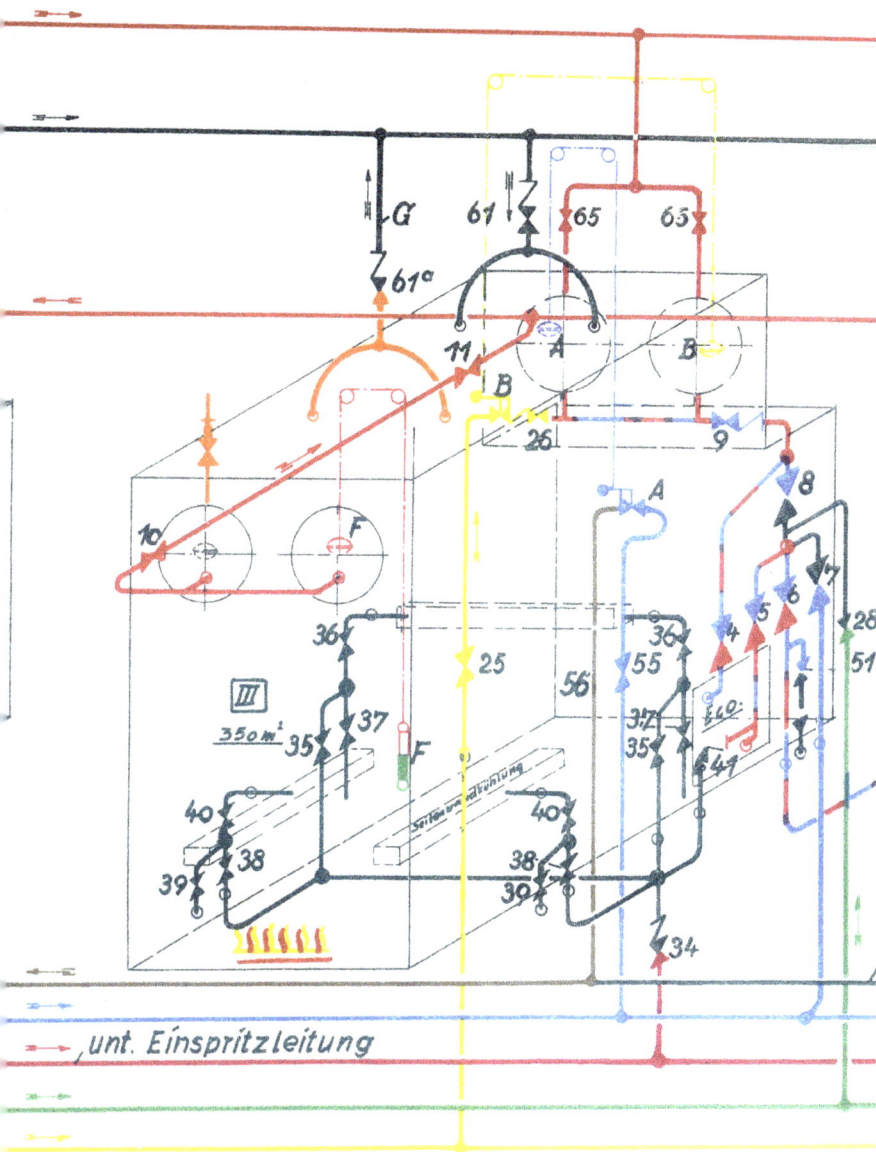

unt. Einspritzleitung

an den Dampfkesseln I & II:

C = Speisewasserregler
D = Wasserstandsignalpfeife
F = Fernwasserstand

an

A
B
E
F

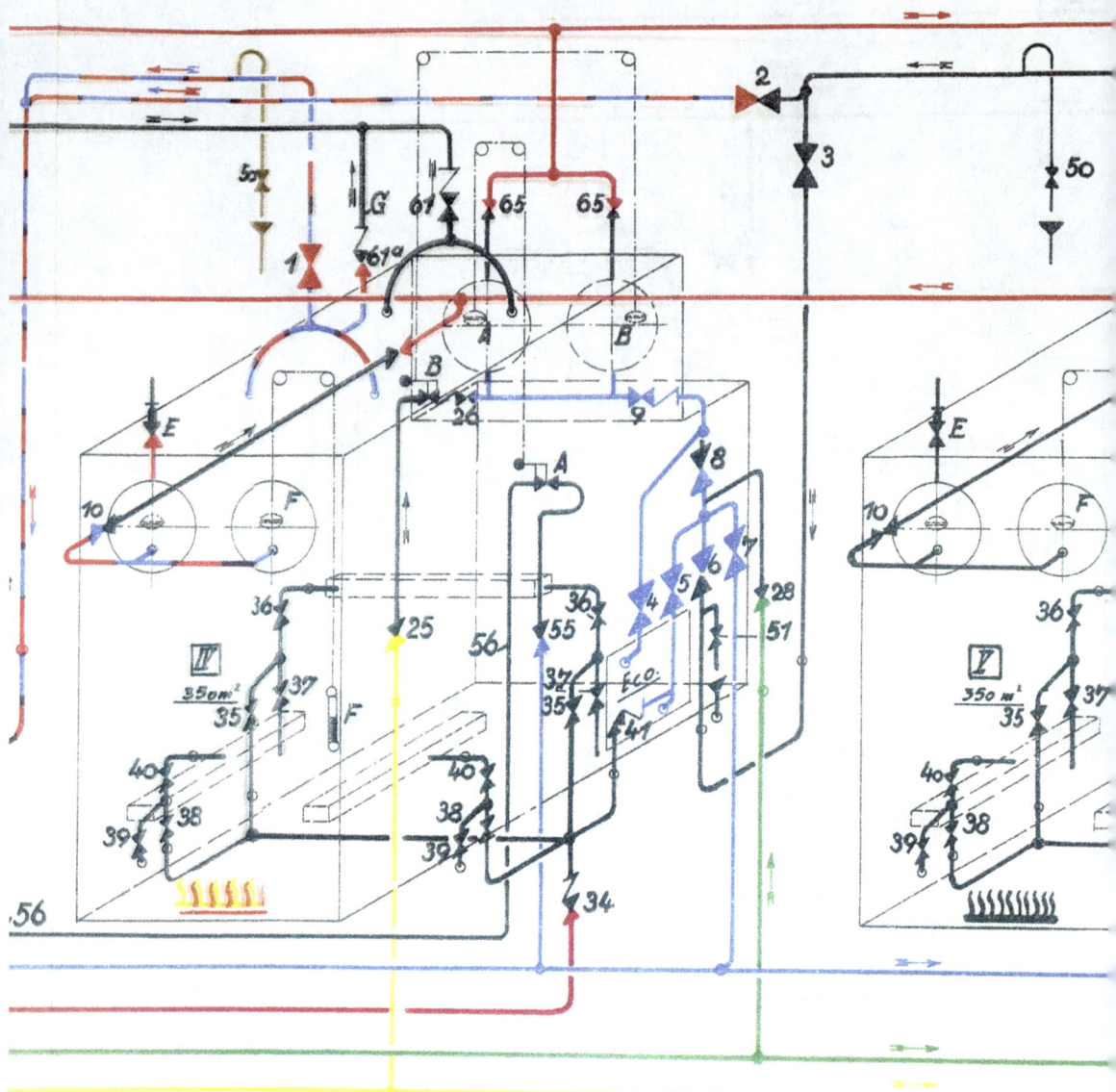

den Heißwasserkesseln Ⅲ, Ⅳ & Ⅴ:

= Überwasserregler

= Wasserstandregler

= Wasserstandsignalpteite

= Fernwasserstand

G = Dampfdruck-Ausgleichltg. bei d○
   Die untere Einspritzltg. (34-35-
der Kesselheizfläche bei dampfgeheiz
gegen Wärmespannungen)

65   65

9

8

36   4   5

37   *Eco.*

35

47

40

38

28

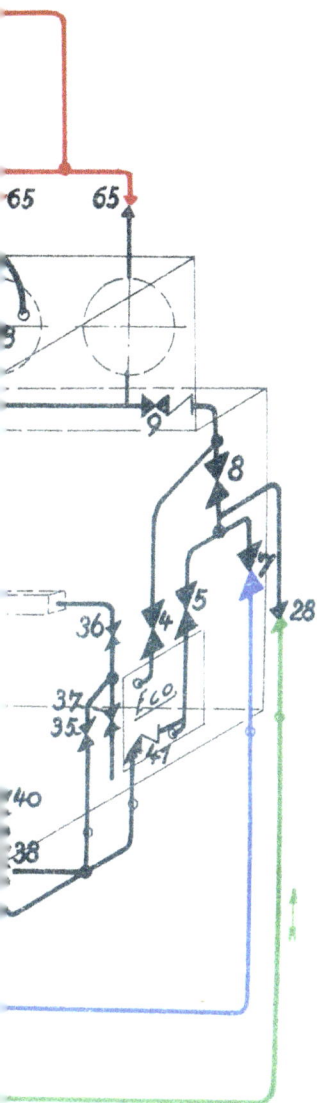

⊱⊰	Ventile offen (ganz farbig)
⊱⊰	Ventile geschlossen. (halb farbig - halb schwarz)
▬▬	Dampf 12 atü.
▬▬	Heisswasservorlauf.
▬▬	Heisswasserrücklauf
▬▬	Heisswasser zwischen den Kesseln.
▬▬	Hauptspeiseleitung.
▬▬	Hilfsspeiseleitung.
▬▬	Einspritzleitung.
▬▬	Entlüftung ; Entleerung .
▬▬	Überlauf von Kessel III
▬▬	Leitungen nicht in Betrieb

m Kessel.

ent zum Heizen

zum Schutze

Verlag von R. Oldenbourg, München und Berlin

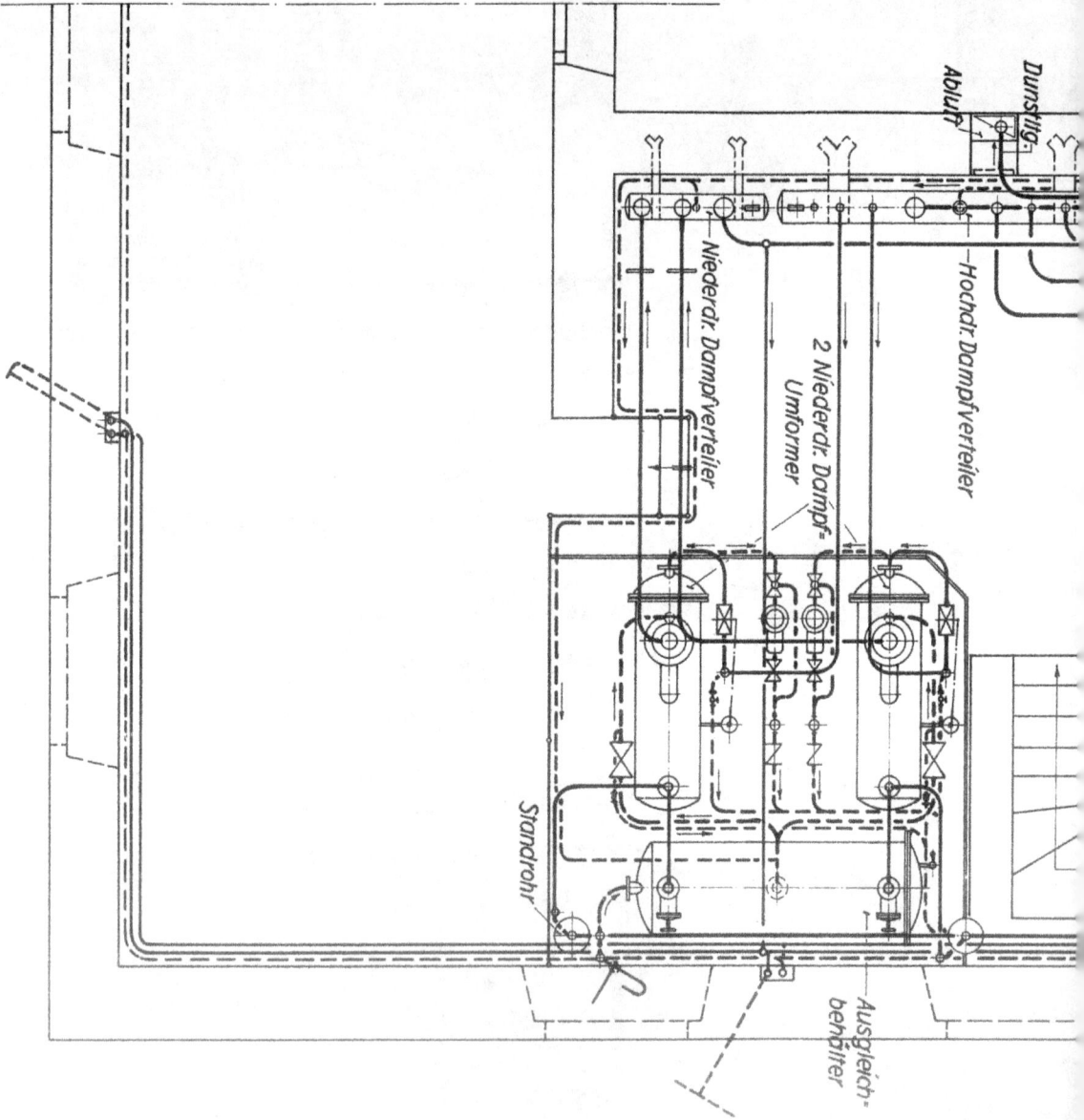

Abluft

Dunstttg.

Hochdr. Dampfverteiler

Niederdr. Dampfverteiler

2 Niederdr. Dampf-
Umformer

Standrohr

Ausgleich-
behälter

Willner, Der Betrieb von Fernheizwerken.

SS Reichsführerschule—Bad—Tölz
Detail der Unterstation Ⅲ.

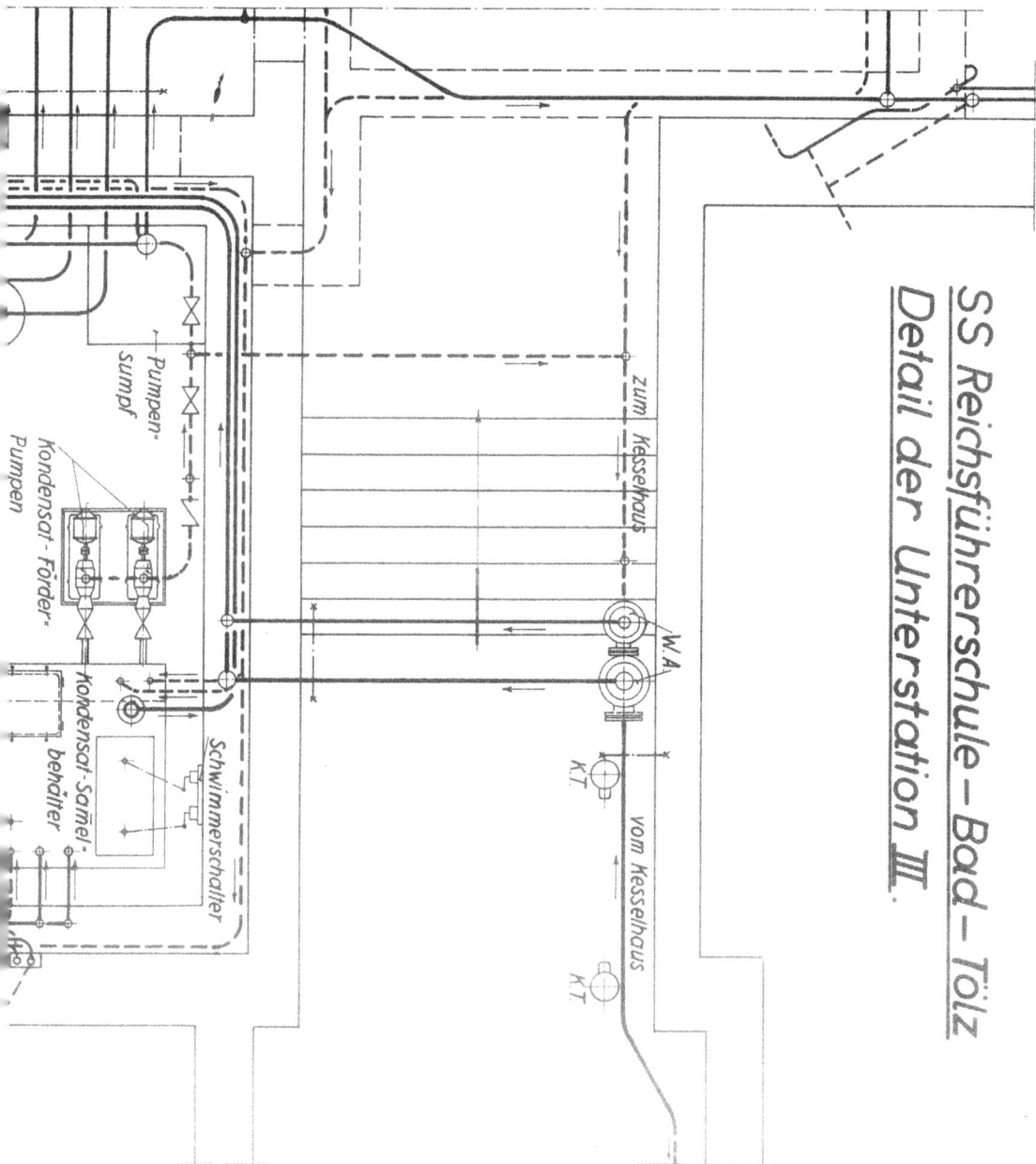

Pumpen-sumpf

Kondensat - Förder- Pumpen

Kondensat-Samel- behälter

Schwimmerschalter

zum Kesselhaus

W.A.

K.T.

vom Kesselhaus

K.T.

Verlag von R.Oldenbourg, München und Berlin

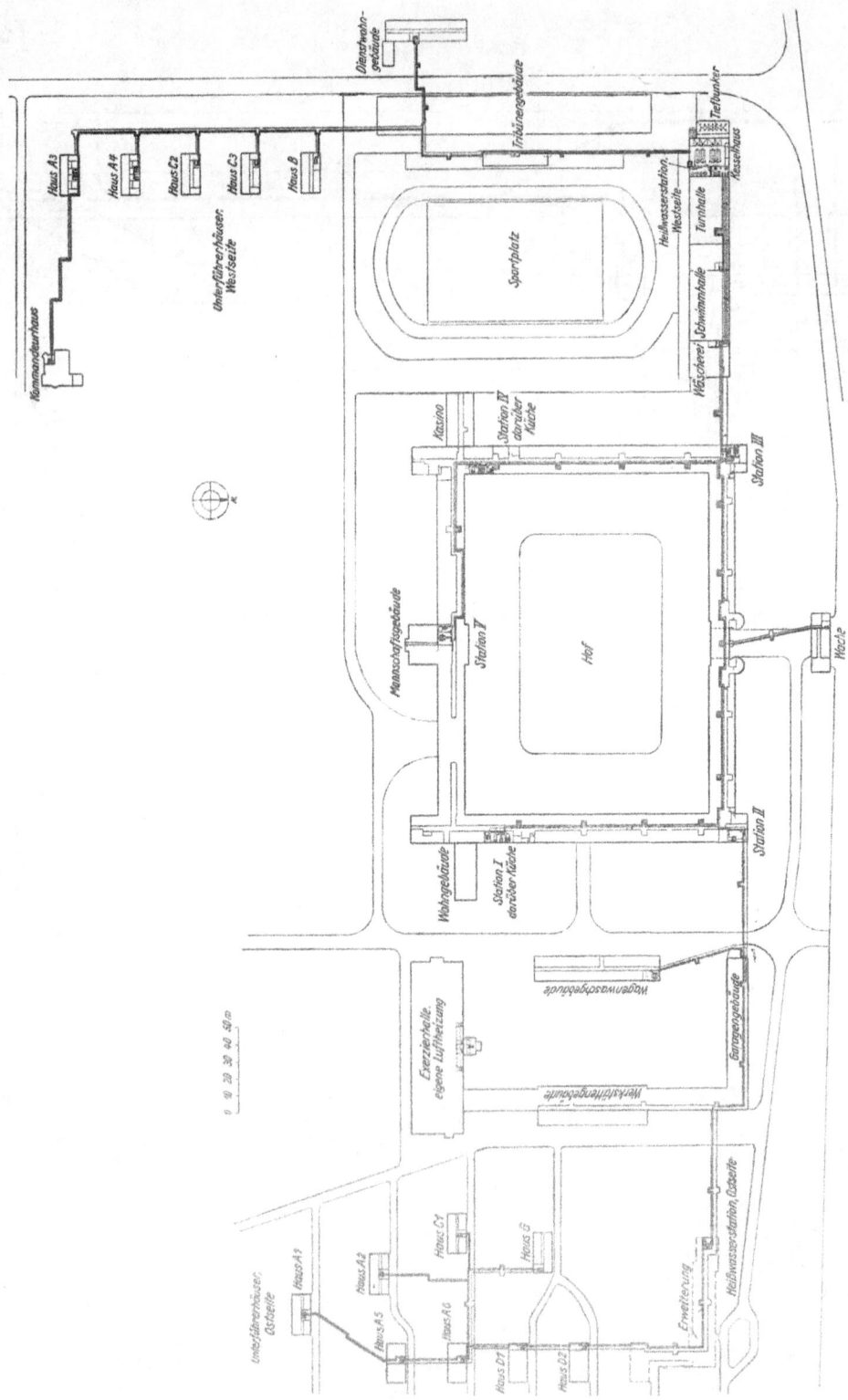

Tafel VII

Lageplan des Fernheizwerkes ₴₴-Junkerschule Bad Tölz.

Tafel VIII

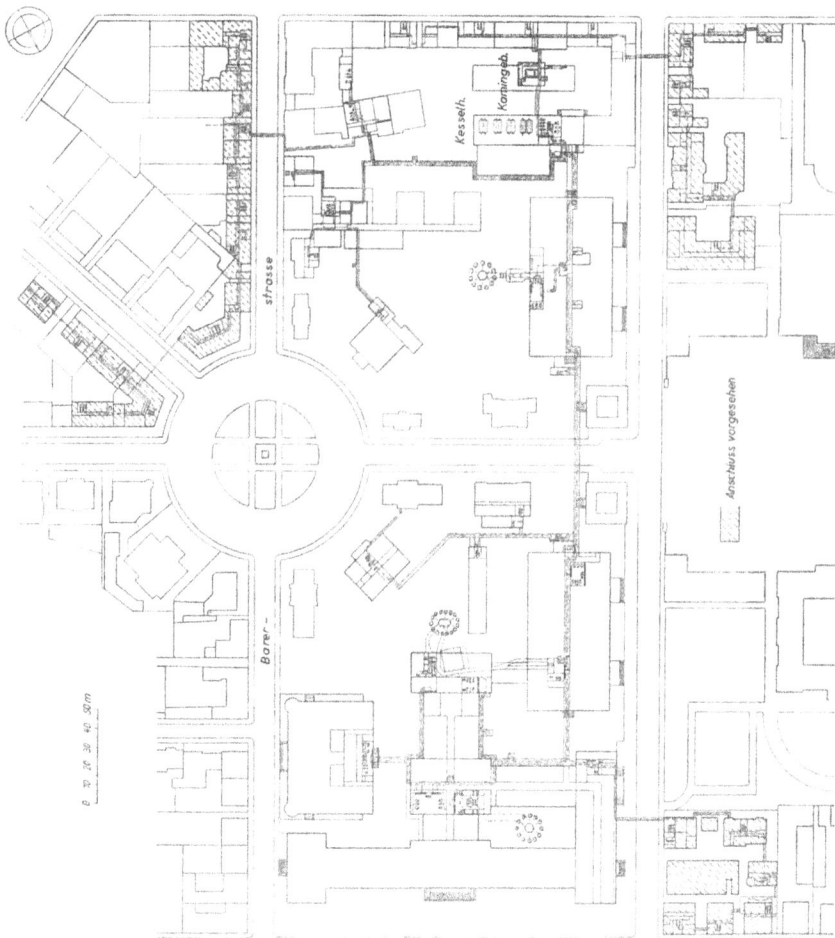

Lageplan Fernheizwerk Braunes Haus.

Tafel IX

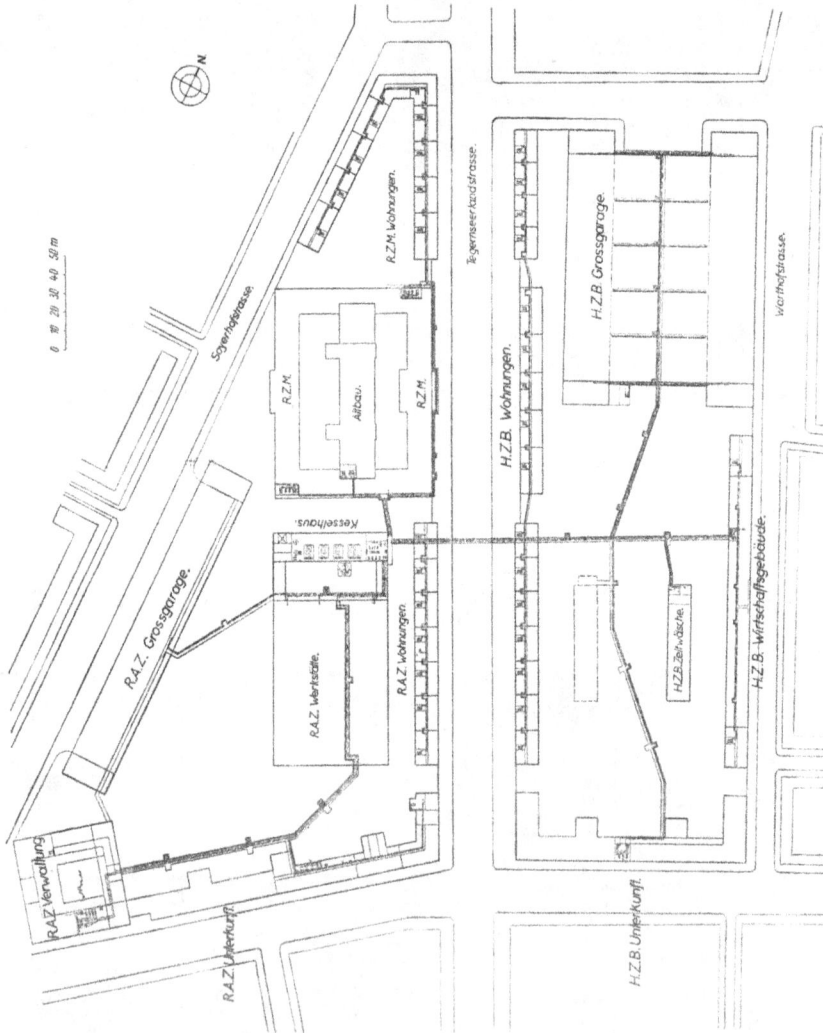

Lageplan Fernheizwerk Tegernseer Landstraße, München.

www.ingramcontent.com/pod-product-compliance
Lightning Source LLC
Chambersburg PA
CBHW081511190326
41458CB00015B/5342